类二子群具有特殊性质的有限 p 群

李璞金　编

中国原子能出版社

图书在版编目（CIP）数据

类二子群具有特殊性质的有限 p 群 / 李璞金著 .
—北京：中国原子能出版社，2021.11（2023.4重印）

ISBN 978-7-5221-1773-7

Ⅰ. ①类…　Ⅱ. ①李…　Ⅲ. ①单群-研究

Ⅳ. ①O152.1

中国版本图书馆 CIP 数据核字（2021）第 256462 号

类二子群具有特殊性质的有限 p 群

出版发行	中国原子能出版社（北京市海淀区阜成路 43 号　100048）
责任编辑	张书玉
责任校对	冯莲凤
责任印制	赵　明
装帧设计	侯怡璇
印　　刷	河北文盛印刷有限公司
开　　本	787 mm×1092 mm　1/16
印　　张	11
字　　数	221 千字
版　　次	2021 年 11 月第 1 版　2023 年 4 月第 2 次印刷
书　　号	ISBN 978-7-5221-1773-7　　定　价　60.00 元

网址：http://www.aep.com.cn　　　　E-mail：atomep123@126.com

发行电话：010-68452845　　　　　　版权所有　侵权必究

前　言

群是现代代数的基本概念之一, 在现代数学中随处可见。群结构本身的"对称性", 使它在现代科学技术中有广泛的应用, 例如在理论物理和量子力学中的应用。因此, 研究群的理论问题对于数学、物理乃至整个现代科技的发展都是很有必要的。

有限群无论从理论本身还是从实际应用来说都很重要。关于有限群的研究非常活跃, 其中最著名的成果就是有限单群分类, 它被誉为 20 世纪十大科学成果之一。有限 p 群即素数幂阶群。21世纪以来, 有限 p 群的研究变得活跃起来。很多研究单群的世界级大师和领军人物, 例如Janko、Glauberman 等已经转为全力研究 p 群。有限 p 群的重要性主要体现在以下几点: 首先, 由Sylow定理可知, 有限群的Sylow子群是存在的。而且显然有限群可以由它的所有Sylow子群生成。注意到Sylow子群都是 p 群, 因而 p 群的有关结果可以帮助我们认识有限群的结构。其次, 有限 p 群在有限群中占有很大的比重。例如, 通过计算群论软件Magma搜索小群库, 在阶不大于2 000的所有不同构的群中, 有49 497 919 345个互不同构的 p 群, 有412 610 139个互不同构的非 p 群。因此在阶不大于2 000的所有不同构的群中, 99% 以上都是有限 p 群。著名群论学家A. Mann于1999年在文献 [47]中曾提出这样一个猜想: "Is it true that most finite groups are nilpotent?", 并给出一些解释。由有限幂零群是其sylow子群的直积可知有限 p 群的重要之处。再者, 由于 p 群研究涉及诸多计算问题和计数问题, 它也为组合、上同调、计算机科学等领域提供了理想的研究对象。

幂零类是幂零群的一个独有的概念, 它也是幂零群的一个重要不变量, 从而也是 p 群的一个重要不变量, 它对 p 群的结构有着重要影响。例如, 幂零类为1的群恰是交换群, 非交换 p 群的幂零类不小于2。幂零类为2的群是 p 群中的重要群类。首先, 从幂零类的角度来看, 交换群的幂零类是1, 类2的 p 群是幂零类最小的非交换 p 群。由于交换 p 群的结构是清楚的, 研究类为2的 p 群就是一个自然且基本的问题。其次, 著名群论学家A. Mann在文献 [47]中提出猜想: "Is it true that most p-groups are of class 2? Or, at least, that a positive proportion of all p-groups are of class 2?", 并对这个猜想的合理性进行了论述。这个猜想也反映了类2 的 p 群的在 p 群中的重要地位。再者, 著名 p 群学家Y. Berkovich在他与群论的领军人物Z. Janko合著的 p 群专著 "Groups of Prime Power Order Vol.4" 中 "Research problems and themes IV" 的前言中写道: "In many cases we suggest finding a solution to a problem for p-groups of class two or groups of exponent p. These partial cases may appear fairly difficult. ……" 这再次说明类2的 p 群的重要性。这些理由促使我们选择类2子群作为研究内容。事实上, 每一个非交换的 p 群总存在幂零类为2的子群, 并且总可被其类2子群生成。然而对一般的非交换有限群, 不一定存在幂零类为2的子群, 即使存在, 也不一定能被其类2子群生成。例如对称群S_3不存在幂零类为2的子群；SL(2,3) 存在类2子群，但不能被类2子群生成。由此可以看出，类2子群在 p 群研究中具有独特的地位。从某种意义上讲，类2子群在 p 群中的地位类似于Sylow子群在有限群中的地位。因此，类2子群的结构对 p 群的结构有重要的影响。

由以上论述可知，研究类2子群对 p 群结构的影响问题是 p 群研究的一类重要问题。注意到内交换子群一定是类2的，目前，类2子群对 p 群结构的影响问题的研究，主要集中于研究内交换子群对 p 群结构的影响。在这方面，国内外学者已有不少工作。例如，文献 [26,27,32]研究了内交换子群都属于某一群类的群。文献 [5,29]研究了内交换的子群较多或较少的群。文献 [2,3,52,53,56]分类了有一个极大子群是内交换的 p 群。文献 [36,51,55,57] 确定了内交换群 p 次中心扩张得到的 p 群。这方面的更多结果参看文献 [10,12,28,30,31,83]。由于内交换子群一定是类2的，反之不一定成立。因而上述文章研究的是特殊的类2子群(即内交换子群)对 p 群结构的影响问题。本书的结果则是研究一般的类2子群对 p 群结构的影响问题。

本书主要是作者近几年在 p 群方面研究工作的一个总结，包括已经发表的论文和指导的硕士研究生论文的内容。主要内容是通过限制群的幂零类为2的子群，给出满足这些限制的有限 p 群的分类。全书分五章，第一章介绍了一些本书中常用的基本概念和结论；第二章给出类2子群都2元生成的有限 p 群的分类及应用；第三章给出类2子群除了一个以外都同阶的有限 p 群的分类，这类 p 群可以认为是类2子群较少的 p 群；第四章给出非交换子群除了一个以外都类2的有限 p 群的分类，这类 p 群可以认为是类2子群较多的 p 群；第五章给出极大子群都类2且同构的有限 p 群的一些结果。后四章内容中，第二章和第四章的内容较为重要，第三章的内容使用了第二章的结果，第五章的内容使用了第四章的结果。由于作者水平有限，本书的结果仅仅只是对一般的类2子群对 p 群结构的影响问题的初步探索，这个研究方向还有许多问题值得深入研究，相信有兴趣的学者一定能够有所收获。

本书完成之际，衷心地感谢山西师范大学的张勤海教授、曲海鹏教授，正是在他们的指导下，作者进入了有限群研究领域，开始了自己的研究工作。感谢作者的博士学位导师厦门大学的曾吉文教授，感谢他对我的指导和爱护，本书的部分内容取自作者的博士学位论文。感谢山西师范大学的安立坚教授、王丽芳教授、宋蔷薇教授、张军强教授、侯冬冬博士，感谢大家组织并参加每周两次的学术讨论。感谢作者指导的硕士研究生刘鹏飞、冯耳月、刘蓉、任小娟、乔宏，本书的部分内容取自他们的硕士学位论文。感谢国家自然科学基金(编号：11801341)的资助。感谢出版社的责任编辑为本书出版所做的辛勤工作。

李璞金
2021年11月于山西师范大学

目录

第一章 基本概念和结论

作为全书的准备工作, 本章我们主要介绍贯穿全书要用到的基本概念以及重要结论. 下文所述的群均指有限 p 群. 事实上, 这些结论也是有限 p 群的研究中常常用到的.

§1.1 基本概念

本节我们首先来给出有限 p 群的一些术语和符号, 其他未提到的术语和符号都是标准的, 参见文献 [67,69].

设 G 是有限 p 群, 我们分别用 $c = c(G)$, $d(G)$ 表示群 G 的**幂零类**, **极小生成元的个数**. G 的**下中心群列**和**上中心群列**分别是:

$$G = G_1 > G_2 > \cdots > G_{c+1} = 1,$$

和

$$1 = Z_0(G) < Z_1(G) < \cdots < Z_c(G) = G.$$

设 $\exp(G) = p^e$, 称 $e = e(G)$ 为群 G 的**幂指数**, 对于任意的 $s, 0 \leqslant s \leqslant e$, 我们规定

$$\Omega_{\{s\}}(G) = \{a \in G \mid a^{p^s} = 1\}, \quad \mho_{\{s\}}(G) = \{a^{p^s} \mid a \in G\},$$

并且规定

$$\Omega_s(G) = \langle \Omega_{\{s\}}(G) \rangle, \quad \mho_s(G) = \langle \mho_{\{s\}}(G) \rangle,$$

则 G 的 **Frattini 子群** $\Phi(G) = G'\mho_1(G)$.

下面我们将给出一些文中要用到的基本概念.

定义 1.1.1 设 G 为有限 p 群. 如果 G 的每个真子群均交换, 但它本身不交换, 则称 G 为**内交换 p 群**.

定义 1.1.2 设 G 是 p^n 阶群. 若 G 的指数为 p^t 的子群都交换, 但存在一个指数为 p^{t-1} 的子群非交换, 则称 G 为 $\mathcal{A}_t$ **群**, 也记为 $G \in \mathcal{A}_t$.

定义 1.1.3 若群 G 有循环正规子群 N 使得 G/N 是循环群, 则称 G 为**亚循环群**.

定义 1.1.4 设 G 是 p^n 阶群, $n \geqslant 3$. 若 $c(G) = n - 1$, 则称 G 为**极大类群**.

定义 1.1.5 设 G 是极大类群. 称 $C_G(G_2/G_4)$ 为 G 的**基本子群**.

定义 1.1.6 称有限 p 群 G 为**正则的**, 如果对任意的 $a, b \in G$, 有

$$(ab)^p = a^p b^p d_1^p d_2^p \cdots d_s^p,$$

其中 $d_i \in \langle a, b \rangle'$, $i = 1, 2, \cdots, s$, $\langle a, b \rangle'$ 是 $\langle a, b \rangle$ 的导群, 而 s 依赖于 a, b.

定义 1.1.7 设 s 为正整数. 称有限 p 群 G 为 p^s **交换的**, 若对任意的 $a, b \in G$, $(ab)^{p^s} = a^{p^s} b^{p^s}$. 特别地, 若 $s = 1$, p^s 交换群简称为 p **交换群**.

定义 1.1.8 设 G 为非亚循环 p 群. 若 G 的每个真子群均亚循环, 则称 G 为**内亚循环 p 群**.

定义 1.1.9 设 G 为群, $A, B \leq G$. 若 $G = AB$ 且 $[A, B] = 1$, 则称 G 为 A, B 的**中心积**, 记作 $G = A * B$. 显然 $A \cap B \leq Z(G)$, 本书中我们总假设 $A \cap B \neq 1$.

定义 1.1.10 p^n 阶群 G 被称为 $\mathrm{C2I}_k$ **群**, 如果 G 的所有 p^k 阶子群均同构且类 2, 其中 $3 \leq k \leq n - 1$.

定义 1.1.11 有限群 G 被称为**内 $\mathcal{P}_n$ 群**, 如果 G 的幂零类大于 n, 但是 G 的所有真子群的幂零类都小于等于 n.

定义 1.1.12 设 G 是有限 p 群. 若 $G'' = 1$, 则称 G 是**亚交换的**.

定义 1.1.13 有限群 G 的有序元素组 $(b_1, b_2, \cdots, b_r)$, 其诸元素的阶 $o(b_i) = n_i > 1 (i = 1, 2, \cdots, r)$ 被称为 G 的一组**唯一性基底**, 如果对任意的 $g \in G$, g 均可唯一表成下列形式: $g = b_1^{m_1} b_2^{m_2} \cdots b_r^{m_r}$, $0 \leq m_i < n_i, i = 1, 2, \cdots, r$.

定义 1.1.14 $\mathcal{B}_p = \{G \mid G$ 的非交换真子群都二元生成的有限 p 群$\}$, $\mathcal{B}_p' = \{G \mid G \in \mathcal{B}_p, G' \neq 1, G$ 不是内交换群$\}$, $\mathcal{D}_p = \{G \in \mathcal{B}_p' \mid G$ 有交换极大子群$\}$, $\mathcal{M}_p = \{G \in \mathcal{B}_p' \mid G$ 没有交换极大子群$\}$, $\mathcal{D}_p(2) = \{G \in \mathcal{D}_p \mid d(G) = 2\}$, $\mathcal{D}_p(3) = \{G \in \mathcal{D}_p \mid d(G) = 3\}$, $\mathcal{D}_p'(2) = \{G \in \mathcal{D}_p(2) \mid G$ 不是极大类 p 群$\}$, $\mathcal{M}_p' = \{G \in \mathcal{M}_p \mid G$ 非亚循环且不是极大类 3 群$\}$. 若 G 上述某个集合 A, 就称 G 是一个 A **群**.

§1.2 性质定理

定理 1.2.1 [69, 定理2.3.6] 设 G 是有限 p 群, 则下列命题等价:
(1) G 是内交换群;
(2) $d(G) = 2$ 且 $|G'| = p$;
(3) $d(G) = 2$ 且 $Z(G) = \Phi(G)$.

定理 1.2.2 [11, 定理 3.1] 设 G 是有限 p 群, $p > 2$, $d(G) > 2$. 若 G 的极大子群 H 都满足 $d(H) \leq 2$, 则 G 有交换极大子群.

定理 1.2.3 [67, 第I章定理 5.7] 设 $H \leq G$. 则 $N_G(H)/C_G(H)$ 同构于 $Aut(H)$ 的一个子群.

定理 1.2.4 [67, 第IV章定理 2.8] 设 G 是幂零群, $1 \neq N \trianglelefteq G$, 则 $[N,G] < N$ 且 $N \cap Z(G) > 1$.

定理 1.2.5 [69, 定理 2.1.4] 设 G 是群, $G = \langle M \rangle$, 则
(1) $G_n = \langle [x_1, \cdots, x_n]^g | x_i \in M, g \in G \rangle$;
(2) $G_n = \langle [x_1, \cdots, x_n], G_{n+1} | x_i \in M \rangle$;
特别地, 如果 $G = \langle a, b \rangle$, 那么
(3) $G_2 = G' = \langle [a,b]^g | g \in G \rangle$;
(4) $G_2 = G' = \langle [a,b], G_3 \rangle$, 于是 G'/G_3 循环.

定理 1.2.6 [69, 推论 8.3.2] 设 G 是非交换极大类 p 群, 它有交换极大子群 A, 则 G 的每个非交换子群 H 也是极大类的.

定理 1.2.7 [6, 定理 9.6(e)] 设 G 极大类群且阶为 p^m, $p > 2$, $m > p+1$. 则 G 的除了基本子群以外的极大子群都是极大类的.

定理 1.2.8 [6, §9, 练习 10] 设 G 是极大类 3 群. 则 G 的基本子群交换或内交换.

定理 1.2.9 [81, 引理 2.6(1-2)] 设 G 是 $\mathcal{A}_2$ 群. 则 $d(G) \leq 3$. 若 $d(G) = 3$, 则 $c(G) = 2$.

定理 1.2.10 [68, 定理 5.4] 设 G 是一个 $\mathcal{M}'_p$ 群, $|G| = p^n \geqslant p^6$, p 是奇素数且 K 是 G 的极大子群. 则
(1) K 不是极大类群;
(2) $K \in \mathcal{A}_1$ 或 $K \in \mathcal{D}'_p(2)$;
(3) $c(G) = n - 2$;
(4) 若 G 的极大子群都不是内交换的, 则 $|G| = p^6$.

定理 1.2.11 [68, 定理 3.1(1), 定理 3.2(1)] 设 G 是 $\mathcal{D}'_p(2)$ 群, $c(G) = c$, $|G/G'| = p^{m+1}$. 则 $c \geqslant 3$, $m \geqslant 2$. 且

(1) G 有下中心群列形式 $(m+1, 1, \cdots, 1)$, 因此 $|G'| = p^{c-1}$, $|G| = p^{m+c}$.

(2) 如果 M 是 G 的非交换子群, $|G : M| = p^t$, 则 $t \leqslant c - 2$, $Z(M) = Z(G)$,

$$M' = G_{t+2}, \ M_3 = G_{t+3}, \ \cdots, \ M_{c-t} = G_c.$$

特别地, $c(M) = c - t$.

定理 1.2.12 [67, 第IV章推论 5.6] 设 G 是有限 p 群, $H_1 \leqslant H_2$ 是 G 的子群, $|H_2 : H_1| = p^s$. 则对任意的非负整数 $t \leqslant s$, 存在 G 的子群 H_3, 使 $H_1 \leqslant H_3 \leqslant H_2$, 且 $|H_3 : H_1| = p^t$.

定理 1.2.13 [69, 命题2.1.1] 设 G 是群, $x, y, z \in G$, 则

$$[x, y, z^x][z, x, y^z][y, z, x^y] = 1$$

定理 1.2.14 [67, 第I章§4习题 10] 设 G 是群, $a, b \in G$ 且 $[a, b] \in Z(G)$, 又设 n 是正整数. 则有

(1) $[a^n, b] = [a, b]^n$;

(2) $[a, b^n] = [a, b]^n$;

(3) $(ab)^n = a^n b^n [b, a]^{\binom{n}{2}}$.

定理 1.2.15 [69, 命题 2.1.7, 命题 2.1.8] 设 G 是亚交换群, $a, b \in G$. 对于任意的正整数 i, j, 设

$$[ia, jb] = [a, b, \underbrace{a, \cdots, a}_{i-1}, \underbrace{b, \cdots, b}_{j-1}].$$

则对于任意的正整数 m, n,

$$[a^m, b^n] = \prod_{i=1}^{m} \prod_{j=1}^{n} [ia, jb]^{\binom{m}{i}\binom{n}{j}}, \tag{1.1}$$

$$(ab^{-1})^m = a^m \left(\prod_{i+j \leq m} [ia, jb]^{\binom{m}{i+j}} \right) b^{-m}, \ m \geq 2. \tag{1.2}$$

定理 1.2.16 [69, 引理5.5.2] 若有限正则p群G有唯一性基底$(b_1, b_2, \cdots, b_r)$,则$r = \omega(G)$,且将$\{o(b_i)|i = 1, 2, \cdots, r\}$排成降序必为$p^{e_1}, p^{e_2}, \cdots, p^{e_\omega}$,这里$(e_1, e_2, \cdots, e_\omega)$是$G$的型不变量.

定理 1.2.17 [69, 定理 3.1.1] 设G是群, $x, y \in G$, $H = \langle x, y \rangle$,再设m是任一给定的正整数,则存在$c_i \in H_i$ (这里H_i是H的下中心群列的第i项), $i = 2, 3, \cdots, m$,使得

$$x^m y^m = (xy)^m c_2^{\binom{m}{2}} c_3^{\binom{m}{3}} \cdots c_m^{\binom{m}{m}}.$$

定理 1.2.18 [69, 引理 2.3.5] 设A是非交换群G的交换正规子群,且其商群$G/A = \langle xA \rangle$循环, 则映射$a \mapsto [a, x](a \in A)$是$A$到$G'$上的满同态.

定理 1.2.19 [69, 习题 2.3.10] 设G是二元生成的有限非交换p群, $H < G$,则有$H' < G'$.

定理 1.2.20 [69, 定理 2.5.6] 设$p > 2$, G是p^n阶非交换p群. 假定G有交换的极大子群, 则G是极大类p群当且仅当$|G : G'| = p^2$.

定理 1.2.21 [68, 定理 5.4 (3)] 设$G \in \mathcal{M}'_p$, $|G| = p^n \geqslant p^6$, 其中p是奇素数. 如果K是G的极大子群, 则$K \in \mathcal{A}_1$或$K \in \mathcal{D}'_p(2)$.

定理 1.2.22 [69, 习题2.1.4] 设G是二元生成群. 则$G'' \leqslant G_5$.

定理 1.2.23 [74, 定理2.2.1] 设G是有限p群. 若M和N都是G的正规子群且$|M : N| = p$, 则对于$\forall g \in G$和$m \in M$,有$[m, g] \in N$.

定理 1.2.24 [69, 推论4.2.2] 设G是亚交换p群. 则G是p交换群当且仅当$\mho_1(G') = 1$, 并且对每个二元生成子群K有$c(K) < p$.

定理 1.2.25 [19, III, 11.4 Satz.] 设G是一个有限p群, $p > 2$. 则G是亚循环群当且仅当$|G/\mho_1(G)| \leq p^2$.

定理 1.2.26 [19, III, 11.3 Satz.] 设 G 是一个有限 p 群. 则 G 是亚循环群当且仅当 $G/\Phi(G')G_3$ 是亚循环群.

定理 1.2.27 [19, III, 6.8 Hilfssatz] 设 $k \geq 2$ 且 $g_i \in G_{n_i}$. 则

$$[g_1^{a_1}, \ldots, g_k^{a_k}] = t[g_1, \ldots, g_k]^{a_1 \cdots a_k}$$

其中 $t \in G_{n+1}, n = \sum_{i=1}^{k} n_i$.

定理 1.2.28 [69, 命题2.1.5] 设 G 是一个亚交换群, $x, y, z \in G$. 则
(1) $[x, y, z][y, z, x][z, x, y] = 1$;
(2) 若 $z \in G'$, 则 $[z, x, y] = [z, y, x]$.

定理 1.2.29 [69, 定理5.2.2] 设 G 是有限 p 群.
(1) 若 $c(G) < p$, 则 G 正则.
(2) 若 $|G| \leq p^p$, 则 G 正则.
(3) 若 $p > 2$ 且 G' 循环, 则 G 正则. 特别地, 亚循环 p 群正则.
(4) 若 $\exp(G) = p$, 则 G 正则.

定理 1.2.30 [69, 定理 5.2.11] (1) 设 G 是二元生成正则 3 群, 则 G' 循环;
(2) 有限 3 群正则当且仅当它的每个二元生成子群具有循环导群.

定理 1.2.31 [69, 定理 5.4.1] 设 G 是有限 p^s 正则群, 则
(1) 对任意的 $a, b \in G$, 存在 $c \in G$, 使得 $a^{p^s} b^{p^s} = c^{p^s}$, 于是有 $\mho_{\{s\}}(G) = \mho_s(G)$;
(2) 对任意的 $a, b \in G$, $a^{p^s} = b^{p^s}$ 当且仅当 $(a^{-1}b)^{p^s} = 1$, 于是 $\Omega_{\{s\}}(G) = \Omega_s(G)$.

定理 1.2.32 [69, 引理 5.1.7] 设 G 是有限 p 群, 且 $\mho_s(G') = 1$. 则 G 是 p^s 正则的当且仅当 G 是 p^s 交换的.

定理 1.2.33 [20, 引理2.22] 设 G 是非交换 p 群且 $d(G) = n$. 不妨设 $x_1, x_2, \cdots, x_n$ 为 G 的 n 个生成元. 则 G 有 $1 + p + p^2 + \cdots + p^{n-1}$ 个极大子群. 它们分别是:
$M = \langle \Phi(G), x_2, \cdots, x_n \rangle$, (1 个)
$M_{i_1} = \langle \Phi(G), x_1 x_2{}^{i_1}, x_3, \cdots, x_n \rangle$, ($p$ 个)
$M_{i_1 i_2} = \langle \Phi(G), x_1 x_3{}^{i_1}, x_2 x_3{}^{i_2}, x_4, \cdots, x_n \rangle$, ($p^2$ 个)
$M_{i_1 i_2 \cdots i_{n-1}} = \langle \Phi(G), x_1 x_n{}^{i_1}, x_2 x_n{}^{i_2}, x_3 x_n{}^{i_3}, \cdots, x_{n-1} x_n{}^{i_{n-1}} \rangle$. ($p^{n-1}$个)
其中 $i_j = 0, 1, \cdots, p-1, \quad j = 1, 2, \cdots, n-1$.

§1.3 分类定理

定理 1.3.1 [69, 定理2.3.7] 设 G 是内交换 p 群. 则 G 是下列群之一:

(1) Q_8;

(2) $M_p(n,m) = \langle a,b \mid a^{p^n} = b^{p^m} = 1, a^b = a^{1+p^{n-1}} \rangle, n \geq 2, m \geq 1$; (亚循环情形)

(3) $M_p(n,m,1) = \langle a,b,c \mid a^{p^n} = b^{p^m} = c^p = 1, [a,b] = c, [c,a] = [c,b] = 1 \rangle, n \geq m \geq 1$. (非亚循环情形)

定理 1.3.2 [79] 设 G 是 $\mathcal{A}_2$ 群. 则 G 是下列类型的群之一:

(I) 型群($d(G) = 2$ 且 G 有一个交换极大子群):

(I1) $G = \langle a,b \mid a^8 = b^{2^m} = 1, a^b = a^{-1} \rangle$, 其中 $m \geq 1$.

(I2) $G = \langle a,b \mid a^8 = b^{2^m} = 1, a^b = a^3 \rangle$, 其中 $m \geq 1$.

(I3) $G = \langle a,b \mid a^8 = 1, b^{2^m} = a^4, a^b = a^{-1} \rangle$, 其中 $m \geq 1$.

(I4) $G = \langle a_1, b \mid a_1^p = a_2^p = a_3^p = b^{p^m} = 1, [a_1,b] = a_2, [a_2,b] = a_3, [a_3,b] = 1, [a_i, a_j] = 1 \rangle$, 其中 $p \geq 3, 1 \leq i, j \leq 3$ 且若 $m = 1$, 则 $p \geq 5$.

(I5) $G = \langle a_1, b \mid a_1^p = a_2^p = b^{p^{m+1}} = 1, [a_1,b] = a_2, [a_2,b] = b^{p^m}, [a_1,a_2] = 1 \rangle$, 其中 $p \geq 3$.

(I6) $G = \langle a_1, b \mid a_1^{p^2} = a_2^p = b^{p^m} = 1, [a_1,b] = a_2, [a_2,b] = a_1^{vp}, [a_1,a_2] = 1 \rangle$, 其中 $p \geq 3, v = 1$ 或模 p 平方非剩余.

(I7) $G = \langle a_1, a_2, b \mid a_1^9 = a_2^3 = 1, b^3 = a_1^3, [a_1,b] = a_2, [a_2,b] = a_1^{-3}, [a_1,a_2] = 1 \rangle$.

(II) 型群($d(G) = 3, |G'| = p$ 且 G 有一个交换极大子群):

(II1) $G = \langle a,b,x \mid a^4 = x^2 = 1, b^2 = a^2 = [a,b], [x,a] = [x,b] = 1 \rangle \cong Q_8 \times C_2$.

(II2) $G = \langle a,b,x \mid a^{p^{n+1}} = b^{p^m} = x^p = 1, [a,b] = a^{p^n}, [x,a] = [x,b] = 1 \rangle \cong M_p(n+1,m) \times C_p$.

(II3) $G = \langle a,b,c,x \mid a^{p^n} = b^{p^m} = c^p = x^p = 1, [a,b] = c, [c,a] = [c,b] = [x,a] = [x,b] = 1 \rangle \cong M_p(n,m,1) \times C_p$, 其中 $n \geq m$, 并且若 $p = 2$, 则 $n \geq 2$.

(II4) $G = \langle a,b,x \mid a^4 = 1, b^2 = x^2 = a^2 = [a,b], [x,a] = [x,b] = 1 \rangle \cong Q_8 * C_4$.

(II5) $G = \langle a,b,x \mid a^{p^n} = b^{p^m} = x^{p^2} = 1, [a,b] = x^p, [x,a] = [x,b] = 1 \rangle \cong M_p(n,m,1) * C_{p^2}$, 其中 $n \geq m$ 且当 $p = 2$ 时, $n \geq 2$.

(III) 型群($d(G) = 3, |G'| = p^2$ 且 G 有一个交换极大子群):

(III1) $G = \langle a,b,c \mid a^4 = b^4 = 1, c^2 = a^2 b^2, [a,b] = b^2, [c,a] = a^2, [c,b] = 1 \rangle$.

(III2) $G = \langle a,b,d \mid a^{p^m} = b^{p^2} = d^p = 1, [a,b] = a^{p^{m-1}}, [d,a] = b^p, [d,b] = 1 \rangle$, 其中当 $p = 2$ 时, $m \geq 3$.

(III3) $G = \langle a,b,d \mid a^{p^m} = b^{p^2} = d^{p^2} = 1, [a,b] = d^p, [d,a] = b^{jp}, [d,b] = 1 \rangle$, 其中 $p > 2, (j,p) = 1, j$ 是模 p 平方非剩余且 $-4j$ 模 p 平方非剩余.

(III4) $G = \langle a, b, d \mid a^{p^m} = b^{p^2} = d^{p^2} = 1, [a,b] = d^p, [d,a] = b^{jp}d^p, [d,b] = 1 \rangle$,
当 $p = 2$ 时, $j = 1$; 当 $p > 2$ 时, $4j \equiv 1 - \rho^{2r+1}$, 其中 $1 \leqslant r \leqslant \frac{p-1}{2}$
并且 ρ 是模 p 原根中的最小正整数.

(IV) 型群($d(G) = 2$ 且 G 的极大子群都不交换):

(IV1) $G = \langle a, b \mid a^{p^{r+2}} = 1, b^{p^{r+s+t}} = a^{p^{r+s}}, [a,b] = a^{p^r} \rangle$, 其中 $t \geqslant 0$, $0 \leqslant s \leqslant 2$
且 $r + s \geqslant 2$. 并且当 $p = 2$ 时, $r \geqslant 2$; 当 $p \geqslant 3$ 时, $r \geqslant 1$.

(IV2) $G = \langle a, b \mid a^{p^2} = b^{p^2} = c^p = 1, [a,b] = c, [c,a] = b^{\nu p}, [c,b] = a^p \rangle$, 其中 $p \geqslant 5$, ν
是模 p 平方非剩余.

(IV3) $G = \langle a, b \mid a^{p^2} = b^{p^2} = c^p = 1, [a,b] = c, [c,a] = a^{-p}b^{-lp}, [c,b] = a^{-p} \rangle$, 其中
$p \geqslant 5$, $4l \equiv \rho^{2r-1} - 1$, $r = 1, 2, \cdots, \frac{p-1}{2}$, ρ 是模 p 原根中的最小正整数.

(IV4) $G = \langle a, b \mid a^9 = b^9 = c^3 = 1, [a,b] = c, [c,a] = b^{-3}, [c,b] = a^3 \rangle$.

(IV5) $G = \langle a, b \mid a^9 = b^9 = c^3 = 1, [a,b] = c, [c,a] = b^{-3}, [c,b] = a^{-3} \rangle$.

(V) 型群($d(G) = 3$ 且 G 的极大子群都不交换):

(V1) $G = \langle a, b, d \mid a^4 = b^4 = d^4 = 1, [a,b] = d^2, [d,b] = a^2b^2, [a^2, b] = [b^2, a] = 1 \rangle$.

定理 1.3.3 [69, 定理 2.2.10] 设 $|G| = p^n$, G 有 p^{n-1} 阶循环极大子群 $\langle a \rangle$, 则 G 只有下述七种类型:

(I) p^n 阶循环群: $G = \langle a \rangle$, $a^{p^n} = 1$, $n \geq 1$;

(II) (p^{n-1}, p) 型交换群: $G = \langle a, b \rangle$, $a^{p^{n-1}} = b^p = 1$, $[a,b] = 1$, $n \geq 2$;

(III) $p \neq 2$, $n \geq 3$, $G = \langle a, b \rangle$, 有定义关系:

$$a^{p^{n-1}} = 1, \ b^p = 1, \ b^{-1}ab = a^{1+p^{n-2}};$$

(IV) 广义四元数群: $p = 2$, $n \geq 3$, $G = \langle a, b \rangle$, 有定义关系:

$$a^{2^{n-1}} = 1, \ b^2 = a^{2^{n-1}}, \ b^{-1}ab = a^{-1};$$

(V) 二面体群: $p = 2$, $n \geq 3$, $G = \langle a, b \rangle$, 有定义关系:

$$a^{2^{n-1}} = 1, \ b^2 = 1, \ b^{-1}ab = a^{-1};$$

(VI) $p = 2$, $n \geq 4$, $G = \langle a, b \rangle$, 有定义关系:

$$a^{2^{n-1}} = 1, \ b^2 = 1, \ b^{-1}ab = a^{1+2^{n-2}};$$

(VII) 半二面体群: $p = 2$, $n \geq 4$, $G = \langle a, b \rangle$, 有定义关系:

$$a^{2^{n-1}} = 1, \ b^2 = 1, \ b^{-1}ab = a^{-1+2^{n-2}}.$$

定理 1.3.4 [69, 定理6.2.5, 定理6.2.6] 设 G 是亚循环p群. 则 G 为以下群之一:

(1) 有循环极大子群的群;

(2) $\langle a,b \mid a^{p^{r+s+u}} = 1, b^{p^{r+s+t}} = a^{p^{r+s}}, a^b = a^{1+p^r}\rangle$, 其中$r$, s, t, u都是非负整数, $u \leq r$, $p=2$时$r \geq 2$, $p>2$时$r \geq 1$;

(3) $\langle a,b \mid a^{2^{r+s+v+t'+u}} = 1, b^{2^{r+s+t}} = a^{2^{r+s+v+t'}}, a^b = a^{-1+2^{r+v}}\rangle$, 其中$r$, s, v, t, t', u都是非负整数, $r \geqslant 2$, $t' \leqslant r$, $u \leqslant 1$, $tt' = sv = tv = 0$, $t' \geqslant r-1$时$u=0$.

定理 1.3.5 [69, 定理6.1.1] 设 G 是内亚循环p群. 则 G 为以下群之一:

(1) p^3阶初等交换群;

(2) $M_p(1,1,1), p>2$;

(3) $\langle a,b,c \mid b^9 = c^3 = 1, [c,b]=1, a^3=b^{-3}, [b,a]=c, [c,a]=b^{-3}\rangle$, 3^4阶且幂零类为3;

(4) $Q_8 \times C_2$;

(5) $Q_8 * C_4$;

(6) $\langle a,b,c \mid a^4=b^4=1, c^3=a^2b^2, [a,b]=b^2, [c,a]=a^2, [c,b]=1\rangle$, 32阶.

定理 1.3.6 [76, 主定理] 设 G 是有限p群且G 的非交换极大子群都亚循环. 则 G 为以下群之一:

(1)所有真子群都交换的p群;

(2) 所有真子群都亚循环的p群;

(3) $G = M \times K$, 其中 $M = \langle a,b \mid a^{p^n} = b^{p^m} = 1, [a,b]=a^{p^{n-1}}\rangle$且$K = \langle c\rangle \cong C_p$;

(4) $G = \langle a,c \mid a^{p^n} = b^p = c^p = 1, [c,a]=b, [c,b]=1, [a,b]=a^{p^{n-1}}\rangle$, 其中$p>2$.

定理 1.3.7 [69,第 232 页, 定理 8.4.2] 设 G 是阶为 3^n(其中 $n \geqslant 5$) 的极大类 3 群, 并设 G_1 不交换, 则 G 为以下互不同构的群之一:

(1) n 为偶数 $2e$ 时, $\langle s,s_1,s_2 \mid s_1^{3^e} = s_2^{3^{e-1}} = 1, s^3 = s_1^{\delta 3^{e-1}}, [s_1,s]=s_2, [s_2,s] = s_1^{-3}s_2^{-3}, [s_2,s_1]=s_1^{3^{e-1}}\rangle$, 其中 $\delta = 0,1,2$;

(2) n 为奇数 $2e+1$ 时, $\langle s,s_1,s_2 \mid s_1^{3^e} = s_2^{3^e} = 1, s^3 = s_2^{\delta 3^{e-1}}, [s_1,s]=s_2, [s_2,s] = s_1^{-3}s_2^{-3}, [s_2,s_1]=s_2^{3^{e-1}}\rangle$, 其中 $\delta = 0,1,2$.

定理 1.3.8 [69,第 229 页, 定理 8.3.6] 设 G 是阶为 p^n(其中 $n \geqslant 4$) 的有交换极大子群 A 的极大类 p 群, 则 G 同构于下列群之一:

(i) $G = \langle s_1,\beta \mid s_1^{p^e} = s_2^{p^{e-1}} = \cdots = s_r^{p^e} = 1, s_{r+1}^p = \cdots = s_{p-1}^p = 1, \beta^p = 1, [s_k,\beta]=s_{k+1}, [s_{p-1},\beta]=s_1^{-\binom{p}{1}}s_2^{-\binom{p}{2}}\cdots s_{p-2}^{-\binom{p}{p-2}}s_{p-1}^{-\binom{p}{p-1}}, [s_i,s_j]=1\rangle$. 其中

p 为奇素数, e, r, k, i, j 是正整数, $1 \leqslant r, i, j \leqslant p-1$, $1 \leqslant k \leqslant p-2$.

(ii) $G = \langle s_1, b \mid s_1^{p^e} = s_2^{p^e} = \cdots = s_r^{p^e} = 1, s_{r+1}^{p^{e-1}} = \cdots = s_{p-1}^{p^{e-1}} = 1, b^p = s_r^{p^{e-1}}, [s_k, b] = s_{k+1}, [s_{p-1}, b] = s_1^{-\binom{p}{1}} s_2^{-\binom{p}{2}} \cdots s_{p-2}^{-\binom{p}{p-2}} s_{p-1}^{-\binom{p}{p-1}}, [s_i, s_j] = 1 \rangle$.
其中 p 为奇素数, e, r, k, i, j 是正整数, $1 \leqslant r, i, j \leqslant p-1$, $1 \leqslant k \leqslant p-2$.

(iii) $G = \langle a, \beta \mid s_1^{p^e} = s_2^{p^e} = \cdots = s_r^{p^e} = 1, s_{r+1}^{p^{e-1}} = \cdots = s_{p-1}^{p^{e-1}} = 1, a^p = s_1^{-\binom{p}{2}} s_2^{-\binom{p}{3}} \cdots s_{p-1}^{-1} s_r^{\delta p^{e-1}}, \beta^p = 1, [s_i, s_j] = 1, [a, s_1] = 1, [\beta, a] = s_1^{-1}, [s_k, \beta] = s_{k+1}, [s_{p-1}, \beta] = s_1^{-\binom{p}{1}} s_2^{-\binom{p}{2}} \cdots s_{p-2}^{-\binom{p}{p-2}} s_{p-1}^{-\binom{p}{p-1}} \rangle$. 其中 p 为奇素数, e, r, k, i, j, δ 是正整数, $1 \leqslant r, i, j, \delta \leqslant p-1$, $1 \leqslant k \leqslant p-2$.

定理 1.3.9 [68, 定理 3.13] 设 G 是 $\mathcal{D}_p'(2)(p \geqslant 3)$ 群, $c(G) = c$, $|G| = p^{m+c}$. 则 $c \geqslant 3$, $m \geqslant 2$, 且 G 为下列互不同构的群之一:

(i) 如果 $c \leqslant p$,

(a) $\langle a_1, b \mid a_i^p = b^{p^m} = 1, [a_j, b] = a_{j+1}, [a_c, b] = 1, [a_i, a_j] = 1 \rangle$, 其中 $1 \leqslant i \leqslant c \leqslant p$, $1 \leqslant j \leqslant c-1$;

(b) $\langle a_1, b \mid a_i^p = b^{p^{m+1}} = 1, [a_j, b] = a_{j+1}, [a_{c-1}, b] = b^{p^m}, [a_i, a_j] = 1 \rangle$, 其中 $1 \leqslant i \leqslant c-1 \leqslant p-1$, $1 \leqslant j \leqslant c-2$;

(c) $\langle a_1, b \mid a_1^{p^2} = a_i^p = b^{p^m} = 1, [a_j, b] = a_{j+1}, [a_{c-1}, b] = a_1^{tp}, [a_i, a_j] = 1 \rangle$.
其中 $2 \leqslant i \leqslant c-1 \leqslant p-1$, $1 \leqslant j \leqslant c-2$, $t = t_1, t_2, \cdots, t_{(c-1,p-1)}$, $t_1, t_2, \cdots, t_{(c-1,p-1)}$ 是子群 $F = \langle 1^{c-1}, 2^{c-1}, \cdots, (p-1)^{c-1} \rangle$ 在群 Z_p^* 中的陪集代表元. (这里有 $(c-1, p-1)$ 个群);

(ii) 如果 $c \geqslant p+1$, $c-1 = (p-1)q + r$, 其中 ($q \geqslant 1$, $0 \leqslant r \leqslant p-2$),

(d) $\langle a_1, b \mid a_i^{p^{q+1}} = a_j^{p^q} = b^{p^m} = 1, [a_{p-1}, b] = a_1^{-\binom{p}{1}} a_2^{-\binom{p}{2}} \cdots a_{p-1}^{-p} a_{r+1}^{t(-p)^q}, [a_k, b] = a_{k+1}, [a_u, a_v] = 1 \rangle$. 其中 $1 \leqslant i \leqslant r+1$, $r+2 \leqslant j \leqslant p-1$, $t = p, t_1, t_2, \cdots, t_{(r,p-1)}$, $1 \leqslant u, v \leqslant p-1$, 其中 $t = p, t_1, t_2, \cdots, t_{(r,p-1)}$ 是子群 $F = \langle 1^c, 2^c, \cdots, (p-1)^c \rangle$ 在群 Z_p^* 中的陪集代表元(这里有 $(r, p-1) + 1$ 个群);

(e) $\langle a_1, b \mid a_i^{p^{q+1}} = a_j^{p^q} = b^{p^{m+1}} = 1, [a_{p-1}, b] = a_1^{-\binom{p}{1}} a_2^{-\binom{p}{2}} \cdots a_{p-1}^{-p}, [a_k, b] = a_{k+1}, b^{p^m} = a_{r+1}^{(-p)^q}, [a_u, a_v] = 1 \rangle$. 其中 $1 \leqslant i \leqslant r+1$, $r+2 \leqslant j \leqslant p-1$, $1 \leqslant k \leqslant p-2$, $1 \leqslant u, v \leqslant p-1$.

定理 1.3.10 [68, 定理 5.5] 若 $G \in \mathcal{M}_3'$ 且有唯一的内交换极大子群, 则 G 为下列互不同构群之一:

(a) $\langle a_1, b \mid a_1^{3^{q+1}} = a_2^{3^{q+1}} = b^{3^2} = c^3 = 1, [a_1, b] = a_2, [a_2, b] = a_3, [a_1, a_2] = c, [c, a_1] = [c, a_2] = 1, a_1^3 a_2^3 a_3 = a_2^{k(-3)^q}, b^3 = a_2^{s(-3)^q} c \rangle$, 其中 $s = 0, 1$, $k = 0, 1$, $q \geqslant 1$. $|G| = 3^{2q+4}$;

(b) $\langle a_1, b \mid a_1^{3q+2} = a_2^{3q+1} = b^{3^2} = c^3 = 1, [a_1, b] = a_2, [a_2, b] = a_3, [a_1, a_2] = c, [c, a_1] = [c, a_2] = 1, a_1^3 a_2^3 a_3 = a_1^{k(-3)^{q+1}}, b^3 = a_1^{s(-3)^{q+1}} c \rangle$, 其中 $s = 0, 1, k = 0, 1, 2, q \geqslant 1$. $|G| = 3^{2q+5}$.

定理 1.3.11 [68, 定理5.6, 定理5.9] 若 $G \in \mathcal{M}'_p$ 且无内交换极大子群, $p \geqslant 3$, 则 G 为下列互不同构群之一:

(c) $\langle a, b \mid a^9 = b^9 = c^3 = d^3 = 1, [a.b] = c, [c, b] = a^3, [c, a] = b^{-3}, [a^3, b] = [a, b^3] = d \rangle$. $|G| = 3^6$;

(d) $\langle a, b \mid a^9 = b^9 = c^3 = d^3 = 1, [a.b] = c, [c, b] = a^3 d, [c, a] = b^{-3}d, [a^3, b] = [a, b^3] = d \rangle$. $|G| = 3^6$;

(e) $\langle a, b \mid a^{p^2} = b^{p^2} = c^{p^2} = 1, [a.b] = c, [c, b] = a^p c^{mp}, [c, a] = b^{\nu p} c^{np}, [a, b^p] = [a^p, b] = c^p, [c, a^p] = [c, b^p] = [c^p, a] = [c^p, b] = 1 \rangle$. 其中 $p \geqslant 5$. ν 是模 p 平方非剩余的常数. 参数 m, n 是满足 $(m-1)^2 - \nu^{-1}(n+\nu)^2 \equiv r \pmod p$ 的最小指数, 其中 $r = 0, 1, \cdots, p-1$. $|G| = p^6$.

定理 1.3.12 [68, 主定理] 设 G 是有限非交换 p 群. 则 G 的非交换的真子群均二元生成当且仅当 G 是下列群之一:

(A) $d(G) = 3$:

    $\mathcal{A}_2$ 群中的 (II) 型、(III) 型和 (V) 型群(见定理 1.3.2).

(B) $d(G) = 2$:

    (1) 内交换群;

    (2) $\mathcal{A}_2$ 群中的(I) 型、(IV) 型群;

    (3) 有交换极大子群的极大类群;

    (4) 极大类 3 群;

    (5) $\mathcal{D}'_p(2)$ 群, 其中 $p \geqslant 3$;

    (6) 有唯一内交换极大子群的 $\mathcal{M}'_3$ 群;

    (7) 没有内交换极大子群的 $\mathcal{M}'_p$ 群, 其中 $p \geqslant 3$;

    (8) 亚循环群.

定理 1.3.13 [42, 定理4.2] 设 G 是一个非亚循环群. 则 G 是一个 $d(G) = 2$ 且 $c(G) = 2$ 的奇阶有限 p 群当且仅当 G 同构于下列互不同构的群之一:

(A1) $\langle a, b, c \mid a^{p^m} = 1, b^{p^n} = 1, [a, b] = c, c^{p^r} = 1, [c, a] = [c, b] = 1 \rangle$, 其中 $m \geqslant n \geqslant r$;

(A2) $\langle a, b, c \mid a^{p^m} = 1, b^{p^n} = 1, [a, b] = c, c^{p^r} = b^{p^t}, [c, a] = [c, b] = 1 \rangle$, 其中 $m \geqslant n > r, n > t \geqslant (n+r)/2$;

(A3) $\langle a, b, c \mid a^{p^m} = 1, b^{p^n} = 1, [a, b] = c, c^{p^r} = a^{p^s}, [c, a] = [c, b] = 1 \rangle$, 其中 $m > n > r, m > s \geqslant (m+r)/2, n \geqslant m+r-s$;

(A4) $\langle a,b,c \mid a^{p^m} = 1, b^{p^n} = 1, [a,b] = c, c^{p^r} = a^{p^s}b^{p^t}, [c,a] = [c,b] = 1 \rangle$, 其中
$m > n > r, m > s > t > r, s+n < m+t, n > t \geqslant m-s+r$.

参数 m,n,r,s,t 是正整数. 进一步, 定理中的群的阶都是 p^{m+n+r}.

定理 1.3.14 [33, 第449页,定理2.5] 设 G 是有限非交换 2 元生成类 2 的 2 群. 则 G 为下列互不同构的群之一:

(A1) $G = \langle a,b,c \mid a^{2^m} = 1, b^{2^n} = 1, c^{2^r} = 1, [a,b] = c, [c,a] = [c,b] = 1 \rangle$; 其中
$m \geqslant n \geqslant r \geqslant 1$;

(A2) $G = \langle a,b,c \mid a^{2^m} = 1, b^{2^n} = 1, c^{2^q} = 1, [a,b] = a^{2^{(m-r)}}c, [a,b]^{2^r} = 1, [c,b] = a^{-2^{(m-r)}}c^{-2^{(m-r)}}, [a,c] = 1 \rangle$; 其中 $n \geq r > q \geqslant 1, m+q \geqslant 2r$;

(A3) $G = \langle a,b,c \mid a^{2^{m+1}} = 1, b^{2^{m+1}} = 1, c^{2^{m-1}} = 1, [a,b] = a^2c, [a,b]^{2^m} = 1, [c,b] = a^{-4}c^{-2}, a^{2^m} = b^{2^m}, [c,a] = 1 \rangle$; 其中 $m \geqslant 1$;

(A4) $G = \langle a,b,c \mid a^{2^m} = 1, b^{2^n} = 1, [a,b]^{2^r} = 1, [a,b] = a^{2^{m-r}}, [a,b,a] = [a,b,b] = 1 \rangle$; 其中 $m \geqslant 2r, n \geqslant r, m+n > 3$.

第二章　类 2 子群都二元生成的有限 p 群

有限 p 群 G 的生成元个数 $d(G)$ 反映了群 G 的最小生成系含有的元素个数,它是有限 p 群的一个重要不变量,它的大小密切影响了群 G 结构的复杂程度. 例如:$d(G) = 1$ 的群就是循环群. 通过限制某些子群的生成元个数来研究群的结构是有限 p 群研究的重要研究内容,这方面有大量的研究结果. 例如:称群的所有交换子群的最大生成元个数为群的秩,称群的所有交换正规子群的最大生成元个数为群的正规秩, 文献 [11, 21–25] 等研究了群的秩和正规秩. 文献 [68] 给出了非交换子群都 2 元生成的有限 p 群的分类, 文献 [49] 研究了非正规子群都循环的有限 p 群, 文献 [62, 72] 研究了非正规子群都亚循环的有限 p 群.

设 $r(G) = max\{d(H) \mid H \leqslant G\}$, $r_i(G) = max\{d(H) \mid H \leqslant G$ 且 $c(H) = i\}$. 显然, $r(G) = max\{r_i(G) \mid 1 \leqslant i \leqslant c(G) = c\}$. 进一步, 若 p 是奇素数, 则 Laffey 在文献 [35] 中证明了

$$r(G) = max\{r_1(G), r_2(G)\}.$$

由这个结果可以看出, 类 2 子群的生成元个数会深刻影响到子群的生成元个数. 因此从类 2 子群的生成元个数出发来研究有限 p 群的结构是一个重要的研究方向.

显然, $r_2(G) \geqslant 2$. 一个自然的问题是: $r_2(G) = 2$ 会对有限 p 群 G 的结构产生什么影响? 即类 2 子群都二元生成会对有限 p 群 G 的结构产生什么影响? 本章对这个问题进行了回答, 证明了

$$r_2(G) = 2 \Leftrightarrow \forall 2 \leqslant i \leqslant c(G), r_i(G) = 2.$$

并利用这个结果分别给出了类 2 子群都二元生成、类 2 子群都内交换、类 2 子群都亚循环的有限 p 群的分类. 本章的内容取自文献 [39, 41, 44, 73].

§2.1　类 2 子群都二元生成的有限 p 群

本节证明了类 2 的真子群都二元生成的有限 p 群恰是非交换真子群都二元生成的有限 p 群, 而后者已被文献 [68] 分类. 于是类 2 的真子群都二元生成的有限 p 群被分类. 利用这个结果本文还给出了类 2 子群都二元生成的有限 p 群的分类.

引理 2.1.1 设 G 是非交换的真子群都二元生成的有限 p 群. 若 $d(G) = 3$, $c(G) = 2$, 则 $\exp G' = p$.

证明　设 $G = \langle a, b, c \rangle$ 是一个最小阶反例, 其中 $a, b, c \in G$. 则 $G' \cong C_{p^2}$. 不妨设 $G' = \langle [a,b] \rangle$. 因此可设 $[a,c] = [a,b]^i$, $[b,c] = [a,b]^j$. 令 $c_1 = cb^{-i}a^j$. 则 $G = \langle a, b \rangle * \langle c_1 \rangle$. 又 $[a^p, b] = [a, b]^p \neq 1$, 则 $\langle a^p, b, c_1 \rangle$ 是一个 3 元生成的非交换真子群. 矛盾. □

引理 2.1.2 设 G 是非交换的真子群都二元生成的有限 p 群. 若 $d(G) > 2$, 则 $c(G) = 2$.

证明 因为 $d(G) > 2$, 所以由引理1.2.1可知 G 不是内交换的. 则 G 存在二元生成的非交换的极大子群. 则 $d(G) = 3$. 设 $G = \langle a, b, c \rangle$ 是一个最小阶反例, 其中 $a, b, c \in G$. 因此 $c(G) = 3$ 且 $|G_3| = p$. 分两种情况讨论:

情形 (1) G 有交换极大子群.

不妨设 $\langle a, b, \Phi(G) \rangle$ 是一个交换极大子群. 若 G 有两个交换极大子群, 则 $|G'| \leq p$. 这与 $c(G) = 3$ 矛盾. 因此 G 只有唯一一个交换极大子群.

显然 $[a, c] \in \Phi(G)$, $[b, c] \in \Phi(G)$. 因此 $[a, c, a] = [a, c, b] = [b, c, a] = [b, c, b] = 1$. 因为 $c(G) = 3$, 所以 $[a, c, c] \neq 1$ 或 $[b, c, c] \neq 1$. 不妨设 $[a, c, c] \neq 1$. 则 $G_3 = \langle [a, c, c] \rangle$. 设 $[b, c, c] = [a, c, c]^i$ 且 $b_1 = ba^{-i}$. 则 $[b_1, c, c] = 1$. 因为 $[b_1, c] \in \Phi(G)$, 所以 $[b_1, c, a] = [b_1, c, b] = 1$. 因此 $[b_1, c] \in Z(G)$. 则 $\langle [b_1, c] \rangle \trianglelefteq G$. 由 $c^p \in \Phi(G)$ 知 $[b_1, c^p] = 1$. 则 $[b_1, c]^p = [b_1, c]^p [b_1, c, c]^{\binom{p}{2}} = [b, c^p] = 1$. 若 $[b_1, c] \notin G_3$, 则 $G/\langle [b_1, c] \rangle$ 是反例. 这与 G 是最小阶反例矛盾. 因此 $[b_1, c] \in G_3$. 设 $[b_1, c] = [a, c, c]^j$ 且 $b_2 = b_1 [a, c]^{-j}$. 则 $[b_2, c] = 1$. 设 $M = \langle b_2, c, \Phi(G) \rangle$. 则 M 是 G 的极大子群. 若 M 非交换, 则 $d(M) = 2$. 显然 $\Phi(M) \leq \Phi(G)$. 因此 $M = \langle b_2, c \rangle$ 交换. 矛盾. 因此 M 是交换极大子群. 这与 G 只有唯一一个交换极大子群矛盾.

情形 (2) G 没有交换极大子群.

由定理1.2.2可知 $p = 2$. 由 $c(G) = 3$ 可知 G' 交换. 由引理2.1.1得 $\exp(G_2/G_3) = 2$. 注意到 $G = \langle a, b, c \rangle$. 由定理1.2.5(2)知 $G/G_3 \lesssim C_2 \times C_2 \times C_2$.

若 $G_2/G_3 \cong C_2 \times C_2 \times C_2$, 则 $d(\langle G_2, a \rangle) \geq d(\langle G_2, a \rangle/G_3) \geq 3$. 因此 $\langle G_2, a \rangle$ 交换. 同理可知 $\langle G_2, b \rangle$ 和 $\langle G_2, c \rangle$ 交换. 则 $G_2 \leq Z(G)$. 这与 $c(G) = 3$ 矛盾.

若 $G_2/G_3 \lesssim C_2 \times C_2$, 则不妨设 $[a, b] \in G_3$. 因为 $\langle a, b, \Phi(G) \rangle$ 是极大子群, 所以非交换. 因此 $\langle a, b, \Phi(G) \rangle = \langle a, b \rangle$. 因此 $G_3 = \langle [a, b] \rangle$. 由定理1.2.1得 $\langle a, b \rangle$ 内交换且

$$\Phi(G) = \Phi(\langle a, b \rangle) = Z(\langle a, b \rangle).$$

则 $1 = [a, c^2] = [a, c]^2 [a, c, c]$, $1 = [b, c^2] = [b, c]^2 [b, c, c]$, $1 = [ab, c^2] = [ab, c]^2 [ab, c, c]$. 由 $|G_3| = 2$ 可知 $[a, c, c], [b, c, c], [ab, c, c]$ 中有一个是1. 不妨设 $[a, c, c] = 1$. 又 $[a, c] \in \Phi(G) = Z(\langle a, b \rangle)$, 则 $[a, c] \in Z(G)$. 下证 $[a, c] \notin G_3$. 若否, 由 $\langle a, c, \Phi(G) \rangle$ 是极大子群可知 $[a, c] \neq 1$. 则 $[a, c] = [a, b]$. 则 $\langle a, bc, \Phi(G) \rangle$ 是交换极大子群. 矛盾. 因此 $G/\langle [a, c] \rangle$ 是一个反例. 这与 G 是最小阶反例矛盾. $\square$

定理 2.1.1 设 G 是有限 p 群. 则

(1) G 的类 2 子群都二元生成当且仅当 G 的非交换子群都二元生成. 即 $r_2(G) = 2$ 当且仅当 $\forall 2 \leqslant i \leqslant c(G), r_i(G) = 2$.

(2) G 的类 2 真子群都二元生成当且仅当 G 的非交换真子群都二元生成.

证明 (1) $\Longleftarrow$ 显然. $\Longrightarrow$ 设G是最小阶反例. 则$d(G) \geqslant 3$且G的非交换真子群都二元生成. 由引理2.1.2可知$c(G) = 2$. 因此$d(G) = 2$. 这与$d(G) \geqslant 3$矛盾.

(2) $\Longleftarrow$ 显然. $\Longrightarrow$ 由(1)可知. $\qquad\square$

定理 2.1.2 设 G 是有限 p 群. 则
(1) G 的类 2 真子群均二元生成当且仅当 G 是定理 1.3.12 中的群.
(2) G 的类 2 子群均二元生成当且仅当 G 是定理 1.3.12 中的 (B) 型群.

证明 由定理2.1.1, 定理 1.3.12可知. $\qquad\square$

由定理2.1.1可知: 若$r_2(G) = 2$, 则$r_i(G) \leqslant r_2(G)$, 其中$2 \leqslant i \leqslant c(G)$. 此时有$r_i(G) \leq r_2(G)$, 其中$2 \leqslant i \leqslant c(G)$. 最后我们给出一个群$G$满足$r_2(G) = 3$且$r_3(G) = 4 > r_2(G)$.

引理 2.1.3 设 $G = \langle a, b, c, d \mid a^4 = b^4 = c^4 = 1, d^2 = b^2c^2, [a,b] = [a,c] = 1, [a,d] = [b,d] = a^2, [b,c] = a^2b^2, [c,d] = a^2c^2 \rangle$, $H < G$. 则$d(H) \leqslant 3$.

证明 显然$|G| = 2^7$, G是一个$\mathcal{A}_4$群,

$$\Omega_1(G) = \mho_1(G) = Z(G) = G' \cong C_2^3.$$

若H交换, 则$d(H) \leqslant 3$. 若H是内交换子群或$\mathcal{A}_2$子群, 则$d(H) \leqslant 3$. 因此只需证若H是$\mathcal{A}_3$子群, 则$d(H) \leqslant 3$. 若否, 存在M是$\mathcal{A}_3$子群且$d(M) \geqslant 4$. 考虑商群$\bar{G} = G/\langle a^2 \rangle$. 显然$\bar{G} = \langle \bar{a} \rangle \times \langle \bar{b}, \bar{c}, \bar{d} \rangle$, 其中$\langle \bar{b}, \bar{c}, \bar{d} \rangle$是$2^5$阶内亚循环群. 因此$d(\bar{M}) = 3$. 由$d(M) > d(\bar{M})$得$a^2 \notin \Phi(M)$. 则$a \notin M$. 因此可设$M = \langle ba^i, ca^j, da^k, a^2 \rangle$, 其中$i, j, k$是0或1. 设$K = \langle ba^i, ca^j, da^k \rangle$. 一方面, 由$d(M) > 3$得$a^2 \notin K$. 另一方面, $[ca^j, da^k](ca^j)^2 = (c^2a^2a^{2j})(c^2a^{2j}) = a^2 \in K$. 矛盾. $\qquad\square$

例子 2.1.1 设 $G = \langle a, b, c, d \mid a^8 = b^4 = c^4 = 1, d^2 = a^4b^2c^2, [a,b] = [a,c] = [b,c^2] = 1, [a,d] = [b,d] = a^2, [b,c] = a^2b^2, [c,d] = a^{-2}c^2 \rangle$, H是G的非交换真子群. 则$c(G) = 3$, $d(G) = 4$, $d(H) \leqslant 3$.

证明 设$K = \langle a, b, c^2 \rangle$, $M = \langle K, c \rangle$. 则K是2^6阶交换群, M是K被C_2的扩张, G是M被C_2的扩张. 因此$|G| = 2^8$. 计算可知

$$\Phi(G) = \mho_1(G) = G' = \langle a^2 \rangle \times \langle b^2 \rangle \times \langle c^2 \rangle, G_3 = \langle a^4 \rangle.$$

因此$d(G) = 4$且$c(G) = 3$. 计算可知
(1) $\Omega_1(G) \cong C_2^3$;
(2) $\Omega_2(C_G(\Omega_1(G))) \cong C_4^2 \times C_2$;

(3) $\mho_2(G) = G_3 = \langle a^2 \rangle \cong C_2$;

(4) $\bar{G} = G/\mho_2(G) \cong L$, L 是引理2.1.3中的群.

设存在一个 H 使得 $d(H) > 3$. 由引理2.1.3可知 $\mho_2(G) \subseteq H \setminus \Phi(H)$. 因此可设 $H = K \times \mho_2(G)$. 由 $d(H) > 3$ 可知 $d(K) > 2$. 因此 K 中有 $(2,2)$ 型交换正规子群 N. 由定理1.2.3可知 $|K : C_K(N)| \leqslant 2$. 注意到 $\Omega_1(G) = N \times \mho_2(G)$. 则 $\mho_2(G) \nleq C_K(N) \leq C_G(\Omega_1(G))$. 特别地, $C_K(N) \leq \Omega_2(C_G(\Omega_1(G)))$. 由(2)得 $\mho_1(\Omega_2(C_G(\Omega_1(G)))) \cong C_2^2$. 显然 $\mho_2(G) \leq \mho_1(\Omega_2(C_G(\Omega_1(G))))$. 因此 $|\mho_1(\Omega_2(C_K(N)))| \leqslant 2$. 因此 $C_K(N) \lesssim C_2 \times C_2$. 则 $|K| \leqslant 2^4$. 由(1)得 H 一定非交换. 则 K 非交换. 由 $d(K) > 2$ 可知 K 有8阶的内交换子群. 又 $K \cong K\mho_2(G)/\mho_2(G) \leq \bar{G} \cong L$. 这与 L 是 $\mathcal{A}_4$ 群矛盾. $\qquad \square$

§2.2 类 2 子群均内交换的有限 p 群

内交换子群一定是类 2 子群, 但类 2 子群不一定是内交换的. Berkovich 在他的 p 群专著 "Groups of Prime Power Order I" 提到问题

Problem 372([6, p_{461}]): Study the p-groups all of whose subgroups of class 2 are minimal nonabelian.

本节的目的是给出类 2 子群均内交换的有限 p 群的分类. 设 G 是有限 p 群. 由定理1.2.1知, 内交换群一定二元生成. 因此若 G 的类2子群内交换, 则 G 的类2子群均二元生成. 由定理 2.1.2 知, G 的类 2 子群均二元生成当且仅当 G 是定理 1.3.12 中的 (B) 型群. 于是只需从定理 1.3.12 中的 (B) 型群中挑选出类 2 子群均内交换的群即可.

引理 2.2.1 设 G 是有限非交换 p 群.

(1) 若 G 的类 2 子群均同阶, 则 G 的类 2 子群均内交换.

(2) G 的类 2 子群均内交换当且仅当 G 的 $\mathcal{A}_2$ 子群均类 3.

(3) 若 G 的类 2 子群均内交换, 则 G 的类 2 子群均二元生成.

证明 (1) 反证法. 假设 G 中存在类 2 子群 L 但 L 不为内交换群. 于是 L 中存在真子群 K 非交换. 由 $c(L) = 2$ 得 $c(K) = 2$. 这样 G 有两个类 2 子群 K 和 L 且 $|K| \neq |L|$. 这与"类 2 子群都同阶"相矛盾.

(2) $\Longrightarrow$ 任取 $L \leq G$ 且 L 为 $\mathcal{A}_2$ 群. 由定理 1.3.2 易知, $2 \leqslant c(L) \leqslant 3$. 由类 2 子群均内交换得 $c(L) = 3$.

$\Longleftarrow$ 反证法. 假设 G 中存在类 2 子群 L 不为内交换群. 不妨设 L 是 $\mathcal{A}_t$ 群, 其中 $t \geqslant 2$. 显然 L 中存在 $\mathcal{A}_2$ 子群. 不妨设 $K \leq L$ 且 K 为 $\mathcal{A}_2$ 群. 由于 $c(L) = 2$, 则 $c(K) = 2$. 这与" G 的 $\mathcal{A}_2$ 子群均类 3"相矛盾.

(3) 由定理1.2.1知, 内交换群一定二元生成. 结论得证. $\qquad \square$

引理 2.2.2 设 G 是有限 p 群, G 的非交换子群都二元生成, $|G'| \geqslant p^2$. 则 G 的类 2 子群都内交换 $\Longleftrightarrow$ G 中导群为 p^2 的子群都类 3.

证明 $\Longrightarrow$ 若 $L \leq G$, $|L'| = p^2$, 则 $2 \leq c(L) \leq 3$. 由于 $|L'| = p^2$, 故 L 不是内交换群. 若 $c(L) = 2$, 则与 "G 的类 2 子群均内交换" 相矛盾. 故 $c(L) = 3$.

$\Longleftarrow$ 设 $L \leq G$, $c(L) = 2$. 因 G 的非交换子群都二元生成, 故 $d(L) = 2$. 不妨设 $L = \langle a, b \rangle$. 由定理 1.2.5 (3) 知, $L' = \langle [a,b]^g \mid g \in G \rangle$. 因 $c(L) = 2$, 则 $L' = \langle [a,b] \rangle \leq Z(L)$. 设 $|L'| = p^t$. 若 $t \geqslant 2$, 则设 $K = \langle a^{p^{t-2}}, b \rangle$. 计算可得 $|K'| = p^2$. 因此 $c(K) = 3$. 又显然 $K \leq L$. 则 $c(K) \leqslant c(L) = 2$. 矛盾. 因此 $t = 1$. 由定理 1.2.1 知, L 内交换. $\qquad\square$

引理 2.2.3 设 G 是无交换极大子群的极大类 3 群. 则 G 的基本子群是内交换极大子群且其他极大子群都是有交换极大子群的极大类群.

证明   注意到 3^4 阶群都有交换极大子群. 因此 $|G| \geq 3^5$. 由定理 1.2.7 知, G 的除去基本子群外的极大子群都是极大类的. 由 G 是无交换极大子群和定理 1.2.8 可知 G 的基本子群是内交换的. 因此 $\Phi(G)$ 交换. 显然 $\Phi(G)$ 是 G 的极大子群的极大子群. 结论得证. $\qquad\square$

引理 2.2.4 设 G 是有限非交换 p 群. 则

(1) 若 G 内交换, 则 G 的类 2 子群都同阶;

(2) 若 $G \in \mathcal{A}_2$ 且 $c(G) = 3$, 则 G 的类 2 子群都同阶;

(3) 若 $G \in \mathcal{A}_2$ 且 $c(G) \neq 3$, 则 G 不是类 2 子群都内交换的群;

(4) 若 G 是有交换极大子群的极大类群, 则 G 的类 2 子群都同阶;

(5) 若 G 是无交换极大子群的极大类 3 群, 则 G 的类 2 子群都内交换, 但是 G 的类 2 子群不都同阶;

(6) 若 $G \in \mathcal{D}_p'(2)$, 则 G 的类 2 子群都同阶;

(7) 若 $G \in \mathcal{M}_p'$ 且 G 没有内交换极大子群, $p \geqslant 3$, 则 G 的类 2 子群都同阶;

(8) 若 $G \in \mathcal{M}_3'$ 且 G 有唯一的内交换极大子群, 则 G 的类 2 子群都内交换, 但是 G 的类 2 子群不都同阶.

证明   (1) 和 (2) 由 $\mathcal{A}_t$ 群的定义可知.

(3) 由引理 2.2.1(2) 可知.

(4) 由定理 1.2.6 知, G 的每个非交换子群也是极大类的. 因此 G 中的类 2 子群都是 p^3 阶的.

(5) 设 M 是 G 的类 2 子群. 显然, $c(G) > 2$. 则 M 包含于 G 的一个极大子群. 由引理 2.2.3, M 是内交换极大子群或者 M 包含于有交换极大子群的极大子群中. 若 M 不是内交换极大子群, 则由 (4) 可知 $|M| = 3^3$. 因此 M 内交换. 因此 G 的类 2 子群都内交换. G 既有类 2 的极大子群, 又有 3^3 阶的类 2 子群. 注意到 $|G| \geq 3^5$, 因此 G 的类 2 子群不都同阶.

(6) 设 M 是 G 的类 2 子群. 由定理 1.2.11 知 $|G : M| = p^{c(G)-2}$. 因此 G 的类 2 子群都同阶.

(7) 设 K 是 G 的极大子群. 由定理1.2.10可知 $|G| = p^6$, $c(G) = 4$, $K \in \mathcal{D}'_p(2)$且 $c(K) \leqslant 3$. 由定理1.2.11得 $c(K) = 3$. 设 M 是 G 的类2子群. 显然存在 G 的极大子群 H 包含 M. 由定理1.2.11得 $|H : M| = p^{c(H)-2} = p$. 因此 G 的类 2 子群都同阶.

(8) 设 M 是 G 的类2子群. 由定理1.2.10可知 $c(G) > 2$, G 有一个内交换极大子群, G 的其他极大子群都是 $\mathcal{D}'_p(2)$群. 显然 M 包含于 G 的某个极大子群. 若 M 包含于内交换极大子群, 则 M 内交换. 若 M 包含于 $\mathcal{D}'_p(2)$ 的极大子群, 则(6) 和引理2.2.1(1)得, M 是内交换的. 因此 G 的类 2 子群都内交换.

注意到 G 有类2的极大子群且 G 有 $\mathcal{D}'_p(2)$ 的极大子群 K. 由定理1.2.11可知 $c(K) \geqslant 3$. 因此 K 有类2的真子群. 因此 G 的类 2 子群不都同阶. $\qquad\square$

定理 2.2.1 设 G 是有限非交换 p 群. 则 G 的类2子群都内交换当且仅当 G 是下列群之一:

(1) 定理1.3.12中的(1), (3–7) ;

(2) 类3的 $\mathcal{A}_2$群;

(3) 下述亚循环群: $\langle a, b \mid a^{2^{r+s+v+t'+u}} = 1, b^{2^{r+s+t}} = a^{2^{r+s+v+t'}}, a^b = a^{-1+2^{r+v}} \rangle$, 其中 r, s, v, t, t', u 都是非负整数, $r \geqslant 2$, $t' \leqslant r$, $u \leqslant 1$, $tt' = sv = tv = 0$, $0 \leqslant s + t' + u \leqslant 2$, $t' \geqslant r - 1$时 $u = 0$.

证明 $\implies$ 由引理2.2.1(3) 可知 G 的类2子群都二元生成. 由定理 2.1.2 知, G 是定理 1.3.12 中的 (B) 型群. 若 G 是定理1.3.12 中的 (B) 型群的(1–7), 则由引理2.2.4可得本定理中的(1–2).

若 G 亚循环. 则由定理1.3.4可知 G 是下列群之一:

(i) 有循环极大子群的群;

(ii) $\langle a, b \mid a^{p^{r+s+u}} = 1, b^{p^{r+s+t}} = a^{p^{r+s}}, a^b = a^{1+p^r} \rangle$, 其中 r, s, t, u 都是非负整数, $u \leq r$, $p = 2$时 $r \geq 2$, $p > 2$时 $r \geq 1$;

(iii) $\langle a, b \mid a^{2^{r+s+v+t'+u}} = 1, b^{2^{r+s+t}} = a^{2^{r+s+v+t'}}, a^b = a^{-1+2^{r+v}} \rangle$, 其中 r, s, v, t, t', u 都是非负整数, $r \geqslant 2$, $t' \leqslant r$, $u \leqslant 1$, $tt' = sv = tv = 0$, $t' \geqslant r - 1$时 $u = 0$.

情形1 若 G 是(i)中的群, 则由定理1.3.3可知 G 是内交换群或者有交换极大子群的极大类群. 它们是定理中(1)的群.

情形2 若 G 是(ii)中的群, 则 $r + s + u \leq 3$. 若否, 设 $K = \langle a, b^{p^{s+u-2}} \rangle$. 使用命题1.2.15(1.1)得到

$$[a, b^{p^{s+u-2}}] = [a, b]^{p^{s+u-2}} [a, b, b]^{\binom{p^{s+u-2}}{2}}.$$

由 $r + s + u > 3$可知 $[a, b, b]^{\binom{p^{s+u-2}}{2}} = 1$. 注意到任取 $x, y \in G$ 都有 $\langle [x, y] \rangle \trianglelefteq G$. 则

$$K' = \langle [a, b^{p^{s+u-2}}] \rangle = \langle [a, b]^{p^{s+u-2}} \rangle = \langle a^{p^{r+s+u-2}} \rangle.$$

则 $|K'| = p^2$. 由引理2.2.2得到 $c(K) = 3$. 因此 $K_3 \neq 1$. 注意到

$$K_3 = \langle [a^{p^{r+s+u-2}}, b^{p^{s+u-2}}] \rangle = \langle a^{p^{2r+2s+2u-4}} \rangle.$$

则 $2r + 2s + 2u - 4 < r + s + u$. 即 $r + s + u \leq 3$. 矛盾.

由 $r + s + u \leq 3$ 可知 $|G'| \leq p^2$. 注意到 G 的非交换子群都二元生成. 若 $|G'| = p$, 则由定理1.2.1得 $G \in \mathcal{A}_1$. 则 G 是定理中(1)中的群. 若 $|G'| = p^2$, 则 G 的非交换极大子群 M 满足 $|M'| = p$. 由定理1.2.1得 $M \in \mathcal{A}_1$. 则 $G \in \mathcal{A}_2$. 因为 G 的类2子群都内交换, 所以由定理2.2.2可知 G 是定理中(2)中的群.

情形3 若 G 是 (iii) 中的群, 则 $s + t' + u \leq 2$. 若否, 设 $K = \langle a, b^{2^{s+t'+u-2}} \rangle$. 使用命题1.2.15(1.1)得到

$$[a, b^{2^{s+t'+u-2}}] = a^{-1} a^{b^{2^{s+t'+u-2}}} = a^{-1} a^{(-1+2^{r+v})^{2^{s+t'+u-2}}}.$$

由 $s + t' + u > 2$ 可知

$$\langle a^{-1} a^{(-1+2^{r+v})^{2^{s+t'+u-2}}} \rangle = \langle a^{p^{r+s+v+t'+u-2}} \rangle.$$

因此 $\langle [a, b^{p^{s+t'+u-2}}] \rangle = \langle a^{p^{r+s+v+t'+u-2}} \rangle$. 则

$$|K'| = |\langle [a, b^{p^{s+t'+u-2}}] \rangle| = |\langle a^{p^{r+s+v+t'+u-2}} \rangle| = p^2.$$

由引理2.2.2可知 $c(K) = 3$. 则 $K_3 \neq 1$. 注意到

$$K_3 = \langle [a^{p^{r+s+v+t'+u-2}}, b^{p^{s+t'+u-2}}] \rangle = \langle a^{p^{2(r+s+v+t'+u-2)}} \rangle.$$

因此 $2(r + s + v + t' + u - 2) < r + s + v + t' + u$. 即 $r + s + v + t' + u \leq 3$. 矛盾. 此时得到定理中(3).

$\Longleftarrow$ 若 G 是(1-2)中的群, 由引理2.2.4可知 G 的类2子群都内交换. 设 G 是(3)中的群, $H \leq G$, $|H'| = 4$. 由引理2.2.2可知, 只需证 $c(H) = 3$.

显然 $H' = \langle a^{2^{r+s+v+t'+u-2}} \rangle$. 不妨设 $H = \langle a^{i_1} b^{j_1}, a^{i_2} b^{j_2} \rangle$, 其中 i_1, i_2, j_1, j_2 是整数. 设 $M = \langle a, b^2 \rangle$. 则

$$[a, b^2] = a^{-1} a^{b^2} = a^{(-1+a^{r+v})^2 - 1}.$$

显然, $2^{r+v+1} \mid (-1 + a^{r+v})^2 - 1$. 由 $s + t' + u \leq 2$ 得 $|M'| \leq 2$. 若 $2 \mid j_1$ 且 $2 \mid j_2$, 则 $H \leq M$. 这与 $|H'| = 4$ 矛盾. 因此 $2 \nmid j_1$ 或 $2 \nmid j_2$. 不妨设 $2 \nmid j_1$. 易得

$$[a^{i_1} b^{j_1}, a^{2^{r+s+v+t'+u-2}}] = [b^{j_1}, a^{2^{r+s+v+t'+u-2}}].$$

由 $a^{2^{r+s+v+t'+u-2}} \notin Z(G)$ 得 $[b^{j_1}, a^{2^{r+s+v+t'+u-2}}] \neq 1$. 因此 $H_3 \neq 1$. 则 $c(H) = 3$. 即证. $\quad \Box$

推论 2.2.1 设 G 是非亚循环 p 群. 则 G 的类 2 子群都二元生成当且仅当 G 的类 2 子群都内交换.

证明 $\Longleftarrow$ 由引理2.2.1(3)可知.

$\Longrightarrow$ 设 G 是类 2 子群都二元生成的非亚循环 p 群. 则 G 是定理 1.3.12 的 (B) 型群中的非亚循环群. 由定理 1.3.2 知, 这样的 G 也均是定理 2.2.1 中群. 从而 G 满足类 2 子群都内交换. $\quad \Box$

定理 2.2.2 设 G 是有限非交换 p 群. 则 G 的类 2 真子群均内交换当且仅当 G 为以下的群之一:

(1) 类 2 子群均内交换的 p 群;

(2) 类 2的 $\mathcal{A}_2$ 群.

证明 $\Longleftarrow$ 显然.

$\Longrightarrow$ 若 G 的类 2 子群均内交换, 则得群(1). 我们只需考虑 $c(G)=2$ 且 G 不是内交换群. 由 $c(G)=2$ 得, G 的非交换子群均类 2. 由 G 的类 2 的真子群均内交换可知, G 的非交换真子群均为内交换群. 则 G 为类 2 的 $\mathcal{A}_2$ 群. $\square$

§2.3 类 2 真子群均亚循环的有限 p 群

亚循环 p 群是一个重要的有限 p 群类, 它的所有子群都是亚循环的, 分类可见文献 [34,48,70]. 所有真子群都亚循环的有限 p 群是亚循环 p 群和内亚循环 p 群, 内亚循环 p 群的分类见 [11, Theorem 3.2]. 文献 [76]分类了所有非交换真子群都亚循环的有限 p 群. 本节将给出类 2 真子群均亚循环的有限 p 群的分类. 这个分类与下述问题密切相关.

Theme 3257([8, Research problems and themes V]) Study the non-abelian p-groups all of whose subgroups of class 2 are metacyclic.

为方便, 我们引入下列符号和概念.

$\mathcal{S}_1=\{\, G \mid G$的所有子群都亚循环的$p$ 群$\}$;

$\mathcal{S}_2=\{\, G \mid G$的所有真子群都亚循环的$p$ 群$\}$;

$\mathcal{S}_3=\{\, G \mid G$的所有非交换真子群都亚循环的$p$ 群$\}$;

$\mathcal{S}_4=\{\, G \mid G$的所有类2真子群都亚循环的$p$ 群$\}$.

显然 $\mathcal{S}_1 \subseteq \mathcal{S}_2 \subseteq \mathcal{S}_3 \subseteq \mathcal{S}_4$. 若 $G \in \mathcal{S}_i$, 则称群 G 为 $\mathcal{S}_i$ 群. 注意到 $\mathcal{S}_3$ 群已经有分类, 可见定理1.3.6. 本节分类了 $(\mathcal{S}_4 - \mathcal{S}_3)$ 群. 因此得到了 $\mathcal{S}_4$ 群的分类.

定理 2.3.1 若 $G \in \mathcal{S}_4 - \mathcal{S}_3$ 且 $|G|=p^s$, 则

(1) G非亚循环且 $c(G) > 2$;

(2) $G \in \mathcal{A}_k$, $k \geq 3$; 特别地, $|G| \geqslant p^5$;

(3) $p > 2$;

(4) G的非交换真子群都二元生成; 特别地, $d(G)=2$;

(5) 若 $H \leq G$ 且 $|H'|=p$, 则 H 同构于 $\mathrm{M}_p(n,m)$;

(6) 若 H是 G的非交换子群, 则 $C_G(H) \leq H$ 且 $Z(G) \leq H$.

证明 (1) 由 $G \notin \mathcal{S}_3$ 得 G非交换且非亚循环. 则 $c(G) \geq 2$. 若 $c(G)=2$, 则 G的非交换子群都类2. 由 $G \in \mathcal{S}_4$ 得 $G \in \mathcal{S}_3$. 矛盾.

(2) 由 $c(G) > 2$ 得 $G \notin \mathcal{A}_1$. 若 $G \in \mathcal{A}_2$, 则所有非交换真子群都内交换. 因此它们都类2. 由 $G \in \mathcal{S}_4$ 可知它们都亚循环. 这矛盾于 $G \notin \mathcal{S}_3$. 由 p^2 阶子群都交换可知, $|G| \geqslant p^5$.

(3) 由 $G \notin \mathcal{S}_3$ 得, G 有非亚循环的非交换真子群 H. 不妨设 H 的阶最小. 则 $H \in \mathcal{S}_3$. 由 $G \in \mathcal{S}_4$ 得 $c(H) > 2$. 因此 H 同构于定理1.3.6中的(2)或(4). 若 H 同构于(4), 则 $p > 2$. 若 H 同构(2), 则 H 内亚循环. 由 $c(H) > 2$ 和定理1.3.5, H 是 3^4 阶的. 则 $p > 2$.

(4) 显然 G 的类2真子群都亚循环, 则类2真子群都二元生成. 由定理2.1.2得 G 的非交换真子群都二元生成. 再由定理1.3.12和(2)得 $d(G) = 2$.

(5) 显然 $c(H) = 2$. 则 H 亚循环. 则 $d(H) = 2$. 因此 H 内交换. 由(3)得 H 不是 Q_8. 又 $\mathrm{M}_p(n, m, 1)$ 非循环. 由定理1.3.1得 H 同构于 $\mathrm{M}_p(n, m)$.

(6) 只需证 $C_G(H) = Z(H)$. 若否, 则存在非交换子群 H_0 满足 $C_G(H_0) \neq Z(H_0)$. 设 $x \in C_G(H_0) \backslash H_0$, $K \leqslant H_0$ 满足 $|K'| = p$. 由(5)得 K 内交换. 注意到 $\langle K, x \rangle$ 非内交换且 $|\langle K, x \rangle'| = p$. 这与(5)矛盾. $\square$

引理 2.3.1 设 G 是有限非交换 p 群. 则

(1) 若 $G \in \mathcal{S}_4 - \mathcal{S}_3$ 且 G 是定理1.3.8中的群, 则 G 是定理1.3.8中的(ii).

(2) 若 $G \in \mathcal{S}_4 - \mathcal{S}_3$ 且 G 定理1.3.7中的群, 则 G 是定理1.3.7中的 $\delta = 2$ 的群.

(3) 若 $G \in \mathcal{S}_4 - \mathcal{S}_3$ 且 G 是定理1.3.9中的群, 则 G 是定理1.3.9中的(b)和(e)之一.

(4) 若 G 定理1.3.10和定理1.3.11中的群, 则 $G \notin \mathcal{S}_4 - \mathcal{S}_3$.

证明 (1) 只需证明定理1.3.8中的(i)和(iii)存在非亚循环的类2真子群. 对于(iii), 显然 $M = \langle s_1, \beta \rangle$ 是 G 的极大子群且同构于(i). 设 G 是(i). 若 $r = 1$, 则令 $H = \langle s_{p-1}^{p^{e-2}}, \beta \rangle$. 若 $2 \leqslant r \leqslant p-1$, 则令 $H = \langle s_{r-1}^{p^{e-1}}, \beta \rangle$. 易得 $H \cong \mathrm{M}_p(1, 1, 1)$. 因此 H 是非亚循环的类2真子群. 即证.

(2) 只需证明定理1.3.7中的 $\delta = 0$ 和1的群存在非亚循环的类2真子群. 若 G 是 $\delta = 0$ 的(i), 则令 $H = \langle s_2^{3^{e-2}}, s \rangle$. 若 G 是 $\delta = 1$ 的(i), 则令 $H = \langle s_2^{3^{e-2}}, s_1 s^{-1} \rangle$. 若 G 是 $\delta = 0$ 的(ii), 则令 $H = \langle s_1^{3^{e-1}}, s \rangle$. 若 G 是 $\delta = 1$ 的(ii), 则令 $H = \langle s_1^{3^{e-1}}, s_1 s^{-1} \rangle$. 显然 $H \cong \mathrm{M}_p(1, 1, 1)$. 因此 H 是非亚循环的类2真子群. 即证.

(3) 只需证明定理1.3.9中的(a), (c)和(d)都存在非亚循环的类2真子群. 若 G 是(a)或(c), 则令 $H = \langle a_{c-1}, b \rangle$. 若 G 是(d), 则令 $H = \langle a_r^{p^q}, b \rangle$. 显然 $H \cong \mathrm{M}_p(m, 1, 1)$. 因此 H 是非亚循环的类2真子群. 即证.

(4) 只需证定理中的群都有一个类2真子群非亚循环. (a)中 $H = \langle a_1, a_2 \rangle \cong \mathrm{M}_3(q+1, q+1, 1)$. (b)中 $H = \langle a_1, a_2 \rangle \cong \mathrm{M}_3(q+2, q+1, 1)$. (c), (d)和(e)中 $H = \langle a, b^p \rangle \cong \mathrm{M}_p(2, 1, 1)$. 显然这些 H 都是非亚循环的类2真子群. $\square$

定理 2.3.2 $G \in \mathcal{S}_4 - \mathcal{S}_3$ 当且仅当 G 是下列群之一:

(1) 定理1.3.8中的(ii);

(2) 定理1.3.9中的(b);

(3) 定理1.3.9中的(e);

(4) 定理1.3.7中的$\delta = 2$的(i);

(5) 定理1.3.7中的$\delta = 2$的(ii).

证明 $\Longrightarrow$ 由定理2.3.1(4)得G是定理1.3.12中的群. 由引理2.3.1 和定理2.3.1(1-3)可得结果.

$\Longleftarrow$ 易得定理中的群不是定理1.3.6中的群. 因此, 只需证定理中的(1-5)满足类2真子群都亚循环. 非情况讨论:

情形1 G是定理中的(1).

G 是有交换极大子群的极大类群. 由引理2.2.4(4)得G的类2子群都同阶. 设$L = \langle s_{r-1}^{p^{e-1}}, b \rangle$. 显然$L \cong \mathrm{M}_p(2,1)$且$|L| = p^3$. 因此$G$的类2子群都$p^3$阶. 注意到$p^3$阶非交换群同构于$\mathrm{M}_p(2,1)$ 或$\mathrm{M}_p(1,1,1)$. 只需证类2子群都同构$\mathrm{M}_p(2,1)$. 只需证类2子群中含有大于p阶的元素.

设$A = \langle s_1 \rangle \times \langle s_2 \rangle \times \cdots \times \langle s_{p-1} \rangle$. 显然$A$是$G$的交换极大子群且$G/A = \langle \bar{b} \rangle$. 设$H$是$G$类2子群. 则$|H| = p^3$. 不妨设$H = \langle b^{i_1} a_1, b^{i_2} a_2 \rangle$, 其中$a_1, a_2 \in A$, $0 \leq i_1, i_2 \leq p-1$. 由H非交换得$p \nmid i_1$ 或$p \nmid i_2$. 不妨设$p \nmid i_1$. 由定理1.2.17得到存在$a_3 \in A$使得$H = \langle ba_3, b^{i_2} a_2 \rangle$. 断言$(ba_3)^p \neq 1$. 显然$A/G' = \langle \bar{s_1} \rangle \cong \mathrm{C}_p$. 因此存在$0 \leq u \leq p-1$和$d \in G'$满足$a_3 = s_1^u d$. 由定理1.2.18得存在$f \in A$满足$d = [bs_1^u, f]$. 因此

$$(ba_3)^p = (bs_1^u d)^p = ((bs_1^u)[bs_1^u, f])^p = f^{-1}(bs_1^u)^p f = (bs_1^u)^p.$$

用定理1.2.15计算得到

$$(bs_1^u)^p = b^p \prod_{i+j \leq p} [ib, js_1^{-u}]^{\binom{p}{i+j}} s_1^{up} = b^p (s_1^p s_2^{\binom{p}{2}} \cdots s_p^{\binom{p}{p}})^u = b^p \neq 1.$$

即$(ba_3)^p = (bs_1^u)^p \neq 1$. 因此类2子群中含有大于$p$阶的元素.

情形2 G是定理中的(2).

G 是$\mathcal{D}'_p(2)$群. 由引理2.2.4(4)得G的类2子群都同阶. 由引理2.2.1得类2子群都内交换. 设$L = \langle a_{c-1}, b \rangle$. 则$L \cong \mathrm{M}_p(m+1,1)$且$|L| = p^{m+2}$. 因此类2子群都是$p^{m+2}$内交换群. 因此只需证类2子群中含有$p^{m+1}$阶的元素.

设$A = \langle a_1, a_2, \cdots, a_{c-1}, b^p \rangle$. 则$A$ 是交换极大子群且$G/A = \langle \bar{b} \rangle$. 设$H$是$G$类2子群. 由定理1.2.11得$H' = G_c = \langle b^{p^m} \rangle$. 由$H$非交换知存在$h \in H - A$. 由定理1.2.17可设$h = ab^{pj}b^{-1}$, 其中$a \in \langle a_1, a_2, \cdots, a_{c-1} \rangle$, j是整数. 显然$G' = \langle a_2, a_3, \cdots, a_{c-1}, b^{p^m} \rangle \cong C_p^{c-1}$. 用定理1.2.15计算得到

$$(ab^{pj}b^{-1})^p = b^{jp^2} b^{-p}.$$

因此$ab^{pj}b^{-1}$的阶是p^{m+1}. 则类2子群中含有p^{m+1}阶的元素.

情形3 G是定理中的(3).

设 $L = \langle a_r^{p^q}, b\rangle$. 则 $L \cong \mathrm{M}_p(m+1, 1)$. 类似情形2, 只需证类2子群中含有 p^{m+1} 阶的元素.

设 $A = \langle a_1, a_2, \cdots, a_{p-1}, b^p\rangle$. 则 A 是交换极大子群且 $G/A = \langle \bar{b}\rangle$. 设 H 是 G 类2子群. 由定理1.2.11得 $H' = G_c = \langle a_{r+1}^{p^q}\rangle$. 由 H 非交换知存在 $h \in H - A$. 由定理1.2.17可设 $h = ab^{pj}b^{-1}$, 其中 $a \in \langle a_1, a_2, \cdots, a_{p-1}\rangle$, j 是整数. 类似情形2可知

$$(ab^{pj}b^{-1})^p = b^{-p} \neq 1.$$

因此 $ab^{pj}b^{-1}$ 的阶是 p^{m+1}. 则类2子群中含有 p^{m+1} 阶的元素.

情形4 G 是定理中的(4)或(5).

G 是无交换极大子群的极大类3群. 设 $K = \langle s_1, s_2\rangle$. K 是亚循环的内交换群. 由 $\Phi(G) \subseteq K$ 得 $\Phi(G)$ 交换. 设 M 是极大子群且 $M \neq K$. 则 $\Phi(G) \subseteq M$. 因此 M 有交换极大子群. 由定理1.2.7得 M 是极大类的. 设 A 是 M 的交换极大子群, L 是 M 的非交换子群. 则 $L \bigcap A$ 是 L 的交换极大子群且 $Z(L) \leq L \bigcap A$. 由 A 交换得 $Z(L) \leq Z(M)$. 由 M 极大类得 $|Z(M)| = 3$. 则 $|Z(L)| = 3$. 则由定理1.2.8知 L 极大类. 因此 G 的类2子群除了 K 以外都是 3^3. 只需证 3^3 阶类2子群都亚循环. 类似情形1的证明, 只需证 3^3 阶类2子群中含有大于 p 阶的元素.

设 H 是 3^3 阶类2子群. 由 H 非交换且 $H \neq K$ 可知存在 $h \in H - K$. 显然 $G/K = \langle \bar{s}\rangle$. 由定理1.2.17可设 $h = a_1 s^{-1}$, 其中 $a_1 \in K$. 设 $a_1 = s_1^i s_2^j$. 断言 $h^3 = (a_1 s^{-1})^3 \neq 1$.

显然 $[s_1^i s_2^j, s] = [s_1^i, s][s_2, s]^j$, $[s_1^i, s]Z(G) = [s_1, s]^i Z(G)$, $|Z(G)| = 3$. 因此用定理1.2.15计算

(4)中

$$
\begin{aligned}
(s_1^i s_2^j s^{-1})^3 &= (s_1^i s_2^j)^3 [s_1^i s_2^j, s]^3 [2s_1^i s_2^j, s][s_1^i s_2^j, 2s]s^{-3} \\
&= s_1^{3i} s_2^{3j} (s_2^i s_1^{-3j} s_2^{-3j})^3 [s_2, s_1^i][s_2^i s_1^{-3j} s_2^{-3j}, s]s^{-3} \\
&= s_1^{3i} s_2^{3j} s_2^{3i} s_1^{-3^2 j} s_2^{-3^2 j} s_1^{i^2 3^{e-1}} s_1^{-3i} s_2^{-3i} s_2^{-3j} s_1^{3^2 j} s_2^{3^2 j} s^{-3} \\
&= s_1^{i^2 3^{e-1}} s^{-3}.
\end{aligned}
$$

(5)中

$$
\begin{aligned}
(s_1^i s_2^j s^{-1})^3 &= (s_1^i s_2^j)^3 [s_1^i s_2^j, s]^3 [2s_1^i s_2^j, s][s_1^i s_2^j, 2s]s^{-3} \\
&= s_1^{3i} s_2^{3j} (s_2^i s_1^{-3j} s_2^{-3j})^3 [s_2, s_1^i][s_2^i s_1^{-3j} s_2^{-3j}, s]s^{-3} \\
&= s_1^{3i} s_2^{3j} s_2^{3i} s_1^{-3^2 j} s_2^{-3^2 j} s_2^{i^2 3^{e-1}} s_1^{-3i} s_2^{-3i} s_2^{-3j} s_1^{3^2 j} s_2^{3^2 j} s^{-3} \\
&= s_2^{i^2 3^{e-1}} s^{-3}.
\end{aligned}
$$

由 $i^2 + 1 \not\equiv 0 \pmod 3$ 得 $(a_1 s^{-1})^3 \neq 1$. 则 $a_1 s^{-1}$ 的阶大于 p. 即证. $\qquad\square$

第三章 类 2 子群除了一个以外都同阶的有限 p 群

设有限p群G的阶为p^n. 有限p群的一个重要特点是G存在p^i阶子群, 存在p^i阶正规子群, 其中$i = 0,1,\cdots,n$. 通过限制某些子群出现的阶来研究群的结构是有限p群研究的重要研究内容, 这方面有丰富的研究结果. 例如: 给定p群的方次数可以认为是限制了循环子群的阶. 若G的指数为p^t的子群都交换, 但存在一个指数为p^{t-1}的子群非交换, 则称G为A_t群. 显然A_t群就是通过限制非交换子群的阶来定义的. 文献 [9,79,81] 等研究了A_t群. 文献 [13]通过限制交换子群的阶来研究, 文献 [1,49,77,78,80]等通过限制非正规子群的阶来研究.

本章将从类2子群的阶出发来研究有限 p 群的结构. 主要给出了类2子群都同阶的有限 p 群和类2子群除了一个以外都同阶的有限 p 群的分类. 利用本章的结论, 容易给出类 2 子群均同构的有限 p 群的分类. 事实上, 从类 2 子群的同构类型的个数出发研究群的结构是一个可行的研究方向, 有兴趣的读者可以进行研究. 本章的主要内容取自文献 [44,50].

§3.1 类 2 子群的阶较大的有限 p 群

记$ON(G) = \{|H| \mid H \leqslant G, H' \neq 1\}$, $OC_2(G) = \{|H| \mid H \leqslant G, c(H) = 2\}$. 显然$OC_2(G) \subseteq ON(G)$. 设$G$的阶为$p^n$. 显然, G交换当且仅当$ON(G) = OC_2(G) = \emptyset$. G是A_1群当且仅当$ON(G) = OC_2(G) = \{p^n\}$. G是A_2群当且仅当$ON(G) = \{p^n, p^{n-1}\}$. G是A_3群当且仅当$ON(G) = \{p^n, p^{n-1}, p^{n-2}\}$. 文献 [79,81] 给出了$A_2$群和$A_3$群的分类. 本节利用上述分类给出类 2 子群的阶较大的有限 p 群的分类.

引理 3.1.1 设 G 是有限 p 群. 则

(1) 群G的最小阶类2子群的阶和最小阶非交换子群的阶相同. 即$minOC_2(G) = minON(G)$;

(2) $ON(G) = \{p^i \mid minOC_2(G) \leqslant p^i \leqslant p^n\}$;

(3) 若G是 类2群, 则$ON(G) = OC_2(G)$;

(4) 若存在一个p^i阶A_t子群类2, 其中$i,t \geqslant 1$, 则$p^i, p^{i-1}, \cdots, p^{i-t+1} \in OC_2(G)$.

证明 (1) 由类 2 子群非交换可知$minOC_2(G) \geqslant minON(G)$. 设$H$非交换且$|H| = minON(G)$. 则$|H|/p$的阶的子群一定都交换. 因此$H$的极大子群都交换. 则$H$是内交换群. 由定理1.2.1可知$|H'| = p$. 则$c(H) = 2$. 因此$minOC_2(G) \leqslant minON(G)$. 因此可得$minOC_2(G) = minON(G)$.

(2) 设H非交换且$|H| = minON(G)$. 显然包含H的子群都非交换. 由定理1.2.12得$ON(G) = \{p^i \mid minON(G) \leqslant p^i \leqslant p^n\}$. 再由(1)可知结论成立.

(3) 若G是类2群, 则G的非交换子群都类2. 因此$ON(G) \subseteq OC_2(G)$. 则$ON(G) = OC_2(G)$.

(4) 设类2的p^i阶$\mathcal{A}_t$子群为H. 由(3)可得$ON(H) = OC_2(H)$. 因此$OC_2(H) = \{p^i, p^{i-1}, \cdots, p^{i-t+1}\}$. 由$OC_2(H) \subseteq OC_2(G)$得结论. $\qquad\square$

定理 3.1.1 设 G 是有限 p 群, $|G| = p^n$. 则

(1) $OC_2(G) = \{p^n, p^{n-1}\}$当且仅当 G为类2的$\mathcal{A}_2$群;

(2) $OC_2(G) = \{p^{n-1}\}$当且仅当 G为$\mathcal{A}_2$群且$c(G) \neq 2$;

(3) $OC_2(G) = \{p^n, p^{n-1}, p^{n-2}\}$当且仅当 G 为类2的$\mathcal{A}_3$群;

(4) $OC_2(G) = \{p^{n-2}\}$当且仅当 G为$\mathcal{A}_3$群,$c(G) \neq 2$, 无类2的$\mathcal{A}_2$子群且无内交换极大子群;

(5) $OC_2(G) = \{p^{n-1}, p^{n-2}\}$当且仅当 G为$\mathcal{A}_3$群且G不是(3),(4)中的群.

证明 (1) $\Longrightarrow$ 由引理3.1.1(2)得$ON(G) = \{p^n, p^{n-1}\}$. 因此G为$\mathcal{A}_2$群. 由$p^n \in OC_2(G)$可知$c(G) = 2$. 即证.

$\Longleftarrow$ 由G为$\mathcal{A}_2$群可知$ON(G) = \{p^n, p^{n-1}\}$. 再由引理3.1.1(3)结论成立.

(2) 由$OC_2(G) = \{p^{n-1}\}$可知G为$\mathcal{A}_2$群. 由(1)可得结论.

(3) $\Longrightarrow$ 由引理3.1.1(2)得$ON(G) = \{p^n, p^{n-1}, p^{n-2}\}$. 因此$G$为$\mathcal{A}_3$群. 由$p^n \in OC_2(G)$可知$c(G) = 2$.

$\Longleftarrow$ 由G为$\mathcal{A}_3$群可知$ON(G) = \{p^n, p^{n-1}, p^{n-2}\}$. 再由引理3.1.1(3)结论成立.

(4) $\Longrightarrow$ 由$OC_2(G) = \{p^{n-2}\}$可知G为$\mathcal{A}_3$群. 因为$p^n, p^{n-1} \notin OC_2(G)$, 所以$c(G) \neq 2$且$G$无类2的极大子群. 则结论可得.

$\Longleftarrow$ 由G为$\mathcal{A}_3$群可知$ON(G) = \{p^n, p^{n-1}, p^{n-2}\}$且$p^{n-2} \in OC_2(G)$. 由$c(G) \neq 2$得$p^n \notin OC_2(G)$. 注意到$\mathcal{A}_3$群的极大子群要么内交换, 要么是$\mathcal{A}_2$群. 由条件可知$p^{n-1} \notin OC_2(G)$. 即证.

(5) 由(3),(4)可得. $\qquad\square$

§3.2 类 2 子群均同阶的有限 p 群

由上一节的定理3.1.1可知类 2 子群都是极大子群和类2子群都是2-极大子群的有限 p 群的分类. 本节的目的是给出类 2 子群均同阶的有限 p 群的分类. 设 G 是有限 p 群. 由引理 2.2.1 中的 (1) 知, 若 G 的类 2 子群均同阶, 则 G 的类 2 子群均内交换. 于是只需从类 2 子群均内交换的群中挑选出满足条件的群即可.

定理 3.2.1 设G是非交换p群. 则G的类 2 子群均同阶当且仅当G是下列群之一:

(1) 定理1.3.12中的(1),(3),(5),(7);

(2) 定理2.2.1中的(2);

(3) 定理2.2.1中的(3), 其中$s + t' + u \leq 1$.

证明 $\Longrightarrow$ 由引理2.2.1得G的类2子群都内交换. 因此G 是定理2.2.1中的群. 若G是定理2.2.1中(1-2), 则由引理2.2.4可得本定理中的(1-2). 若G是定理2.2.1中(3),则 需证$s+t'+u \leq 1$. 设$s+t'+u > 1$. 令$H_1 = \langle a^{2^{r+v}}, b\rangle$, $H_2 = \langle a, b^2\rangle$. 易得$|H_1'| = |H_2'| = 2$. 则$H_1$和$H_2$ 都是类2子群. 由$r \geq 2$得H_1 不是G的极大子群. 而H_2是G的极大子群. 因此$|H_1| \neq |H_2|$. 矛盾. 因此$s + t' + u \leq 1$.

$\Longleftarrow$ 若G是定理2.2.1中(1-2), 由引理2.2.4可得类 2 子群均同阶. 若G 是定理2.2.1中 则由定理2.2.1可知类2子群都内交换. 由定理1.2.1得类2子群的导群都是2阶. 因此 只需证明导群2阶的子群都同阶. 设H是一个导群2阶的子群. 不妨设

$$H = \langle b^{j_1}a^{i_1}, b^{j_2}a^{i_2}\rangle,$$

其中i_1, i_2, j_1, j_2都是整数. 注意到$[a, b^2] = a^{-1}a^{b^2} = a^{(-1+a^{r+v})^2-1}$. 显然$2^{r+v+1} \mid (-1+a^{r+v})^2 - 1$. 由$s+t'+u \leqslant 1$得$b^2 \in Z(G)$. 若$2 \mid j_1$且$2 \mid j_2$, 则$H$ 交换. 因此$2 \nmid j_1$ 或$2 \nmid j_2$. 不妨设$2 \nmid j_1$. 计算可知, 存在k_1 满足$(b^{j_1}a^{i_1})^{j_1^{-1}} = ba^{k_1}$. 则$H = \langle ba^{k_1}, b^{j_2}a^{i_2}\rangle$. 进一步, 存在$k_2$ 满足$(ba^{k_1})^{j_2^{-1}}b^{j_2}a^{i_2} = a^{k_2}$. 因此$H = \langle ba^{k_1}, a^{k_2}\rangle$. 则

$$H' = \langle [ba^{k_1}, a^{k_2}]\rangle = \langle [b, a^{k_2}]\rangle = \langle a^{2k_2}\rangle.$$

再由$|H'| = 2$得$H' = \langle a^{2^{r+s+v+t'+u-1}}\rangle$.

设$n = r+s+v+t'+u$. 则$2k_2 \equiv 2^{n-1}(\mathrm{mod}\ 2^n)$. 则$k_2 \equiv 2^{n-2}(\mathrm{mod}\ 2^{n-1})$. 因此

$$H = \langle ba^{k_1}, a^{2^{n-2}}\rangle.$$

计算可得

$$(ba^{k_1})^2 = b^2 a^{k_1 2^{r+v}} \neq 1, (ba^{k_1})^4 = (b^2 a^{k_1 2^{r+v}})^2 = b^4 a^{k_1 2^{r+v+1}} = b^4.$$

因此

$$|H| = |\langle ba^{k_1}, a^{2^{n-2}}\rangle| = \frac{|\langle a^{2^{n-2}}\rangle||\langle ba^{k_1}\rangle|}{|\langle a^{2^{n-2}}\rangle \cap \langle ba^{k_1}\rangle|} = \frac{|\langle a^{2^{n-2}}\rangle||\langle b\rangle|}{|\langle a^{2^{n-2}}\rangle \cap \langle b\rangle|}.$$

由H的任意性, 结论成立. $\qquad\square$

推论 3.2.1 设有限p群 G 的类 2 子群均内交换. 则 G 的类 2 子群均同阶或 G 中有唯一的内交换的极大子群且其余的类 2 子群均同阶.

证明 由定理3.2.1和定理2.2.1可知, 只需证明下面三类型群中有唯一内交换 极大子群且其余的类 2 子群均同阶.

(I) 没有交换极大子群极大类 3 群(它们是定理 1.3.7 中的群);

(II) 有唯一内交换极大子群的 $\mathcal{M}_p'$ 群(它们是定理 1.3.10 中的群);

(III) $\langle a, b \mid a^{2^{r+s+v+t'+u}} = 1, b^{2^{r+s+t}} = a^{2^{r+s+v+t'}}, a^b = a^{-1+2^{r+v}}\rangle$, 其中 r, s, v, t, t', u 是非负整数, 满足 $r \geqslant 2$, $t' \leqslant r$, $u \leqslant 1$, $tt' = sv = tv = 0$, $s+t'+u = 2$, 且若 $t' \geqslant r-1$, 则 $u = 0$.

若 G 是 (I), (II)型群. 由引理 2.2.4 (5)(8)的证明过程即得结论.

若 G 是 (III) 型群. 为了方便表述, 我们设

$$G = \langle a, b \mid a^{2^n} = 1, b^{2^m} = a^{2^k}, a^b = a^{-1+2^{n-2}} \rangle$$

其中 n, m, k 满足上式的关系. 计算得, $n = r + s + v + t' + u \geqslant 4$, $\Phi(G) = \langle a^2, b^2 \rangle$, $Z(G) = \langle a^{2^{n-1}} \rangle \langle b^{2^2} \rangle$. $G/\Phi(G) = \langle \bar{a}, \bar{b} \rangle \cong C_2 \times C_2$. G 有三个极大子群, 分别记为 $M_i (i = 1, 2, 3)$ 表示.

$$\begin{cases} M_1 = \langle a^2, b \rangle, & |M_1'| = |\langle [a^2, b] \rangle| = |\langle a^{2^2} \rangle| \geqslant 2^2. \\ M_2 = \langle a, b^2 \rangle, & |M_2'| = |\langle [a, b^2] \rangle| = |\langle a^{2^{n-1}} \rangle| = 2. \\ M_3 = \langle ab, a^2, b^2 \rangle = \langle ab, a^2 \rangle, & |M_3'| = |\langle [a^2, ab] \rangle| = |\langle a^{2^2} \rangle| \geqslant 2^2. \end{cases}$$

得到 G 中有唯一内交换极大子群. 下面证明 G 中除 M_2 以外的内交换群均同阶.

通过计算得, $Z(G) = \langle a^{2^{n-1}} \rangle \langle b^{2^2} \rangle$, $G' = \langle a^2 \rangle$. 任取 H 为 G 的内交换子群且 $H \neq M_2$. 由内交换群的导群为 p 知, $H' = \langle a^{2^{n-2}} \rangle$. 设 $H = \langle a^{i_1} b^{j_1}, a^{i_2} b^{j_2} \rangle$. 我们对 j_1、j_2 分情况进行讨论. 当 $4 \mid j_1$ 且 $4 \mid j_2$ 时, 由 $Z(G) = \langle a^{2^{n-1}} \rangle \langle b^{2^2} \rangle$, 得 $|H| = 1$. 与"H 为 G 的内交换子群" 相矛盾. 当 $j_1 = 2k_1$ 且 $j_2 = 2k_2$(其中 k_1、k_2 至少一个为奇数). 由定理 1.2.17 得, H 可以表示成 $\langle a^{i_1'}, a^{i_2'} b^2 \rangle$ 的形式, 且使 $\langle a^{i_1'}, a^{i_2'} b^2 \rangle \cong \langle a^{i_1} b^{2k_1}, a^{i_2} b^{2k_2} \rangle$. 故有 $H = \langle a^{i_1'}, a^{i_2'} b^2 \rangle \leqslant \langle a, b^2 \rangle = M_2$. 由 $H \neq M_2$ 知, $H < M_2$. 由于 M_2 是内交换群, 则 H 是交换群. 与"H 为 G 的内交换子群" 相矛盾. 从而我们得到 $2 \nmid j_1$ 或 $2 \nmid j_2$. 由定理 1.2.17 得, H 可以表示成 $\langle a^{i_3}, a^{i_4} b^{-1} \rangle$ 的形式, 且使 $\langle a^{i_3}, a^{i_4} b^{-1} \rangle \cong \langle a^{i_1} b^{2k_1}, a^{i_2} b^{2k_2} \rangle$.

$$H' = \langle [a^{i_3}, a^{i_4} b^{-1}] \rangle = \langle [a^{i_3}, b^{-1}] \rangle = \langle [a^{i_3}, b] \rangle = \langle a^{2i_3} \rangle.$$

由 $H' = \langle a^{2^{n-1}} \rangle$, 得

$$2i_3 \equiv 2^{n-1} (\bmod\ 2^n), \quad i_3 \equiv 2^{n-2} (\bmod\ 2^{n-1}).$$

从而 $H = \langle a^{i_3}, a^{i_4} b^{-1} \rangle = \langle a^{2^{n-2}}, a^{i_4} b^{-1} \rangle$. $|H| = \frac{|\langle a^{2^{n-2}} \rangle| |\langle a^{i_4} b^{-1} \rangle|}{|\langle a^{2^{n-2}} \rangle \cap \langle a^{i_4} b^{-1} \rangle|}$. 由定理 1.2.15 中公式 (2), 计算可知:

$$(a^{i_4} b^{-1})^2 = a^{2i_4} [a^{i_4}, b] b^{-2} = a^{2i_4} (a^{-2+2^{n-2}})^{i_4} b^{-2} = a^{2^{n-2} i_4} b^{-2} \neq 1$$

$$(a^{i_4} b^{-1})^{2^2} = (a^{2^{n-2} i_4} b^{-2})^2 = a^{2^{n-1} i_4} b^{-2^2}$$

$$(a^{i_4} b^{-1})^{2^3} = (a^{2^{n-2} i_4} b^{-2})^{2^2} = b^{-2^3}.$$

下面对 $o(b)$ 分类讨论:

情形 1. 当 $o(b) > 2^3$ 时. 由于 $n - k = u = 0$ 或 1, 有

$$o(a^{i_4} b^{-1}) = o(b), \quad \langle a^{2^{n-2}} \rangle \cap \langle a^{i_4} b^{-1} \rangle = \langle a^{2^{n-2}} \rangle \cap \langle b \rangle.$$

故有 $|H| = \frac{|\langle a^{2^{n-2}}\rangle||\langle a^{i_4}b^{-1}\rangle|}{|\langle a^{2^{n-2}}\rangle\cap\langle a^{i_4}b^{-1}\rangle|} = \frac{|\langle a^{2^{n-2}}\rangle||\langle b\rangle|}{|\langle a^{2^{n-2}}\rangle\cap\langle b\rangle|} = |\langle a^{2^{n-2}}, b\rangle|$. 从而得到 $|H|$ 均相同.

情形 2. 当 $o(b) = 2^2$ 时. 由于 $r \geqslant 2$, 得到 $n - k = 0$, $\langle a\rangle \cap \langle b\rangle = 1$.

$$(a^{i_4}b^{-1})^2 = a^{2^{n-2}i_4}b^{-2} \neq 1$$
$$(a^{i_4}b^{-1})^{2^2} = a^{2^{n-1}i_4}b^{-2^2} = a^{2^{n-1}i_4}$$

当 $2 \mid i_4$ 时,

$$o(a^{i_4}b^{-1}) = 2^2, \quad \langle a^{2^{n-2}}\rangle \cap \langle a^{i_4}b^{-1}\rangle = 1$$

从而

$$|H| = \frac{|\langle a^{2^{n-2}}\rangle||\langle a^{i_4}b^{-1}\rangle|}{|\langle a^{2^{n-2}}\rangle\cap\langle a^{i_4}b^{-1}\rangle|} = 2^2 2^2 = 2^4.$$

当 $2 \nmid i_4$ 时,

$$o(a^{i_4}b^{-1}) = 2^3, \quad \langle a^{2^{n-2}}\rangle \cap \langle a^{i_4}b^{-1}\rangle = \langle a^{2^{n-1}}\rangle.$$

从而

$$|H| = \frac{|\langle a^{2^{n-2}}\rangle||\langle a^{i_4}b^{-1}\rangle|}{|\langle a^{2^{n-2}}\rangle\cap\langle a^{i_4}b^{-1}\rangle|} = \frac{2^2 2^3}{2} = 2^4.$$

当 $o(b) = 2^2$ 时, $|H| = 2^4$.

情形 3. 当 $o(b) = 2^3$ 时.

若 $n - k = 0$, 则 $\langle a\rangle \cap \langle b\rangle = 1$.

$$(a^{i_4}b^{-1})^2 = a^{2^{n-2}i_4}b^{-2} \neq 1$$
$$(a^{i_4}b^{-1})^{2^2} = a^{2^{n-1}i_4}b^{-2^2} \neq 1$$
$$(a^{i_4}b^{-1})^{2^3} = b^{-2^3} = 1.$$

得到

$$o(a^{i_4}b^{-1}) = 2^3, \quad \langle a^{2^{n-2}}\rangle \cap \langle a^{i_4}b^{-1}\rangle = 1.$$

从而有

$$|H| = \frac{|\langle a^{2^{n-2}}\rangle||\langle a^{i_4}b^{-1}\rangle|}{|\langle a^{2^{n-2}}\rangle\cap\langle a^{i_4}b^{-1}\rangle|} = 2^2 2^3 = 2^5.$$

当 $o(b) = 2^3$ 且 $n - k = 0$ 时, $|H| = 2^5$.

若 $n - k = 1$, 则 $b^{2^2} = a^{2^{n-1}}$.

$$(a^{i_4}b^{-1})^2 = a^{2^{n-2}i_4}b^{-2} \neq 1$$
$$(a^{i_4}b^{-1})^{2^2} = a^{2^{n-1}i_4}b^{-2^2} = a^{2^{n-1}(i_4-1)}$$
$$(a^{i_4}b^{-1})^{2^3} = b^{-2^3} = 1.$$

当 $2 \mid i_4$ 时,

$$o(a^{i_4}b^{-1}) = 2^3, \quad \langle a^{2^{n-2}}\rangle \cap \langle a^{i_4}b^{-1}\rangle = \langle a^{2^{n-1}}\rangle$$

从而

$$|H| = \frac{|\langle a^{2^{n-2}} \rangle||\langle a^{i_4}b^{-1} \rangle|}{|\langle a^{2^{n-2}} \rangle \cap \langle a^{i_4}b^{-1} \rangle|} = \frac{2^2 2^3}{2} = 2^4.$$

当 $2 \nmid i_4$ 时,

$$o(a^{i_4}b^{-1}) = 2^2, \quad \langle a^{2^{n-2}} \rangle \cap \langle a^{i_4}b^{-1} \rangle = 1$$

从而

$$|H| = \frac{|\langle a^{2^{n-2}} \rangle||\langle a^{i_4}b^{-1} \rangle|}{|\langle a^{2^{n-2}} \rangle \cap \langle a^{i_4}b^{-1} \rangle|} = 2^2 2^2 = 2^4.$$

当 $o(b) = 2^3$ 且 $n - k = 1$ 时, $|H| = 2^4$.

综上, (I)、(II)、(III) 型群满足除一个内交换极大子群外, 其余的类 2 子群均同阶. 结果得证. $\qquad\square$

定理 3.2.2 设 G 是有限非交换 p 群. 则 G 的类 2 真子群均同阶当且仅当 G 为以下的群之一:

(1) 类 2 子群均同阶的 p 群;

(2) $\mathcal{A}_2$ 群中的 (II)、(III)、(V) 型群、(IV1) 型群满足 $r \geqslant 2$(见定理 1.3.2).

证明 $\implies$ 若 G 的类 2 子群均同阶, 则得群(1). 因此可设 $c(G) = 2$ 且除 G 以外, 其余的类 2 子群均同阶. 由 $c(G) = 2$ 得, G 的非交换子群均类 2. 由 G 的类 2 真子群均同阶可知, G 的非交换真子群均同阶. 则 G 为类 2 的 $\mathcal{A}_2$ 群. 由定理 1.3.2, 得到 G 为 $\mathcal{A}_2$ 群中的 (II)、(III)、(IV1)(其中 $r \geqslant 2$) 或 (V) 型群.

$\impliedby$ 由 $\mathcal{A}_2$ 群的定义直接可得结论. $\qquad\square$

§3.3 类 2 子群除了一个以外都同阶的有限 p 群的分类

本节回答了下述问题

类2子群除了一个以外都同阶的p群结构是什么样呢?

这个问题的意义主要有两个方面: 一方面, 已知类2子群都同阶的有限p群的分类. 自然地, 研究类2子群的阶是两阶的有限p群是一个重要的问题. 显然类2子群除了一个以外都同阶是类2子群的阶是两阶的一种特殊情况. 另一方面, 推论3.2.1证明了: 若p群G的类2子群都内交换, 则G的类2子群同阶或类2子群除了一个以外都同阶. 因此研究类2子群除了一个以外都同阶的p群是有意义的.

本节所讨论的p群总假设为非交换的. 为了方便叙述, 我们引进下列符号和概念.

$\mathcal{Q}_1 = \{\, G \mid G$是类2子群除了一个以外都同阶的$p$群 $\}$.

$\mathcal{Q}_2 = \{\, G \mid G$是类2子群都二元生成的$p$群 $\}$.

$\mathcal{Q}_3 = \{\, G \mid G$是类2子群都内交换的$p$群 $\}$.

对于$1 \leqslant i \leqslant 3$, 若$G \in \mathcal{Q}_i$, 我们说$G$是一个$\mathcal{Q}_i$ 群. 以$\mathcal{Q}_i$的术语, 推论3.2.1证明了$\mathcal{Q}_3 \subseteq \mathcal{Q}_1$. 因为本书2.2节分类了$\mathcal{Q}_3$, 因此我们只需分类$\mathcal{Q}_1 - \mathcal{Q}_3$. 显然$\mathcal{Q}_1 - \mathcal{Q}_3 = (\mathcal{Q}_1 - \mathcal{Q}_2) \cup ((\mathcal{Q}_1 - \mathcal{Q}_3) \cap \mathcal{Q}_2)$. 定理3.3.2确定了$((\mathcal{Q}_1 - \mathcal{Q}_3) \cap \mathcal{Q}_2)$. 定理3.3.5确定了$\mathcal{Q}_1 - \mathcal{Q}_2$. 因此得到了$\mathcal{Q}_1$的分类.

首先来确定$(\mathcal{Q}_1 - \mathcal{Q}_3) \cap \mathcal{Q}_2$. 注意到$\mathcal{Q}_3 \subseteq \mathcal{Q}_2$. 因此$(\mathcal{Q}_1 - \mathcal{Q}_3) \cap \mathcal{Q}_2 = (\mathcal{Q}_2 - \mathcal{Q}_3) \cap \mathcal{Q}_1$.

定理 3.3.1 设G是有限非交换p群. 则$G \in \mathcal{Q}_2 - \mathcal{Q}_3$当且仅当$G$为下列互不同构群之一:

(I) $d(G) = 2, c(G) = 2$的$\mathcal{A}_2$群;

(II) 非内交换的亚循环群.

(II1) $\langle a, b \mid a^{p^n} = 1, b^{p^m} = a^{p^k}, [a, b] = a^{p^r} \rangle$, 其中$m, n, k, r > 0$并满足$n \geqslant k, n \geqslant r, 2 \leqslant n - r \leqslant m, n - r \leqslant k, r \geqslant 2$;

(II2) $\langle a, b \mid a^{2^{r+s+v+t'+u}} = 1, \ b^{2^{r+s+t}} = a^{2^{r+s+v+t'}}, \ a^b = a^{-1+2^{r+v}} \rangle$, 其中$r, s, v, t, t', u$是非负整数, 满足$r \geqslant 2, \ t' \leqslant r, \ u \leqslant 1, \ tt' = sv = tv = 0, \ s + t' + u \geqslant 3$, 且若$t' \geqslant r - 1$, 则$u = 0$.

证明 由本书2.1和2.2节直接可得结论. $\qquad\qquad\square$

定理 3.3.2 $(\mathcal{Q}_1 - \mathcal{Q}_3) \cap \mathcal{Q}_2 = \{ G \mid G$是由二元生成且幂零类为2的$\mathcal{A}_2$群$\}$.

证明 显然$(\mathcal{Q}_1 - \mathcal{Q}_3) \cap \mathcal{Q}_2 = (\mathcal{Q}_2 - \mathcal{Q}_3) \cap \mathcal{Q}_1$. 因此只需从定理3.3.1中挑出$\mathcal{Q}_1$群即可. 若$G$是定理3.3.1中的(I)型群, 由$\mathcal{A}_2$群的定义可知$G \in \mathcal{Q}_1$群. 只需证: 若$G$是定理3.3.1中的(II)型群, 则$G \notin \mathcal{Q}_1$. 我们分(II1)型群和(II2)型群两种情形进行讨论.

情形 1. (II1)型群

若G是(II1)型群. 由 [69, 第170页, 定理6.2.6证明]可知, $Z(G) = \langle a^{p^{n-r}} \rangle \langle b^{p^{n-r}} \rangle$. 一方面, G中存在两个同阶的内交换子群H_1和H_2.

$$\begin{cases} H_1 &= \langle a^{p^{n-r-1}}, b \rangle. \\ H_2 &= \langle a, b^{p^{n-r-1}} \rangle. \end{cases}$$

首先, 我们验证H_1和H_2都是内交换群. 由定理1.2.1可知, 只需验证$|H_1'| = |H_2'| = p$.

由于$G' = \langle a^{p^r} \rangle$是交换群, 故$G$亚交换. 由定理1.2.15知,

$$\begin{aligned} [a^{p^{n-r-1}}, b] &= [a, b]^{p^{n-r-1}} [a, b, a]^{\binom{p^{n-r-1}}{2}} [a, b, a, a]^{\binom{p^{n-r-1}}{3}} \cdots \\ &= (a^{p^r})^{p^{n-r-1}} = a^{p^{n-1}}. \end{aligned}$$

再由$Z(G) = \langle a^{p^{n-r}} \rangle \langle b^{p^{n-r}} \rangle$和$r \geqslant 2$知, $a^{p^{n-1}} \in Z(G)$. 再由定理1.2.5(3)知, $H_1' = \langle [a^{p^{n-r-1}}, b] \rangle = \langle a^{p^{n-1}} \rangle$, 从而$|H_1'| = |\langle a^{p^{n-1}} \rangle| = p$.

同理, 由定理1.2.15知,

$$
\begin{aligned}
[a, b^{p^{n-r-1}}] &= [a,b]^{p^{n-r-1}} [a,b,b]^{\binom{p^{n-r-1}}{2}} [a,b,b,b]^{\binom{p^{n-r-1}}{3}} \cdots \\
&= a^{p^{n-1}} (a^{p^{2r}})^{p^{n-r-1}t} = a^{p^{n-1}}.
\end{aligned}
$$

再由 $Z(G) = \langle a^{p^{n-r}} \rangle \langle b^{p^{n-r}} \rangle$ 和 $r \geqslant 2$ 知, $a^{p^{n-1}} \in Z(G)$. 再由定理1.2.5(3)知, $H_2' = \langle [a, b^{p^{n-r-1}}] \rangle = \langle a^{p^{n-1}} \rangle$, 从而 $|H_2'| = |\langle a^{p^{n-1}} \rangle| = p$. 因此, $|H_1'| = |H_2'| = p$.

然后, 我们验证 $|H_1| = |H_2|$.

$$
\begin{cases}
|H_1| = |\langle a^{p^{n-r-1}}, b \rangle| = |\langle a^{p^{n-r-1}} \rangle \langle b \rangle| = \dfrac{|\langle a^{p^{n-r-1}} \rangle||\langle b \rangle|}{|\langle a^{p^{n-r-1}} \rangle \cap \langle b \rangle|} = \dfrac{p^{r+1} p^{m+n-k}}{p^{n-k}} = p^{m+r+1}. \\
|H_2| = |\langle a, b^{p^{n-r-1}} \rangle| = |\langle a \rangle \langle b^{p^{n-r-1}} \rangle| = \dfrac{|\langle a \rangle||\langle b^{p^{n-r-1}} \rangle|}{|\langle a \rangle \cap \langle b^{p^{n-r-1}} \rangle|} = \dfrac{p^n p^{m-k+r+1}}{p^{n-k}} = p^{m+r+1}.
\end{cases}
$$

从而 $|H_1| = |H_2| = p^{m+r+1}$. 因此, H_1 和 H_2 是 G 的两个同阶内交换子群.

另一方面, G 中存在另外两个同阶的类2子群 M_1 和 M_2.

$$
\begin{cases}
M_1 = \langle a^{p^{n-r-2}}, b \rangle. \\
M_2 = \langle a, b^{p^{n-r-2}} \rangle.
\end{cases}
$$

首先, 我们验证 M_1 和 M_2 都是类2子群.

由于 $G' = \langle a^{p^r} \rangle$ 是交换群, 故 G 亚交换. 由定理1.2.15知,

$$
\begin{aligned}
[a^{p^{n-r-2}}, b] &= [a,b]^{p^{n-r-2}} [a,b,a]^{\binom{p^{n-r-2}}{2}} [a,b,a,a]^{\binom{p^{n-r-2}}{3}} \cdots \\
&= (a^{p^r})^{p^{n-r-2}} = a^{p^{n-2}}.
\end{aligned}
$$

再由 $Z(G) = \langle a^{p^{n-r}} \rangle \langle b^{p^{n-r}} \rangle$ 和 $r \geqslant 2$ 知, $a^{p^{n-2}} \in Z(G)$. 再由定理1.2.5(3)知, $M_1' = \langle [a^{p^{n-r-2}}, b] \rangle = \langle a^{p^{n-2}} \rangle$, 从而 $M_1' \leqslant Z(G)$.

同理, 由定理1.2.15知,

$$
\begin{aligned}
[a, b^{p^{n-r-2}}] &= [a,b]^{p^{n-r-2}} [a,b,b]^{\binom{p^{n-r-2}}{2}} [a,b,b,b]^{\binom{p^{n-r-2}}{3}} \cdots \\
&= a^{p^{n-2}} (a^{p^{2r}})^{p^{n-r-2}t} = a^{p^{n-2}}.
\end{aligned}
$$

再由定理1.2.5(3)和 $a^{p^{n-2}} \in Z(G)$ 知, $M_2' = \langle [a, b^{p^{n-r-2}}] \rangle = \langle a^{p^{n-2}} \rangle$, 从而 $M_2' \leqslant Z(G)$.

然后, 我们验证 $|M_1| = |M_2|$.

$$
\begin{cases}
|M_1| = |\langle a^{p^{n-r-2}}, b \rangle| = |\langle a^{p^{n-r-2}} \rangle \langle b \rangle| = \dfrac{|\langle a^{p^{n-r-2}} \rangle||\langle b \rangle|}{|\langle a^{p^{n-r-2}} \rangle \cap \langle b \rangle|} = \dfrac{p^{r+2} p^{m+n-k}}{p^{n-k}} = p^{m+r+2}. \\
|M_2| = |\langle a, b^{p^{n-r-2}} \rangle| = |\langle a \rangle \langle b^{p^{n-r-2}} \rangle| = \dfrac{|\langle a \rangle||\langle b^{p^{n-r-2}} \rangle|}{|\langle a \rangle \cap \langle b^{p^{n-r-2}} \rangle|} = \dfrac{p^n p^{m-k+r+2}}{p^{n-k}} = p^{m+r+2}.
\end{cases}
$$

从而 $|M_1| = |M_2| = p^{m+r+2}$. 因此, M_1 和 M_2 是 G 的两个同阶类2子群. 注意到 $|H_1| \neq |M_1|$, $|H_2| \neq |M_2|$, 因此 $G \notin \mathcal{Q}_1$.

情形 2. (II2)型群

若G是(II2)型群. 为了方便表述, 我们设

$$G = \langle a,b \mid a^{2^n} = 1,\ b^{2^m} = a^{2^k},\ a^b = a^{-1+2^l} \rangle$$

其中n, m, k, l满足上式的关系. 由 [69, 第170页, 定理6.2.6证明]可知, $Z(G) = \langle a^{2^{n-1}} \rangle \langle b^{2^{n-?}} \rangle$
经计算, $n = r+s+v+t'+u \geqslant 5$, $l = r+v \geqslant 2$, $n-1 \leqslant k \leqslant n$, $m \geqslant n-l = s+t'+u \geqslant 3$.

由于m和$n-2$的关系无法确定, 于是我们不妨分$m \geqslant n-2$和$m < n-2$两种情形讨论.

情形 2.1. $m \geqslant n-2$

一方面, G中存在两个同阶的内交换子群L_1和L_2.

$$\begin{cases} L_1 &= \langle a^{2^{n-2}}, b \rangle. \\ L_2 &= \langle a, b^{2^{n-2}} \rangle. \end{cases}$$

首先, 我们验证L_1和L_2都是G的内交换群. 由定理1.2.1可知, 只需验证$|L_1'| = |L_2'| = 2$.

由于$G' = \langle a^{-2+2^l} \rangle$是交换群, 故$G$亚交换. 由定理1.2.15知,

$$\begin{aligned} [a^{2^{n-2}}, b] &= [a,b]^{2^{n-2}} [a,b,a]^{\binom{2^{n-2}}{2}} [a,b,a,a]^{\binom{2^{n-2}}{3}} \cdots \\ &= (a^{-2+2^l})^{2^{n-2}} = a^{-2^{n-1}} a^{2^{n+l-2}} = a^{-2^{n-1}}. \end{aligned}$$

再由定理1.2.5(3)和$a^{2^{n-1}} \in Z(G)$知, $L_1' = \langle [a^{2^{n-2}}, b] \rangle = \langle a^{-2^{n-1}} \rangle$. 故$|L_1'| = |\langle a^{-2^{n-1}} \rangle| = 2$.

同理, 由定理1.2.15知,

$$\begin{aligned} [a, b^{2^{n-2}}] &= [a,b]^{2^{n-2}} [a,b,b]^{\binom{2^{n-2}}{2}} [a,b,b,b]^{\binom{2^{n-2}}{3}} \cdots \\ &= (a^{-2+2^l})^{2^{n-2}} = a^{-2^{n-1}} a^{2^{n+l-2}} = a^{-2^{n-1}}. \end{aligned}$$

再由定理1.2.5(3)和$a^{2^{n-1}} \in Z(G)$知, $L_2' = \langle [a, b^{2^{n-2}}] \rangle = \langle a^{-2^{n-1}} \rangle$. 故$|L_2'| = |\langle a^{-2^{n-1}} \rangle| = 2$. 因此, $|L_1'| = |L_2'| = 2$.

然后, 我们验证$|L_1| = |L_2|$.

$$\begin{cases} |L_1| &= |\langle a^{2^{n-2}}, b \rangle| = |\langle a^{2^{n-2}} \rangle \langle b \rangle| = \frac{|\langle a^{2^{n-2}} \rangle||\langle b \rangle|}{|\langle a^{2^{n-2}} \rangle \cap \langle b \rangle|} = \frac{2^2 2^{m+n-k}}{2^{n-k}} = 2^{m+2}. \\ |L_2| &= |\langle a, b^{2^{n-2}} \rangle| = |\langle a \rangle \langle b^{2^{n-2}} \rangle| = \frac{|\langle a \rangle||\langle b^{2^{n-2}} \rangle|}{|\langle a \rangle \cap \langle b^{2^{n-2}} \rangle|} = \frac{2^n 2^{m-k+2}}{2^{n-k}} = 2^{m+2}. \end{cases}$$

从而$|L_1| = |L_2| = 2^{m+2}$. 因此, L_1和L_2是G的两个同阶内交换子群.

另一方面, G中存在另外两个同阶的类2子群K_1和K_2.

$$\begin{cases} K_1 &= \langle a, b^{2^{n-3}} \rangle. \\ K_2 &= \langle a^2, b^{2^{n-4}} \rangle. \end{cases}$$

首先, 我们验证 K_1 和 K_2 都是 G 的类2子群, 即验证 $K_1' \leqslant Z(K_1)$, $K_2' \leqslant Z(K_2)$.

由于 $G' = \langle a^{-2+2^l} \rangle$ 是交换群, 故 G 亚交换. 由定理1.2.15知,

$$
\begin{aligned}
[a, b^{2^{n-3}}] &= [a,b]^{2^{n-3}}[a,b,b]^{\binom{2^{n-3}}{2}}[a,b,b,b]^{\binom{2^{n-3}}{3}}\cdots \\
&= (a^{-2+2^l})^{2^{n-3}}a^{2^{n-1}} = a^{-2^{n-2}}a^{2^{n+l-3}}a^{2^{n-1}}.
\end{aligned}
$$

又由于 $l \geqslant 2$, 故 $a^{2^{n+l-3}} \in Z(G)$. 再由定理1.2.5(3)和 $a^{2^{n-1}} \in Z(G)$ 知, $K_1' = \langle [a, b^{2^{n-3}}]^a, [a, b^{2^{n-3}}]^{b^{2^{n-3}}} \rangle = \langle a^{-2^{n-2}}a^{2^{n+l-3}}a^{2^{n-1}} \rangle \leqslant Z(K_1)$.

同理, 由定理1.2.15知,

$$
\begin{aligned}
[a^2, b^{2^{n-4}}] &= [a,b]^{2^{n-3}}[a,b,a]^{\binom{2}{2}2^{n-4}}[a,b,b]^{2\binom{2^{n-4}}{2}}\cdots \\
&= (a^{-2+2^l})^{2^{n-3}}a^{2^{n-1}} = a^{-2^{n-2}}a^{2^{n+l-3}}a^{2^{n-1}}.
\end{aligned}
$$

又由于 $l \geqslant 2$, 故 $a^{2^{n+l-3}} \in Z(G)$. 再由定理1.2.5(3)和 $a^{2^{n-1}} \in Z(G)$ 知, $K_2' = \langle [a^2, b^{2^{n-4}}]^{a^2}, [a^2, b^{2^{n-4}}]^{b^{2^{n-4}}} \rangle = \langle a^{-2^{n-2}}a^{2^{n+l-3}}a^{2^{n-1}} \rangle \leqslant Z(K_2)$.

然后, 我们验证 $|K_1| = |K_2|$.

$$
\begin{cases}
|K_1| &= |\langle a, b^{2^{n-3}} \rangle| = |\langle a \rangle \langle b^{2^{n-3}} \rangle| = \dfrac{|\langle a \rangle||\langle b^{2^{n-3}} \rangle|}{|\langle a \rangle \cap \langle b^{2^{n-3}} \rangle|} = \dfrac{2^n 2^{m-k+3}}{2^{n-k}} = 2^{m+3}. \\[2mm]
|K_2| &= |\langle a^2, b^{2^{n-4}} \rangle| = |\langle a^2 \rangle \langle b^{2^{n-4}} \rangle| = \dfrac{|\langle a^2 \rangle||\langle b^{2^{n-4}} \rangle|}{|\langle a^2 \rangle \cap \langle b^{2^{n-4}} \rangle|} = \dfrac{2^{n-1} 2^{m-k+4}}{2^{n-k}} = 2^{m+3}.
\end{cases}
$$

从而 $|K_1| = |K_2| = 2^{m+3}$. 因此, K_1 和 K_2 是 G 的两个同阶类2子群. 注意到 $|L_1| \neq |K_1|$, $|L_2| \neq |K_2|$, 因此 $G \notin \mathcal{Q}_1$.

情形 2.2 $m < n - 2$

子情形 2.2.1. $m = n - 3$

一方面, G 中存在两个同阶的内交换子群 L_1 和 L_3.

$$
\begin{cases}
L_1 &= \langle a^{2^{n-2}}, b \rangle. \\
L_3 &= \langle a^2, b^{2^{n-3}} \rangle.
\end{cases}
$$

由情形2.1可知, L_1 是 G 的内交换子群. 首先, 我们验证 L_3 是 G 的内交换子群. 由定理1.2.1可知, 只需验证 $|L_3'| = 2$.

由于 $G' = \langle a^{-2+2^l} \rangle$ 是交换群, 故 G 亚交换. 由定理1.2.15知,

$$
\begin{aligned}
[a^2, b^{2^{n-3}}] &= [a,b]^{2^{n-2}}[a,b,a]^{\binom{2}{1}2^{n-3}}[a,b,b]^{2\binom{2^{n-3}}{2}}[a,b,b,b]^{2\binom{2^{n-3}}{3}}\cdots \\
&= (a^{-2+2^l})^{2^{n-2}} = a^{-2^{n-1}}a^{2^{n+l-2}} = a^{-2^{n-1}}.
\end{aligned}
$$

再由定理1.2.5(3)和 $a^{2^{n-1}} \in Z(G)$ 知, $L_3' = \langle [a^2, b^{2^{n-3}}]^{a^2}, [a^2, b^{2^{n-3}}]^{b^{2^{n-3}}} \rangle = \langle a^{-2^{n-1}} \rangle$. 故 $|L_3'| = |\langle a^{-2^{n-1}} \rangle| = 2$.

然后, 我们验证 $|L_1| = |L_3|$.

$$
\begin{cases}
|L_1| &= |\langle a^{2^{n-2}}, b \rangle| = |\langle a^{2^{n-2}} \rangle \langle b \rangle| = \dfrac{|\langle a^{2^{n-2}} \rangle||\langle b \rangle|}{|\langle a^{2^{n-2}} \rangle \cap \langle b \rangle|} = \dfrac{2^2 2^{m+n-k}}{2^{m-k+3}} = 2^{n-1}. \\[2mm]
|L_3| &= |\langle a^2, b^{2^{n-3}} \rangle| = |\langle a^2 \rangle \langle b^{2^{n-3}} \rangle| = \dfrac{|\langle a^2 \rangle||\langle b^{2^{n-3}} \rangle|}{|\langle a^2 \rangle \cap \langle b^{2^{n-3}} \rangle|} = \dfrac{2^{n-1} 2^{m-k+3}}{2^{m-k+3}} = 2^{n-1}.
\end{cases}
$$

从而 $|L_1| = |L_3|$. 于是 L_1 和 L_3 是 G 的两个同阶内交换子群.

另一方面, G 中存在另外两个同阶的类2子群 L_2 和 K_1.

$$\begin{cases} L_2 & = \langle a, b^{2^{n-2}} \rangle. \\ K_1 & = \langle a, b^{2^{n-3}} \rangle. \end{cases}$$

由情形2.1可知, L_2 和 K_1 是 G 的类2子群. 下面我们只需证明 $|L_2| = |K_1|$.

$$\begin{cases} |L_2| & = |\langle a, b^{2^{n-2}} \rangle| = |\langle a \rangle \langle b^{2^{n-2}} \rangle| = \frac{|\langle a \rangle||\langle b^{2^{n-2}} \rangle|}{|\langle a \rangle \cap \langle b^{2^{n-2}} \rangle|} = \frac{2^n 2^{m-k+2}}{2^{m-k+2}} = 2^n. \\ |K_1| & = |\langle a, b^{2^{n-3}} \rangle| = |\langle a \rangle \langle b^{2^{n-3}} \rangle| = \frac{|\langle a \rangle||\langle b^{2^{n-3}} \rangle|}{|\langle a \rangle \cap \langle b^{2^{n-3}} \rangle|} = \frac{2^n 2^{m-k+3}}{2^{m-k+3}} = 2^n. \end{cases}$$

从而 $|L_2| = |K_1|$. 于是 L_2 和 K_1 是 G 的两个同阶类2子群. 注意到 $|L_1| \neq |L_2|$, $|L_3| \neq |K_1|$, 因此 $G \notin \mathcal{Q}_1$.

子情形 2.2.2. $m \leqslant n - 4$

一方面, G 中存在两个同阶的类2子群 L_2 和 K_1.

$$\begin{cases} L_2 & = \langle a, b^{2^{n-2}} \rangle. \\ K_1 & = \langle a, b^{2^{n-3}} \rangle. \end{cases}$$

由情形2.1可知, L_2 和 K_1 是 G 的类2子群. 下面我们只需证明 $|L_2| = |K_1|$.

$$\begin{cases} |L_2| & = |\langle a, b^{2^{n-2}} \rangle| = |\langle a \rangle \langle b^{2^{n-2}} \rangle| = \frac{|\langle a \rangle||\langle b^{2^{n-2}} \rangle|}{|\langle a \rangle \cap \langle b^{2^{n-2}} \rangle|} = \frac{2^n 2^{m-k+2}}{2^{m-k+2}} = 2^n. \\ |K_1| & = |\langle a, b^{2^{n-3}} \rangle| = |\langle a \rangle \langle b^{2^{n-3}} \rangle| = \frac{|\langle a \rangle||\langle b^{2^{n-3}} \rangle|}{|\langle a \rangle \cap \langle b^{2^{n-3}} \rangle|} = \frac{2^n 2^{m-k+3}}{2^{m-k+3}} = 2^n. \end{cases}$$

从而 $|L_2| = |K_1| = 2^n$. 因此, L_2 和 K_1 是 G 的两个同阶类2子群.

另一方面, G 中存在另外两个同阶的类2子群 L_3 和 K_2.

$$\begin{cases} L_3 & = \langle a^2, b^{2^{n-3}} \rangle. \\ K_2 & = \langle a^2, b^{2^{n-4}} \rangle. \end{cases}$$

由情形2.1和情形2.2.1可知, L_3 和 K_2 是 G 的类2子群. 下面我们只需证明 $|L_3| = |K_2|$.

$$\begin{cases} |L_3| & = |\langle a^2, b^{2^{n-3}} \rangle| = |\langle a^2 \rangle \langle b^{2^{n-3}} \rangle| = \frac{|\langle a^2 \rangle||\langle b^{2^{n-3}} \rangle|}{|\langle a^2 \rangle \cap \langle b^{2^{n-3}} \rangle|} = \frac{2^{n-1} 2^{m-k+3}}{2^{m-k+3}} = 2^{n-1}. \\ |K_2| & = |\langle a^2, b^{2^{n-4}} \rangle| = |\langle a^2 \rangle \langle b^{2^{n-4}} \rangle| = \frac{|\langle a^2 \rangle||\langle b^{2^{n-4}} \rangle|}{|\langle a^2 \rangle \cap \langle b^{2^{n-4}} \rangle|} = \frac{2^{n-1} 2^{m-k+4}}{2^{m-k+4}} = 2^{n-1}. \end{cases}$$

从而 $|L_3| = |K_2| = 2^{n-1}$. 因此, L_3 和 K_2 是 G 的两个同阶类2子群. 注意到 $|L_2| \neq |L_3|$, $|K_1| \neq |K_2|$, 因此 $G \notin \mathcal{Q}_1$. $\square$

接着我们来确定 $\mathcal{Q}_1 - \mathcal{Q}_2$ 群. 设 G 是 p^n 阶非交换群. 令 $S(G) = \{ H \mid H \leqslant G, \ c(H) = 2\}$, $T(G) = \{ |H| \mid H \in S(G)\}$. 本章我们确定 $\mathcal{Q}_1 - \mathcal{Q}_2$ 中的群. 我们引入

$$\mathcal{X}_t = \{ G \mid G \in \mathcal{A}_t \ 且 \ G \in \mathcal{Q}_1 - \mathcal{Q}_2\}.$$

为了确定 $\mathcal{Q}_1 - \mathcal{Q}_2$ 中的群, 我们只需确定 $\mathcal{X}_t$ 中的群即可. 显然, $\mathcal{X}_1 = \varnothing$.

引理 3.3.1 设 $G \in \mathcal{Q}_1$. 不妨设 $T(G) = \{p^{t_1}, p^{t_2}\}$. 若 $t_2 > t_1 + 1$, 则 G 的类2子群都内交换, 即 $G \in \mathcal{Q}_3$.

证明 设 $H \in S(G)$. 设 $M < H$. 则 $c(M) \leqslant 2$. 注意到 $|M| = p^{t_1-1}$ 或 p^{t_2-1}. 假设 $c(M) = 2$, 则 $p^{t_1-1} \in T(G)$ 或 $p^{t_2-1} \in T(G)$. 显然, $p^{t_1-1} \notin T(G)$. 因为 $t_2 > t_1 + 1$, 故 $p^{t_2-1} \notin T(G)$. 这与 $T(G)$ 的定义矛盾. 所以 $c(M) = 1$, 即 M 交换. 由 H 的任意性得, G 的类2子群都内交换. $\qquad\square$

引理 3.3.2 若 $G \in \mathcal{X}_t$, $t \geqslant 2$. 则
(1) $T(G) = \{p^{t_1}, p^{t_1+1}\}$;
(2) 阶为 p^{t_1-1} 的子群都交换;
(3) 阶为 p^{t_1} 的类2子群的个数大于1且都内交换;
(4) 阶为 p^{t_1+1} 的类2子群只有一个, 它是三元生成的 $\mathcal{A}_2$ 子群.

证明 (1) 由 $G \in \mathcal{X}_t$ 知, $G \in \mathcal{Q}_1$ 且 $G \notin \mathcal{Q}_2$. 由 $G \in \mathcal{Q}_1$ 知, $|T(G)| \leqslant 2$. 若 $|T(G)| \leqslant 1$, 则 $G \in \mathcal{P}_4$. 由引理2.2.1可知, $\mathcal{P}_4 \subseteq \mathcal{Q}_2$. 这与 $G \notin \mathcal{Q}_2$ 矛盾. 因此 $|T(G)| = 2$. 若 $|T(G)| = 2$, 假设 $T(G) = \{p^{t_1}, p^{t_2}\}$, 其中 $t_1 \neq t_2$ 且 $t_2 > t_1$. 若 $t_2 > t_1 + 1$. 由引理3.3.1知, $G \in \mathcal{Q}_3$. 再由引理2.2.1可知, $\mathcal{Q}_3 \subseteq \mathcal{Q}_2$. 这又与 $G \notin \mathcal{Q}_2$ 矛盾. 因此 $t_2 = t_1 + 1$. 结论得证.

(2) 若否, 设 H 为 p^{t_1-1} 阶的非交换子群. 则 H 有内交换子群 K. 注意到内交换子群均是类2的. 于是 $|K| \leqslant p^{t_1-1}$. 这与(1)矛盾.

(3) 由 [6, Proposition 10.28]可知, 任意一个非交换 p 群(换句话说, $\mathcal{A}_t$ 群)都可由其内交换子群生成. 因为内交换子群均是类2子群. 由假设 $t \geqslant 2$, 故 $\mathcal{A}_t$ 群的内交换子群个数大于1. 从而类2子群的个数大于1.

设 $H \in S(G)$ 且 $|H| = p^{t_1}$. 若 $M < H$, 则 $c(M) \leqslant 2$. 若 $c(M) = 2$, 则 $|M| = p^{t_1-1} \in T(G)$. 这与 $T(G)$ 的定义矛盾. 所以 $c(M) = 1$, 即 M 交换. 由 H 的任意性即得, 阶为 p^{t_1} 的类2子群都内交换.

(4) 若否, G 只有阶为 p^{t_1} 的类2子群或 G 至少有两个阶为 p^{t_1+1} 的类2子群. 若 G 只有阶为 p^{t_1} 的类2子群, 则 $G \in \mathcal{P}_4$. 由引理2.2.1可知, $\mathcal{P}_4 \subseteq \mathcal{Q}_2$. 这与 $G \notin \mathcal{Q}_2$ 矛盾. 若 G 至少有两个阶为 p^{t_1+1} 的类2子群, 由(3)可知, G 至少有两个阶为 p^{t_1} 的类2子群. 这与 $G \in \mathcal{Q}_1$ 矛盾, 从而与 $G \in \mathcal{X}_t$ 矛盾. 设 K 为 p^{t_1+1} 阶的类2子群. 由(2)可知, K 是 $\mathcal{A}_1$ 群或 $\mathcal{A}_2$ 群. 若 K 是 $\mathcal{A}_1$ 群, 则由(3)可知 $G \in \mathcal{Q}_3$. 由引理2.2.1可知, $\mathcal{Q}_3 \subseteq \mathcal{Q}_2$. 则 $G \in \mathcal{Q}_2$. 这与 $G \in \mathcal{X}_t$ 矛盾. 故 K 是 $\mathcal{A}_2$ 群. 由 [81, 引理 2.6 (1)]可知, $d(K) \leqslant 3$. 若 $d(K) = 2$,

则G的阶为p^{t_1+1}的类2子群2元生成. 由(3)可知, G的阶为p^{t_1}的类2子群都2元生成. 故$G \in \mathcal{Q}_2$. 这与$G \in \mathcal{X}_t$ 矛盾. $\qquad\square$

定理 3.3.3 $\mathcal{X}_2 = \{G \mid G$ 是满足 $d(G) = 3$ 且 $c(G) = 2$ 的 $\mathcal{A}_2$ 群 $\}$.

证明 设$G \in \mathcal{X}_2$, 则$G \in \mathcal{A}_2$. 由引理3.3.2(4) 知, $d(G) = 3$. 由 [81, 引理 2.6 (2)]可知$c(G) = 2$. 于是G为$d(G) = 3, c(G) = 2$的$\mathcal{A}_2$ 群. 反之, 若G为$\mathcal{A}_2$ 群, 显然$G \in \mathcal{Q}_1$. 因为$c(G) = 2$但$d(G) = 3$, 故$G \notin \mathcal{Q}_2$. $\qquad\square$

引理 3.3.3 $\mathcal{X}_3 = \{G \mid G$是$c(G) > 2$的$\mathcal{A}_3$群, 它只有一个类为2的极大子群$M$, 其中$d(M) = 3$ 且 $M \in \mathcal{A}_2 \}$.

证明 设$|G| = p^n$. 若$G \in \mathcal{X}_3$, 则$G \in \mathcal{A}_3$. 由$\mathcal{A}_3$群的定义可知, G 中存在p^{n-2}阶的$\mathcal{A}_1$子群K. 而$\mathcal{A}_1$子群均是类2的, 于是$c(K) = 2$. 若$c(G) = 2$, 则$p^n, p^{n-2} \in T(G)$, 这与引理3.3.2(1)矛盾. 因此$c(G) > 2$. 由$\mathcal{A}_3$群的定义及引理3.3.2(1)可知, $T(G) = \{p^{n-2}, p^{n-1}\}$. 由引理3.3.2(4)可知, G只有一个类为2的极大子群M. 特别地, $d(M) = 3$且$M \in \mathcal{A}_2$. 反之, 因为$M \in \mathcal{A}_2$, 故M中存在p^{n-2}阶的$\mathcal{A}_1$子群. 由引理3.3.2(1)可知, $T(G) = \{p^{n-2}, p^{n-1}\}$. 因为$G$的极大子群中只有一个是类2的, 故$G \in \mathcal{Q}_1$. 由$d(M) = 3$可知, $G \notin \mathcal{Q}_2$. 综上可知, $G \in \mathcal{X}_3$. $\qquad\square$

利用引理3.3.3给出的判别条件以及对$\mathcal{A}_3$群的极大子群的计算结果([65]), 我们可得

定理 3.3.4 G是$\mathcal{X}_3$群当且仅当G为下列互不同构群之一:

(1) $\langle b, a_1; a_2, a_3 \mid b^{p^2} = a_1^p = a_2^p = a_3^p = 1, [a_1, b] = a_2, [a_2, b] = a_3, [a_2, a_1] = b^p, [a_3, b] = b^p, [a_3, a_1] = 1 \rangle$, 其中$p \geqslant 5$;

(2) $\langle b, a_1; a_2, a_3 \mid b^{p^2} = a_1^p = a_2^p = a_3^p = 1, [a_1, b] = a_2, [a_2, b] = a_3, [a_2, a_1] = b^{\eta p}, [a_3, b] = b^p, [a_3, a_1] = 1 \rangle$, 其中$p \geqslant 5, \eta$是固定的模$p$的平方非剩余;

(3) $\langle b, a_1; a_2, a_3 \mid b^{p^2} = a_1^p = a_2^p = a_3^p = 1, [a_1, b] = a_2, [a_2, b] = a_3, [a_2, a_1] = b^p, [a_3, b] = b^p, [a_3, b] = b^{\eta p}, [a_3, a_1] = 1 \rangle$, $p \equiv 1(mod\ 4)$, 其中 $p \geqslant 5$, η是固定的模p的平方非剩余;

(4) $\langle b, a_1; a_2, a_3 \mid b^{p^2} = a_1^p = a_2^p = a_3^p = 1, [a_1, b] = a_2, [a_2, b] = a_3, [a_2, a_1] = b^p, [a_3, b] = b^{\eta p}, [a_3, b] = b^{\eta p}, [a_3, a_1] = 1 \rangle$, $p \equiv 1(mod\ 4)$, 其中 $p \geqslant 5$, η是固定的模p的平方非剩余;

(5) $\langle b, a_1; a_2, a_3 \mid b^p = a_1^{p^2} = a_2^p = a_3^p = 1, [a_1, b] = a_2, [a_2, b] = a_3, [a_2, a_1] = a_1^p, [a_3, b] = a_1^{vp}, [a_3, a_1] = 1 \rangle$, 其中$p \geqslant 5, v = 1, \eta_1$ 或η_2, $\{1, \eta_1, \eta_2\}$是F_p^*中$(F_p^*)^3$的陪集代表元;

(6) $\langle b, a_1; a_2, a_3, a_4 \mid b^p = a_1^p = a_2^p = a_3^p = a_4^p = 1, [a_1, b] = a_2, [a_2, b] = a_3, [a_2, a_1] = a_4, [a_3, b] = a_4, [a_3, a_1] = [a_4, a_1] = 1 \rangle$, 其中$p \geqslant 5$;

(7) $\langle b, a_1; a_2 \mid b^{27} = a_1^9 = a_2^9 = 1, \ [a_1, b] = a_2, \ [a_2, a_1] = b^{-9}, \ [a_2, b] = a_1^3 a_2^{3s} \rangle$, $s = 0, 2$;

(8) $\langle b, a_1; a_2 \mid b^{27} = a_1^9 = a_2^9 = 1, \ [a_1, b] = a_2, \ [a_2, a_1] = b^9 a_2^3, \ [a_2, b] = a_1^3 \rangle$;

(9) $\langle b, a_1; a_2 \mid b^{p^3} = a_1^{p^2} = a_2^{p^2} = 1, \ [a_1, b] = a_2, \ [a_2, a_1] = b^{v_1 p^2}, \ [a_2, b] = a_1^{v_2 p} a_2^{sp} \rangle$, 其中 $p \geqslant 5, v_1, v_2 = 1$ 或 v_1, v_2 是固定的模 p 的平方非剩余使得 $-v_1$ 不是一个平方数, 且 $s = 2^{-1}v_2, 2^{-1}v_2 + 1, \cdots, 2^{-1}v_2 + \frac{p-1}{2}$;

(10) $\langle b, a_1; a_2 \mid b^{p^3} = a_1^{p^2} = a_2^{p^2} = 1, [a_1, b] = a_2, [a_2, a_1] = b^{v_1 p^2} a_2^{rp}, [a_2, b] = a_1^{v_2 p} \rangle$, 其中 $p \geqslant 5, v_1, v_2 = 1$ 或 v_1, v_2 是固定的模 p 的平方非剩余, 且 $r = 1, 2, \cdots, \frac{p-1}{2}$ 使得 $r^2 - 4v_1$ 不是一个平方数;

(11) $\langle b, a_1; a_2 \mid a_1^{p^2} = a_2^{p^2} = 1, \ b^{p^2} = a_2^{tp}, \ [a_1, b] = a_2, \ [a_2, a_1] = a_2^p, \ [a_2, b] = a_1^{vp} \rangle$, 其中 $p \geqslant 3, t \in F_p, v = 1$ 或 v 是固定的模 p 的平方非剩余;

(12) $\langle b, a_1; a_2 \mid a_1^{p^2} = a_2^{p^2} = b^{p^m} = 1, \ [a_1, b] = a_2, \ [a_2, a_1] = 1, \ [a_2, b] = a_1^{vp} a_2^{sp} \rangle$, 其中 $m \geqslant 2, p \geqslant 3$, 若 $p = 3$, 则 $v = 1$; 若 $p \geqslant 5$, 则 $v = 1$ 或 v 是固定的模 p 的平方非剩余, $s = v, v + 1, \cdots, v + \frac{p-1}{2}$;

(13) $\langle b, a_1; a_2 \mid a_1^{p^2} = a_2^{p^2} = 1, \ b^{p^m} = a_2^p, \ [a_1, b] = a_2, \ [a_2, a_1] = 1, \ [a_2, b] = a_1^{vp} \rangle$, 其中 $m \geqslant 2, p \geqslant 3$, 若 $p = 3$, 则 $v = 1$; 若 $p \geqslant 5$, 则 $v = 1$ 或 v 是固定的模 p 的平方非剩余;

(14) $\langle b, a_1; a_2 \mid a_1^9 = a_2^9 = b^{27} = 1, \ [a_1, b] = a_2, \ [a_2, a_1] = b^{9s}, \ [a_2, b] = a_1^{-3} a_2^{3t} \rangle$, $s, t = 1, 2$;

(15) $\langle b, a_1; a_2, a_3 \mid b^{p^2} = a_1^{p^2} = a_2^p = a_3^p = 1, \ [a_1, b] = a_2, \ [a_2, b] = a_3, \ [a_2, a_1] = b^{vp}, \ [a_3, b] = a_1^{tp}, \ [a_3, a_1] = 1 \rangle$, 其中 $p \geqslant 5, v = 1$ 或 v 是固定的模 p 的平方非剩余, $t_1, t_2, \cdots, t_{(3,p-1)}$ 是 F_p^* 中 $(F_p^*)^3$ 的陪集代表元, $t = t_1, t_2, \cdots, t_{(3,p-1)}$;

(16) $\langle a, b, d \mid a^{p^3} = b^{p^2} = d^p = 1, \ [a, b] = a^p, \ [d, a] = b^p, \ [d, b] = 1 \rangle$, 其中 $p > 2$;

(17) $\langle a, b, x \mid a^{p^3} = b^{p^2} = d^p = 1, \ [a, b] = a^p, \ [d, a] = b^p, \ [d, b] = a^{vp^2} \rangle$, 其中 $p > 2$, $v = 1$ 或 v 是固定的模 p 的平方非剩余.

引理 3.3.4 设 $G \in \mathcal{X}_t(t \geqslant 2)$ 群. 设 $|G| = p^n$. 则 $T(G) = \{p^{n-t+1}, p^{n-t+2}\}$.

证明 由 $G \in \mathcal{X}_t$ 知, $G \in \mathcal{A}_t$. 由 $|G| = p^n$ 知, G 中存在 p^{n-t+1} 阶的 $\mathcal{A}_1$ 子群. 而 $\mathcal{A}_1$ 子群均是类2的, 于是 $p^{n-t+1} \in T(G)$. 由于 G 的 p^{n-t} 阶的子群都是交换的, 故由引理3.3.2(1)可知, $T(G) = \{p^{n-t+1}, p^{n-t+2}\}$. $\quad\square$

引理 3.3.5 设 $G \in \mathcal{X}_t$ 群, 其中 $t \geqslant 4$. 则存在 $M < G$ 使得 $M \in \mathcal{X}_{t-1}$ 群.

证明 由引理3.3.4知, 可设 $H \in S(G)$ 且 $|H| = p^{n-t+2}$. 由引理3.3.2(4)可知, $H \in \mathcal{A}_2$, H 唯一且 $d(H) = 3$. 取 $M < G$ 满足 $H \subseteq M$. 因为 $G \in \mathcal{X}_t$, 故 $G \in \mathcal{Q}_1$. 因为 $\mathcal{Q}_1$ 群是子群遗传的, 故 $M \in \mathcal{Q}_1$. 由 $d(H) = 3$ 可知, $M \notin \mathcal{Q}_2$. 设 M 是 $\mathcal{A}_s$ 群. 下证 $s = t - 1$. 由 $G \in \mathcal{A}_t$ 且 $M < G$ 可知, $s \leqslant t - 1$. 另一方面, 由 $H \in \mathcal{A}_2$ 且 $|H| = p^{n-t+2}$ 可知, M 中

存在$\mathcal{A}_1$子群K且$|K| = p^{n-t+1}$. 若$p^{n-t} < p^{n-1-s}$, 则$p^{n-t+1} \leqslant p^{n-1-s}$. 由$M$是$\mathcal{A}_s$群可知, M的阶为$p^{(n-1)-s}$的子群都交换. 然而M中存在阶为p^{n-t+1}的子群K非交换. 这是一个矛盾. 故$p^{n-t} \geqslant p^{n-1-s}$, 则$s \geqslant t-1$. 因此, $s = t-1$. 综上所述, 存在$M < G$使得$M \in \mathcal{X}_{t-1}$ 群. $\qquad\square$

定理 3.3.5 $(\mathcal{Q}_1 - \mathcal{Q}_2) = \mathcal{X}_2 \bigcup \mathcal{X}_3$.

证明　显然只需证明, 对于所有的$t \geqslant 4$都有$\mathcal{X}_t = \emptyset$. 由引理3.3.5得, 只需证$\mathcal{X}_4 = \emptyset$. 若$G \in \mathcal{X}_4$, 则由引理3.3.5可知$G$存在极大子群$N \in \mathcal{X}_3$. 则$N$是定理3.3.4中的群. 下文只对定理3.3.4中的(12)进行讨论, 得到矛盾. 其余情况可以类似讨论, 利用引理3.3.2(4)和引理3.3.4推出矛盾. 因此可知$\mathcal{X}_4 = \emptyset$.

设N是定理3.3.4中的(12). 则存在$x \in G$使得$G = \langle N, x \rangle$. 则$G/N \cong \langle x \rangle$. 可设

$$x^p = a_1^{u_1} a_2^{u_2} b^{u_3}, \ [a_1, x] = a_1^{j_1} a_2^{j_2} b^{j_3}, \ [a_2, x] = a_1^{k_1} a_2^{k_2} b^{k_3}, \ [b, x] = a_1^{i_1} a_2^{i_2} b^{i_3},$$

其中$1 \leqslant u_3, i_3, j_3, k_3 \leqslant p^m$, $1 \leqslant u_1, u_2, i_1, i_2, j_1, j_2, k_1, k_2 \leqslant p^2$.

以下我们对$x^p, [a_1, x], [a_2, x], [b, x]$所含的参数进行讨论和简化.

由 [81, 第135页]可知,

$$|N| = p^{m+4}, \ N' = \langle a_2, a_1^p \rangle \cong C_{p^2} \times C_p,$$

$$\Phi(N) = \langle a_1^p, a_2, b^p \rangle \cong C_p \times C_{p^2} \times C_{p^{m-1}}, \ Z(N) = \langle a_2^p, b^{p^2} \rangle \cong C_p \times C_{p^{m-2}}.$$

进一步计算可知,

$$N_3 = \langle a_1^p, a_2^p \rangle \cong C_p^2, \ N_4 = \langle a_2^p \rangle \cong C_p, \ \mho_{m-1}(N) = \langle b^{p^{m-1}} \rangle \cong C_p,$$

$$\Omega_1(N) = \langle a_1^p, a_2^p, b^{p^{m-1}} \rangle \cong C_p^3, \ \Omega_2(N) = \langle a_1, a_2, b^{p^{m-2}} \rangle \cong C_{p^2} \times C_{p^2} \times C_{p^2}.$$

由于$N' \text{ char } N \unlhd G$, $N_3 \text{ char } N \unlhd G$, 故$N' \unlhd G$, $N_3 \unlhd G$. 又由于$|N'/N_3| = p$, 且$a_2 \in N'$, 由定理1.2.23知, $[a_2, x] \in N_3$. 可设

$$[a_2, x] = a_1^{k_1 p} a_2^{k_2 p}, \ \text{其中} \ 1 \leqslant k_1, k_2 \leqslant p.$$

用$xb^{-v^{-1}k_1}$代替x, 则$[a_2, xb^{-v^{-1}k_1}] \equiv 1 (\text{mod } N_4)$. 不妨设

$$[a_2, x] = a_2^{k_2 p}, \ \text{其中} \ 1 \leqslant k_2 \leqslant p.$$

由于$N_3 \text{ char } N \unlhd G$, $N_4 \text{ char } N \unlhd G$, 故$N_3 \unlhd G$, $N_4 \unlhd G$. 又由于$|N_3/N_4| = p$, 且$a_1^p \in N_3$, 由定理1.2.23知, $[a_1^p, x] \in N_4$. 可设

$$[a_1^p, x] = a_2^{z_2 p}, \ \text{其中} \ 1 \leqslant z_2 \leqslant p. \tag{3.1}$$

由于 $\Omega_2(N)$ char $N \trianglelefteq G$, 故 $\Omega_2(N) \trianglelefteq G$. 由于 $a_1 \in \Omega_2(N)$, 故 $[a_1, x] \in \Omega_2(N)$. 可设

$$[a_1, x] = a_1^{j_1} a_2^{j_2} b^{j_3 p^{m-2}}, \text{ 其中 } 1 \leqslant j_1, j_2, j_3 \leqslant p^2.$$

由于 N_4 char $N \trianglelefteq G$, 故 $N_4 \trianglelefteq G$. 由 $|N_4| = p$ 知, $N_4 \leqslant Z(G)$. 于是

$$[a_2^p, x] = 1.$$

特别地, 由 $N_4 = \langle a_2^p \rangle$ 可得

$$a_2^p \in Z(G).$$

由于 $\mho_{m-1}(N)$ char $N \trianglelefteq G$, 故 $\mho_{m-1}(N) \trianglelefteq G$. 由 $|\mho_{m-1}(N)| = p$ 知, $\mho_{m-1}(N) \leqslant Z(G)$. 可设

$$[b^{p^{m-1}}, x] = 1.$$

特别地, 由 $\mho_{m-1}(N) = \langle b^{p^{m-1}} \rangle$ 可得

$$b^{p^{m-1}} \in Z(G).$$

由文 [65, 第117页] 可知, M 是 N 的唯一三元生成的极大子群. 故 M char N. 由 $N \trianglelefteq G$ 知, $M \trianglelefteq G$. 考虑 $\overline{G} = G/M$, 则 $[b, x] \equiv b^{i_3} \pmod{M}$. 因为 $|G/M| = p^2$, 故 G/M 交换. 可设 $G/M = \langle \overline{b} \rangle \times \langle \overline{x} \rangle$, 从而 $[b, x] \equiv 1 \pmod{M}$, 于是 $b^{i_3} \in M$. 进而 $p \mid i_3$. 可设

$$[b, x] = a_1^{i_1} a_2^{i_2} b^{i_3 p}, \text{ 其中 } 1 \leqslant i_1, i_2 \leqslant p^2, \ 1 \leqslant i_3 \leqslant p^{m-1}.$$

再考虑 $[a_1^p, x]$. 首先

$$[a_1^p, x] = [a_1, x]^{a_1^{p-1}} [a_1, x]^{a_1^{p-2}} \cdots [a_1, x]. \tag{3.2}$$

又

$$\begin{aligned}
[a_1, x]^{a_1^t} &= (a_1^{j_1} a_2^{j_2} b^{j_3 p^{m-2}})^{a_1^t} = a_1^{j_1} a_2^{j_2} [a_2^{j_2}, a_1^t] b^{j_3 p^{m-2}} [b^{j_3 p^{m-2}}, a_1^t] \\
&= a_1^{j_1} a_2^{j_2} b^{j_3 p^{m-2}} a_2^{-j_3 p^{m-2} t}. \tag{3.3}
\end{aligned}$$

把 (3.3) 式代入 (3.2) 式得

$$[a_1^p, x] = (a_1^{j_1} a_2^{j_2} b^{j_3 p^{m-2}})^p a_2^{-j_3 p^{m-2} \frac{p(p-1)}{2}} = a_1^{j_1 p} a_2^{j_2 p} b^{j_3 p^{m-1}}. \tag{3.4}$$

由 (3.1) 和 (3.4) 式知, $a_1^{j_1 p} a_2^{j_2 p} b^{j_3 p^{m-1}} = a_2^{z_2 p}$. 从而 $a_1^{j_1 p} b^{j_3 p^{m-1}} = 1$, $a_2^{j_2 p} = a_2^{z_2 p}$. 由于 $\langle a_1 \rangle \cap \langle b \rangle = 1$, 故 $a_1^{j_1 p} = 1$, $b^{j_3 p^{m-1}} = 1$. 于是 $p \mid j_1$, $p \mid j_3$, $j_2 \equiv z_2 \pmod{p}$. 故可设

$$[a_1, x] = a_1^{j_1' p} a_2^{j_2} b^{j_3' p^{m-1}}, \text{ 其中 } 1 \leqslant j_1', j_3' \leqslant p, \ 1 \leqslant j_2 \leqslant p^2.$$

由于 N' char $N \trianglelefteq G$, N_3 char $N \trianglelefteq G$, 故 $N' \trianglelefteq G$, $N_3 \trianglelefteq G$. 又由于 $|N'/N_3| = p$, 故 $[N', G] \leqslant N_3$. 而 N_3 是交换群, 于是 $\langle N', x \rangle$ 亚交换.

再考虑$[a_2^p, x]$.

由命题1.2.15知,

$$[a_2^p, x] = [a_2, x]^p [a_2, x, a_2]^{\binom{p}{2}} \cdots [pa_2, x] = a_2^{k_2 p^2} = [a_2, x]^p = 1.$$

令$H = \langle a_2, x \rangle$. 则$H^{'} = \langle a_2^{k_2 p} \rangle$, 故$H$交换或者内交换. 于是$[a_2, x^p] = 1$, 进而$x^p \in C_N(a_2) = \langle a_1, a_2, b^p \rangle$. 可设

$$x^p = a_1^{u_1} a_2^{u_2} b^{u_3 p}, \ \text{其中} \ 1 \leqslant u_1, u_2 \leqslant p^2, \ 1 \leqslant u_3 \leqslant p^{m-1}.$$

在$\overline{G} = G/N_4$中考虑.

$$[a_1, b, x^{a_1}] = [a_2, x a_1^{-j_1^{'} p} a_2^{-j_2} b^{-j_3^{'} p^{m-1}}] \equiv 1 (\mathrm{mod} \ N_4). \tag{3.5}$$

$$[x, a_1, b^x] = [a_1^{-j_1^{'} p} a_2^{-j_2} b^{-j_3^{'} p^{m-1}}, b a_1^{i_1} a_2^{i_2} b^{i_3 p}] \equiv a_1^{-j_2 v p} (\mathrm{mod} \ N_4). \tag{3.6}$$

$$[b, x, a_1^b] = [a_1^{i_1} a_2^{i_2} b^{i_3 p}, a_1 a_2] \equiv 1 (\mathrm{mod} \ N_4). \tag{3.7}$$

由定理1.2.13知, $[a_1, b, x^{a_1}][x, a_1, b^x][b, x, a_1^b] = 1$. 于是由(3.5)-(3.7)式得, $a_1^{-j_2 v p} = 1$, 从而$p \mid j_2 v$. 由于$p \nmid v$, 故$p \mid j_2$. 可设

$$[a_1, x] = a_1^{j_1^{'} p} a_2^{j_2^{'} p} b^{j_3^{'} p^{m-1}}, \ \text{其中} \ 1 \leqslant j_1^{'}, j_2^{'}, j_3^{'} \leqslant p.$$

再考虑$[a_1, x^p]$.

由于$\Omega_1(N) = \langle a_1^p, a_2^p, b^{p^{m-1}} \rangle$交换, 故$\langle a_1, x \rangle$亚交换. 一方面, 由命题1.2.15知,

$$[a_1, x^p] = [a_1, x]^p [a_1, x, x]^{\binom{p}{2}} \cdots [a_1, px] = [a_1, x]^p = 1. \tag{3.8}$$

另一方面,

$$[a_1, x^p] = [a_1, a_1^{u_1} a_2^{u_2} b^{u_3 p}] = [a_1, b^{u_3 p}][a_1, a_1^{u_1} a_2^{u_2}]^{b^{u_3 p}} = a_2^{u_3 p}. \tag{3.9}$$

由(3.8)和(3.9)式知, $a_2^{u_3 p} = 1$. 从而$p \mid u_3$. 可设

$$x^p = a_1^{u_1} a_2^{u_2} b^{u_3^{'} p^2}, \ \text{其中} \ 1 \leqslant u_1, u_2 \leqslant p^2, \ 1 \leqslant u_3^{'} \leqslant p^{m-2}.$$

再考虑$[b^p, x]$. 首先

$$[b^p, x] = [b, x]^{b^{p-1}} [b, x]^{b^{p-2}} \cdots [b, x]. \tag{3.10}$$

又

$$\begin{aligned}
[b, x]^{b^t} &= (a_1^{i_1} a_2^{i_2} b^{i_3 p})^{b^t} = a_1^{i_1} [a_1, b^t] a_2^{i_2} [a_2, b^t] b^{i_3 p} \\
&= a_1^{i_1} [a_1, b]^{i_1 t} [a_1, b, b]^{i_1 \binom{t}{2}} a_2^{i_2} [a_2, b]^{i_2 t} [a_2, b, b]^{i_2 \binom{t}{2}} b^{i_3 p} \\
&= a_1^{i_1} a_2^{i_1 t} (a_1^{vp} a_2^{sp})^{i_1 \binom{t}{2}} a_2^{i_2} (a_1^{vp} a_2^{sp})^{i_2 t} a_2^{i_2 \binom{t}{2} vp} b^{i_3 p}.
\end{aligned} \tag{3.11}$$

令 $M = \langle a_1, a_2, b^p \rangle$. 因为 $N_5 = 1$, 由定理1.2.22知, $N'' = 1$, 即 N 亚交换. 从而 M 亚交换. 由定理1.2.5(3)知, $M' = \langle [a_1, a_2]^{a_1}, [a_1, a_2]^{a_2}, [a_1, a_2]^{b^p}, [a_1, b^p]^{a_1}, [a_1, b^p]^{a_2}, [a_1, b^p]^{b^p}, [a_2, b^p]^{a_1}, [a_2, b^p]^{a_2}, [a_2, b^p]^{b^p} \rangle = \langle a_2^p \rangle \leqslant Z(G)$, 即 $c(M) = 2$. 由于 $p \geqslant 3$, 故 $c(M) < p$. 再由于 $M' = \langle a_2^p \rangle$, 故 $\mho_1(M') = 1$. 因此, 由定理1.2.24知, M 是 p 交换群. 由于

$$p \mid \binom{2}{2} + \binom{3}{2} + \binom{4}{2} + \cdots + \binom{p-1}{2} = \binom{p}{3}, \text{ 其中} p \geqslant 5.$$

故不妨分 $p = 3$ 和 $p \geqslant 5$ 两种情况进行讨论.

(I) 当 $p = 3$ 时, 把(3.11)式代入(3.10)式得

$$\begin{aligned}
[b^p, x] &= (a_1^{i_1} a_2^{i_2} b^{i_3 p})^p a_2^{i_1 \frac{p(p-1)}{2}} (a_1^p a_2^{sp})^{i_1} (a_1^p a_2^{sp})^{i_2 \frac{p(p-1)}{2}} a_2^{i_2 p} \\
&= a_1^{(2i_1)p} a_2^{(i_1 s + 2i_2 + i_1 \frac{p-1}{2})p} b^{i_3 p^2}.
\end{aligned}$$

(II) 当 $p \geqslant 5$ 时, 把(3.11)式代入(3.10)式得

$$\begin{aligned}
[b^p, x] &= (a_1^{i_1} a_2^{i_2} b^{i_3 p})^p a_2^{i_1 \frac{p(p-1)}{2}} (a_1^{vp} a_2^{sp})^{i_1 p} (a_1^{vp} a_2^{sp})^{i_2 \frac{p(p-1)}{2}} a_2^{i_2 vp^2} \\
&= a_1^{i_1 p} a_2^{(i_2 + i_1 \frac{p-1}{2})p} b^{i_3 p^2}.
\end{aligned}$$

综上可知,

$$[b^p, x] = a_1^{t_1 p} a_2^{t_2 p} b^{i_3 p^2}, \text{ 其中} 1 \leqslant t_1, t_2 \leqslant p, \ 1 \leqslant i_3 \leqslant p^{m-2}.$$

再考虑 $[b^{p^2}, x]$. 首先

$$[b^{p^2}, x] = [(b^p)^p, x] = [b^p, x]^{(b^p)^{p-1}} [b^p, x]^{(b^p)^{p-2}} \cdots [b^p, x]. \tag{3.12}$$

又

$$\begin{aligned}
[b^p, x]^{(b^p)^t} &= (a_1^{t_1 p} a_2^{t_2 p} b^{i_3 p^2})^{(b^p)^t} \\
&= a_1^{t_1 p} [a_1^{t_1 p}, (b^p)^t] a_2^{t_2 p} [a_2^{t_2 p}, (b^p)^t] b^{i_3 p^2} \\
&= a_1^{t_1 p} a_2^{t_2 p} b^{i_3 p^2}.
\end{aligned} \tag{3.13}$$

把(3.13)式代入(3.12)式得

$$[b^{p^2}, x] = (a_1^{t_1 p} a_2^{t_2 p} b^{i_3 p^2})^p = b^{i_3 p^3}.$$

同理, 经计算,

$$[b^{p^3}, x] = b^{i_3 p^4}, \ \cdots, \ [b^{p^{m-2}}, x] = b^{i_3 p^{m-1}}. \tag{3.14}$$

因为 $G \in \mathcal{X}_4$ 且 $|G| = p^{m+5}$, 由引理3.3.4知, $T(G) = \{p^{m+2}, p^{m+3}\}$. 再由引理3.3.2(3)和(4)知, 阶为 p^{m+2} 的类2子群都内交换, 阶为 p^{m+3} 的类2子群只有1个, 且 p^{m+3} 阶唯一的类2子群 $M = \langle a_1, a_2, b^p \rangle$. 以下分 $[b^{p^{m-2}}, x] \neq 1$ 和 $[b^{p^{m-2}}, x] = 1$ 两种情形讨论.

情形 1. $[b^{p^{m-2}}, x] \neq 1$

令 $J = \langle b^{p^{m-2}}, x \rangle$. 由定理1.2.5(3)知, $J' = \langle [b^{p^{m-2}}, x]^{b^{p^{m-2}}}, [b^{p^{m-2}}, x]^x \rangle = \langle b^{p^{m-1}} \rangle \leqslant Z(G)$, 即 $c(J) = 2$. 故 $|J| = p^{m+2}$. 由 $[b^{p^{m-2}}, x] = b^{i_3 p^{m-1}}$ 知, $|J| = |\langle b^{p^{m-2}}, x \rangle| = |\langle b^{p^{m-2}} \rangle \langle x \rangle| \leqslant |\langle b^{p^{m-2}} \rangle| |\langle x \rangle|$. 由于 $o(b) = p^m, o(x) \leqslant p^{m-1}$, 故 $|\langle b^{p^{m-2}} \rangle| |\langle x \rangle| \leqslant p^{m+1}$. 从而 $|J| \leqslant p^{m+1}$. 这与 $|J| = p^{m+2}$ 矛盾. 因此 $[b^{p^{m-2}}, x] = 1$.

情形 2. $[b^{p^{m-2}}, x] = 1$

由(3.14)式得, $b^{i_3 p^{m-1}} = 1$. 从而 $p \mid i_3$. 故可设

$$[b, x] = a_1^{i_1} a_2^{i_2} b^{i_3' p^2}, \text{ 其中 } 1 \leqslant i_1, i_2 \leqslant p^2, \ 1 \leqslant i_3' \leqslant p^{m-2}.$$

同理, 经计算,

$$[b^p, x] \equiv b^{i_3' p^3} (\bmod N_3), \quad [b^{p^2}, x] = b^{i_3' p^4},$$

$$[b^{p^3}, x] = b^{i_3' p^5}, \cdots, [b^{p^{m-3}}, x] = b^{i_3' p^{m-1}}.$$

由于 $\langle a_1, a_2, b^{p^2} \rangle$ 交换, 故 $\langle b, x \rangle$ 亚交换. 一方面, 由命题1.2.15知,

$$\begin{aligned}
[b, x^p] &= [b, x]^p [b, x, x]^{\binom{p}{2}} \cdots [b, px] \\
&= a_1^{i_1 p} a_2^{i_2 p} b^{i_3' p^3} (b^{i_3' p^4})^{\binom{p}{2}} (b^{i_3' p^6})^{\binom{p}{3}}.
\end{aligned} \tag{3.15}$$

另一方面,

$$[b, x^p] = [b, a_1^{u_1} a_2^{u_2} b^{u_3' p^2}] = [b, a_1^{u_1} a_2^{u_2}] = a_1^{-u_2 vp} a_2^{-u_2 sp} a_2^{-u_1}. \tag{3.16}$$

由(3.15)和(3.16)式知, $b^{i_3' p^3} (b^{i_3' p^4})^{\binom{p}{2}} (b^{i_3' p^6})^{\binom{p}{3}} = 1$. 从而 $b^{i_3' p^3 (1 + p\binom{p}{2} + p^3 \binom{p}{3})} = 1$. 进而可得 $p^m \mid i_3' p^3 (1 + p\binom{p}{2} + p^3 \binom{p}{3})$. 由于 $p \nmid 1 + p\binom{p}{2} + p^3 \binom{p}{3}$, 故 $p^{m-3} \mid i_3'$. 于是可设

$$[b, x] = a_1^{i_1} a_2^{i_2} b^{i_3'' p^{m-1}}, \text{ 其中 } 1 \leqslant i_1, i_2 \leqslant p^2, \ 1 \leqslant i_3'' \leqslant p.$$

综上所述, 我们有

$$x^p = a_1^{u_1} a_2^{u_2} b^{u_3' p^2}, \quad [a_1, x] = a_1^{j_1' p} a_2^{j_2' p} b^{j_3' p^{m-1}}, \quad [a_2, x] = a_2^{k_2 p}, \quad [b, x] = a_1^{i_1} a_2^{i_2} b^{i_3'' p^{m-1}}.$$

其中

$$1 \leqslant j_1', j_2', j_3', i_3'', k_2 \leqslant p, \ 1 \leqslant u_1, u_2, i_1, i_2 \leqslant p^2, \ 1 \leqslant u_3' \leqslant p^{m-2}.$$

以下我们分 $[b^p, x] \neq 1$ 和 $[b^p, x] = 1$ 两种情形讨论. 我们将证明: 在任何情形下, N 都不能作为 G 的极大子群. 从而结论得证.

子情形 2.1. $[b^p, x] \neq 1$

再考虑 $[b^p, x]$. 首先

$$[b^p, x] = [b, x]^{b^{p-1}} [b, x]^{b^{p-2}} \cdots [b, x]. \tag{3.17}$$

又

$$
\begin{aligned}
[b,x]^{b^t} &= (a_1^{i_1} a_2^{i_2} b_3^{i_3'' p^{m-1}})^{b^t} = a_1^{i_1}[a_1,b^t] a_2^{i_2}[a_2,b^t] b_3^{i_3'' p^{m-1}} \\
&= a_1^{i_1}[a_1,b]^{i_1 t}[a_1,b,b]^{i_1\binom{t}{2}} a_2^{i_2}[a_2,b]^{i_2 t}[a_2,b,b]^{i_2\binom{t}{2}} b_3^{i_3'' p^{m-1}} \\
&= a_1^{i_1} a_2^{i_1 t}(a_1^{vp} a_2^{sp})^{i_1\binom{t}{2}} a_2^{i_2}(a_1^{vp} a_2^{sp})^{i_2 t} a_2^{i_2\binom{t}{2} vp} b_3^{i_3'' p^{m-1}}.
\end{aligned} \tag{3.18}
$$

由于

$$
p \mid \binom{2}{2} + \binom{3}{2} + \binom{4}{2} + \cdots + \binom{p-1}{2} = \binom{p}{3}, \ \text{其中} p \geqslant 5.
$$

故不妨分 $p=3$ 和 $p \geqslant 5$ 两种情况进行讨论.

(I) 当 $p=3$ 时, 把(3.18)式代入(3.17)式得

$$
\begin{aligned}
[b^p,x] &= (a_1^{i_1} a_2^{i_2} b_3^{i_3'' p^{m-1}})^p a_2^{i_1 \frac{p(p-1)}{2}} (a_1^p a_2^{sp})^{i_1} (a_1^p a_2^{sp})^{i_2 \frac{p(p-1)}{2}} a_2^{i_2 p} \\
&= a_1^{(2i_1)p} a_2^{(i_1 s + 2i_2 + i_1 \frac{p-1}{2})p}.
\end{aligned}
$$

(II) 当 $p \geqslant 5$ 时, 把(3.18)式代入(3.17)式得

$$
\begin{aligned}
[b^p,x] &= (a_1^{i_1} a_2^{i_2} b_3^{i_3'' p^{m-1}})^p a_2^{i_1 \frac{p(p-1)}{2}} (a_1^{vp} a_2^{sp})^{i_1 p} (a_1^{vp} a_2^{sp})^{i_2 \frac{p(p-1)}{2}} a_2^{i_2 vp^2} \\
&= a_1^{i_1 p} a_2^{(i_2 + i_1 \frac{p-1}{2})p}.
\end{aligned}
$$

综上可知,

$$
[b^p,x] = a_1^{s_1 p} a_2^{s_2 p}, \ \text{其中} 1 \leqslant s_1, s_2 \leqslant p.
$$

同理, 经计算,

$$
[a_1^p,x] = 1.
$$

子情形 2.1.1. $[b^p,x] \neq 1$ 且 $[a_2,x] \neq 1$

令 $W = \langle b^p,x \rangle$. 由定理1.2.5(3)知, $W' = \langle [b^p,x]^{b^p}, [b^p,x]^x \rangle = \langle a_1^p a_2^p \rangle \leqslant Z(W)$, 即 $c(W) = 2$. 故 $|W| = p^{m+2}$. 于是取包含 W 的类2子群 T. 再令 $T = \langle a_1^p, a_2, b^p, x \rangle$. 由定理1.2.5(3)知, $T' = \langle a_1^p a_2^p \rangle \leqslant Z(T)$, 即 $c(T) = 2$. 故 $|T| = p^{m+2}$. 但 $|T| \geqslant p^{m+3}$, 这是一个矛盾.

子情形 2.1.2. $[b^p,x] \neq 1$ 且 $[a_2,x] = 1$

令 $W = \langle b^p,x \rangle$. 由定理1.2.5(3)知, $W' = \langle [b^p,x]^{b^p}, [b^p,x]^x \rangle = \langle a_1^p a_2^p \rangle \leqslant Z(W)$, 即 $c(W) = 2$. 故 $|W| = p^{m+2}$. 于是取包含 W 的类2子群 T. 再令 $T = \langle a_1^p, a_2, b^p, x \rangle$. 由定理1.2.5(3)知, $T' = \langle a_1^p a_2^p \rangle \leqslant Z(T)$, 即 $c(T) = 2$. 故 $|T| = p^{m+2}$. 但 $|T| \geqslant p^{m+3}$, 这是一个矛盾.

子情形 2.2. $[b^p,x] = 1$

子情形 2.2.1. $[b^p,x] = 1$, $[a_1,x] \neq 1$ 且 $[a_2,x] \neq 1$

因为 $G \in \mathcal{X}_4$ 且 $|G| = p^{m+5}$, 由引理3.3.4知, $T(G) = \{p^{m+2}, p^{m+3}\}$. 令 $M_1 = \langle a_1, a_2, b^p, x \rangle$. 则 $M_1 = \langle M, x \rangle = M\langle x \rangle$. 于是 $|M_1| = \frac{|M||\langle x \rangle|}{|M \cap \langle x \rangle|} = \frac{|M||\langle x \rangle|}{|\langle x^p \rangle|} = |M|p = p^{m+4}$.

由定理1.2.5(3)知, $M_1' = \langle a_1^p a_2^p b^{p^{m-1}} \rangle \leqslant Z(M_1)$, 即 $c(M_1) = 2$. 从而 $p^{m+4} \in T(G)$. 因此 $|T(G)| = 3$, 这与引理3.3.2(1)矛盾.

子情形 2.2.2. $[b^p, x] = 1$, $[a_1, x] \neq 1$ 且 $[a_2, x] = 1$

因为 $G \in \mathcal{X}_4$ 且 $|G| = p^{m+5}$, 由引理3.3.4知, $T(G) = \{p^{m+2},\ p^{m+3}\}$. 令 $M_1 = \langle a_1, a_2, b^p, x \rangle$. 则 $M_1 = \langle M, x \rangle = M\langle x \rangle$. 于是 $|M_1| = \frac{|M||\langle x \rangle|}{|M \cap \langle x \rangle|} = \frac{|M||\langle x \rangle|}{|\langle x^p \rangle|} = |M|p = p^{m+4}$. 由定理1.2.5(3)知, $M_1' = \langle a_1^p a_2^p b^{p^{m-1}} \rangle \leqslant Z(M_1)$, 即 $c(M_1) = 2$. 从而 $p^{m+4} \in T(G)$. 因此 $|T(G)| = 3$, 这与引理3.3.2(1)矛盾.

子情形 2.2.3. $[b^p, x] = 1$, $[a_1, x] = 1$ 且 $[a_2, x] \neq 1$

因为 $G \in \mathcal{X}_4$ 且 $|G| = p^{m+5}$, 由引理3.3.4知, $T(G) = \{p^{m+2},\ p^{m+3}\}$. 令 $M_1 = \langle a_1, a_2, b^p, x \rangle$. 则 $M_1 = \langle M, x \rangle = M\langle x \rangle$. 于是 $|M_1| = \frac{|M||\langle x \rangle|}{|M \cap \langle x \rangle|} = \frac{|M||\langle x \rangle|}{|\langle x^p \rangle|} = |M|p = p^{m+4}$. 由定理1.2.5(3)知, $M_1' = \langle a_2^p \rangle \leqslant Z(G)$, 即 $c(M_1) = 2$. 从而 $p^{m+4} \in T(G)$. 因此 $|T(G)| = 3$, 这与引理3.3.2(1)矛盾.

子情形 2.2.4. $[b^p, x] = 1$, $[a_1, x] = 1$ 且 $[a_2, x] = 1$

因为 $G \in \mathcal{X}_4$ 且 $|G| = p^{m+5}$, 由引理3.3.4知, $T(G) = \{p^{m+2},\ p^{m+3}\}$. 令 $M_1 = \langle a_1, a_2, b^p, x \rangle$. 则 $M_1 = \langle M, x \rangle = M\langle x \rangle$. 于是 $|M_1| = \frac{|M||\langle x \rangle|}{|M \cap \langle x \rangle|} = \frac{|M||\langle x \rangle|}{|\langle x^p \rangle|} = |M|p = p^{m+4}$. 由定理1.2.5(3)知, $M_1' = \langle a_2^p \rangle \leqslant Z(G)$, 即 $c(M_1) = 2$. 从而 $p^{m+4} \in T(G)$. 因此 $|T(G)| = 3$, 这与引理3.3.2(1)矛盾. $\square$

第四章　非交换子群除了一个以外都类 2 的有限群

本章考虑类2子群较多的有限 p 群. 显然类2子群一定是非交换子群, 但是非交换子群不一定是类2子群. 非交换子群全是类2子群的非交换群恰为类2群. 非交换子群除了一个外都类2的非交换群的结构是什么样呢? 有限群 G 被称为内 $\mathcal{P}_n$ 群, 如果 G 的幂零类大于 n, 但是 G 的所有真子群的幂零类都小于等于 n. 容易得到, 非交换子群除了一个外都类2的非交换群恰为内 $\mathcal{P}_2$ 群. 这是我们研究内 $\mathcal{P}_2$ 群的一个原因. 另一方面, 内 $\mathcal{P}_2$ 群是临界群, 它的研究对认识幂零类不超过2的群是有意义的. 这也促使我们研究内 $\mathcal{P}_2$ 群. 本书中内 $\mathcal{P}_2$ 群也称为内类2群.

显然非幂零的内 $\mathcal{P}_2$ 群恰为内幂零群. 有限内幂零群的结构已经被决定了, 参看 [67, 定理4.2]. 易知幂零的内 $\mathcal{P}_2$ 群一定是 p 群. 本章以下如果不说明, 内 $\mathcal{P}_2$ 群即代表内 $\mathcal{P}_2$ 的 p 群. 事实上, Y. Berkovich在 [6]中提到了这一问题, 如下所述:

Problem 87 (Old problem) Study the p-groups of class 3 all of whose proper subgroups are of class ≤ 2.

显然Problem 87是研究内 $\mathcal{P}_2$ 群. 由本章定理4.1.3可知: 若 G 是内 $\mathcal{P}_2$ 的 p 群, 则 $c(G) = 3$. 这意味着Problem 87中的条件"class 3" 可以被去掉.

文献 [63]已经给出极小非类3的 p 群的完全分类, 其中极小非类3的 p 群指的是所有真截断的类都不大于2的类3群. 这促使我们去分类内 $\mathcal{P}_2$ 的 p 群 G. 4.1节给出了内 $\mathcal{P}_2$ 群的性质, 4.2节给出了 $p > 3$ 时的内 $\mathcal{P}_2$ 群的分类, 4.3节给出了内 $\mathcal{P}_2$ 的2群的分类, 4.4节研究了内 $\mathcal{P}_2$ 的3群的分类. 本章结果主要取自文献 [15, 37, 38, 40, 42, 43].

§4.1　内 $\mathcal{P}_2$ 群的性质

本节给出内 $\mathcal{P}_2$ 群的性质, 内容取自文献 [40, 42]. 本节的部分内容被收录于Y. Berkovich的有限 p 群的专著 [7]的166节和 p 群专著 [75]的13.3节中.

定理 4.1.1 设 G 是一个内 $\mathcal{P}_n$ 群.

(1) 若 $n = 2$, 则 $d(G) \leqslant 3$;

(2) 若 $n > 2$, 则 $d(G) \leq n$.

证明 (1) (反证)不妨设 $d(G) \geqslant 4$. 任取 $a, b, c \in G$. 设 $H = \langle a, b, c \rangle$. 我们可知 $H < G$. 由 G 是一个内 $\mathcal{P}_2$ 群可知: $[a, b, c] = 1$. 因此 $c(G) \leq 2$. 这与 $c(G) > 2$ 矛盾.

(2) (反证)不妨设 $d(G) \geq n + 1$. 取 $H \leq G$ 满足 $d(H) = n$. 我们可知 $H < G$. 由 G 是一个内 $\mathcal{P}_n$ 群可知: $c(H) \leq n$. 由 [19, III, 6.10 Satz]可知: $c(G) \leq n$. 矛盾. $\square$

下边给出一个 $d(G) = 3$ 的内 $\mathcal{P}_2$ 群的例子.

例子 4.1.1 设 $G = \langle a, b, c, d, e, f, x \mid a^3 = b^3 = c^3 = d^3 = e^3 = f^3 = x^3 = 1, [b, a] = d, [c, a] = e, [c, b] = f, [d, c] = x, [e, b] = x^2, [f, a] = x, [d, a] = [d, b] = [e, a] = [e, c] = [f, b] = [f, c] = 1 \rangle$. 则 G 是一个 $d(G) = 3$ 的内 $\mathcal{P}_2$ 群.

证明　首先断言$|G| = 3^7$. 设$H = \langle a, c, d, e, f, x \rangle$. 容易得到$H \cong M_3(1, 1, 1) *_{C_3}$ $M_3(1, 1, 1) \times C_3$. 因此$|H| = 3^6$. 设$\sigma(b) : h \longrightarrow h^b$, 其中$h \in H$. 容易得到$\sigma(b) \in$ $\text{Aut}(H)$且$\sigma^3(b) = \sigma(1)$. 由$b \notin H$和$b^3 = 1$可知: G是一个H被C_3的扩张. 因此$|G| = 3^7$.

其次断言$d(G) = 3$. 容易得到$G = \langle a, b, c \rangle$. 因此$G' = \langle d, e, f, x \rangle \cong C_3^4$. 由定理1.2.15可知: $\mho_1(G) \leq G'$. 则$\Phi(G) = G'$. 因此$d(G) = 3$.

最后断言G 是一个内$\mathcal{P}_2$ 群. 只需证G的极大子群的幂零类至多为2. 由$G = \langle a, b, c \rangle$和$d(G) = 3$可知: G的极大子群只有$\langle b, c, \Phi(G) \rangle$, $\langle ab^i, c, \Phi(G) \rangle$ 和$\langle ac^i, bc^j, \Phi(G) \rangle$, 其中$1 \leq i, j \leq p$. 因为$G_4 = 1$ 和$G' = \Phi(G)$, 所以只需证$[c, b, b] = [c, b, c] = [c, ab^i, ab^i] = [c, ab^i, c] = [ac^i, bc^j, bc^j] = [ac^i, bc^j, ac^i] = 1$. 显然有$[c, b, b] = [c, b, c] = 1$. 通过计算我们得到其余的等式成立. $\qquad \square$

下边我们研究内$\mathcal{P}_2$群的幂零类.

引理 4.1.1　设G是一个群, $H \trianglelefteq G$. 设$T = \{g_1, g_2, \cdots, g_n\} \subseteq G$, 其中恰由$m$个$T$中的元素属于$H$, $m \geq 1$, $n \geq 2$. 则$[g_1, g_2, \cdots, g_n] \in H_m$.

证明　对n进行归纳. 若$n = 2$, 则$m = 1$或2. 若$m = 1$, 则由$H \trianglelefteq G$可知: $[g_1, g_2] \in$ $H = H_1$. 若$m = 2$, 则显然$[g_1, g_2] \in H_2$. 因此$n = 2$时结论成立. 设$n = k$时结论成立. 若$n = k + 1$, 则分以下两种情况讨论.

情况一: 若$g_n \notin H$, 则由归纳假设可知: $[g_1, \cdots, g_k] \in H_m$. 由$H_m \trianglelefteq G$可知: $[g_1, \cdots, g_k, g_{k+1}] \in H_m$.

情况二: 若$g_n \in H$, $m = 1$时结论显然成立. 因此设$m \geq 2$. 则由归纳假设可知: $[g_1, \cdots, g_k] \in H_{m-1}$. 因此$[g_1, \cdots, g_k, g_{k+1}] \in H_m$. $\qquad \square$

定理 4.1.2　设G是一个内$\mathcal{P}_n$群且$d(G) = d$. 则

$$c(G) \leq \begin{cases} \lceil \frac{dn}{d-1} \rceil - 1, & \text{若} \frac{dn}{d-1} \text{ 不是整数}; \\ \frac{dn}{d-1}, & \text{若} \frac{dn}{d-1} \text{ 是整数}. \end{cases}$$

证明　设$G = \langle a_1, a_2, \cdots, a_d \rangle$, $y = \lceil \frac{d(n+x)}{d-1} - 1 \rceil$, 其中$x > 0$. 断言$[g_1, g_2, \cdots, g_{y+1}] = 1$ 对任意$g_s \in \{a_1, a_2, \cdots, a_d\}$, 其中$1 \leq s \leq y + 1$. 设$\{g_1, g_2, \cdots, g_{y+1}\}$中存在$n_i$个生成元$a_i$, 其中$1 \leq i \leq d$. 不失一般性设$n_i \geq n_j$, $i > j$. 设$M = \langle \Phi(G), a_1, a_2, \cdots, a_{d-1} \rangle$. 则$M$是$G$的一个极大子群. 由引理4.1.1可知: $[g_1, g_2, \cdots, g_{y+1}] \in M_{y+1-n_d}$. 因为$n_d \leq \frac{y+1}{d}$, 所以$y + 1 - n_d \geq y + 1 - \frac{y+1}{d} > n$. 因为$G$是一个内$\mathcal{P}_n$群, 所以$M_{y+1-n_d} = 1$. 因此$[g_1, g_2, \cdots, g_{y+1}] = 1$. 则对$x > 0$有$c(G) \leq y$. 因此$c(G) \leq \lim\limits_{x \to 0} y$. 所以我们得到$\lim\limits_{x \to 0} y = \begin{cases} \lceil \frac{dn}{d-1} \rceil - 1, & \text{若} \frac{dn}{d-1} \text{不是整数}; \\ \frac{dn}{d-1}, & \text{若} \frac{dn}{d-1} \text{是整数}. \end{cases}$ $\qquad \square$

引理 4.1.2　设G 是一个有限p群. 若$d(G) = 2$且$G_5 = 1$, 则G 是亚交换的.

证明 设$G = \langle a, b \rangle$. 则$G' = \langle [a,b], G_3 \rangle$. 由$[[a,b], G_3] \leq [G_2, G_3] \leq G_5 = 1$和$[G_3, G_3]$ $\leq G_5 = 1$可知: $G'' = 1$. $\qquad\square$

下述定理的结果由文章 [45, Corollary 1 to Theorem 1]也可以得到, 我们给出一个不同的证明.

定理 4.1.3 若G 是一个内$\mathcal{P}_2$群, 则$c(G) = 3$.

证明 设G是一个极小阶反例. 则$|G_4| = p$. 任取$a, b, c, d \in G$满足$[a, b, c, d] \neq 1$. 因为$\langle [a,b], c, d \rangle$的幂零类大于2, 所以$\langle [a,b], c, d \rangle = G$. 因此$d(G) = 2$. 设$G = \langle a, b \rangle$和$c = [a, b]$. 则$G_4 = \langle [c, a, a], [c, b, b], [c, b, a], [c, a, b] \rangle$. 任取$x \in \Phi(G)$和$y \in G$. 由$d(G) = 2$和$G$是内$\mathcal{P}_2$群可知: $[x, y, y] = 1$. 因此$[c, a, a] = [c, b, b] = 1$. 由引理4.4.2可知: G是内交换的. 由定理1.2.28(2) 可知: $[c, a, b] = [c, b, a]$. 因此$G_4 = \langle [c, a, b] \rangle$. 由$[c, a, b]^2 = [c, a, b][c, b, a] = [c, ab, ab] = 1$可知: $p = 2$. 因为$a^2, b^2 \in \Phi(G)$, 所以$[a^2, b, b] = 1$且$[b^2, ba, ba] = 1$. 另一方面, $[b^2, ba, ba] = [b^2, a, ba] = [b^2, a, a][b^2, a, b][b^2, a, b, a] = [b^2, a, b] = [[b, a]^2[b, a, b], b] = [[b, a]^2, b] = [b, a, b]^2 = [a, b, b]^{-2} = [c, b]^{-2}$. 所以$[c, b]^{-2} = 1$. 因此$[c, a, b] = [c, b]^2[c, a, b] = [c^2, b][c, a, b] = [c^2[c, a], b] = [a^2, b, b] = 1$. 则$G_4 = 1$. 这同$|G_4| = p$矛盾. $\qquad\square$

下边例子表示存在内$\mathcal{P}_3$群G满足$c(G) \neq 4$.

例子 4.1.2 设$G = \langle a, b, c, d, e, f, g, h, x \mid a^5 = b^5 = c^5 = d^5 = e^5 = f^5 = g^5 = h^5 = x^5 = 1, [b, a] = c, [c, a] = d, [c, b] = e, [d, a] = f, [d, b] = g, [e, a] = g, [e, b] = h, [f, a] = 1, [f, b] = x, [g, a] = x^2, [g, b] = x^2, [h, a] = x, [h, b] = 1, [x, a] = [x, b] = 1 \rangle$. 则$G$是一个$c(G) = 5$的 内$\mathcal{P}_3$群.

证明 首先断言$|G| = 5^9$. 设$K = \langle c, d, e, f, g, h, x \rangle$, $H = \langle a, K \rangle$. 则$K \trianglelefteq H \trianglelefteq G$且$K \cong C_5^7$. 设$\sigma(h) : k \longrightarrow k^h$, 其中$h \in H, k \in K$. 则$\sigma(h) \in \mathrm{Aut}(K)$ 且$\sigma^5(a) = \sigma(1)$. 由$a \notin K$ 和$a^5 = 1$可知: H 是K被C_5的扩张. 因此$|H| = 5^8$. 设$\sigma(g) : h \longrightarrow h^g$其中$h \in H, g \in G$. 则$\sigma(b) \in \mathrm{Aut}(H)$ 且$\sigma^5(b) = \sigma(1)$. 由$b \notin H$和$b^5 = 1$可知: G是H被C_5的扩张. 因此$|G| = 5^9$.

其次断言$c(G) = 5$. 显然$G = \langle a, b \rangle$. 则$d(G) = 2$ 且$G_5 = \langle x \rangle \cong C_5$. 因此$c(G) = 5$.

最后断言G是一个内$\mathcal{P}_3$群. 只需证G 的 极大子群的幂零类小于等于3. 容易得到G的极大子群为: $\langle b, \Phi(G) \rangle$和$\langle ab^i, \Phi(G) \rangle$, 其中$1 \leq i \leq p$. 由$K \leq G'$, $|G/K| = 5^2$和$d(G) = 2$可知: $G' = \Phi(G)$. 因为$G_6 = 1$ 和$G' = \Phi(G)$, 所以只需证$[c, b, b, b] = 1$和$[c, ab^i, ab^i, ab^i] = 1$. 显然$[c, b, b, b] = 1$. 经过计算可得$[c, ab^i, ab^i, ab^i] = 1$. $\qquad\square$

注记 存在内$\mathcal{P}_3$群G满足$c(G) = 4$. 例如: 例子4.1.2中的商群G/G_5. 显然有G/G_5是内$\mathcal{P}_3$群且$c(G/G_5) = 4$.

应用定理4.1.3, 我们可以得到以下这些结论.

定理 4.1.4 设G是一个有限p群, $p \neq 3$. 若对任意的$g, h \in G$有$[g, h, h] = 1$, 则$c(G) \leq 2$.

证明 设G是一个极小阶反例. 则G是一个内$\mathcal{P}_2$群. 由定理4.1.3可知: 存在$a, b, c \in H$满足$[a, b, c] \neq 1$. 由G是亚交换的以及命题1.2.28(1)可知: $[a, b, c][b, c, a][c, a, b] = 1$. 因为$1 = [b, ca, ca] = [b, c, a][b, a, c] = [b, c, a][a, b, c]^{-1}$, 所以$[a, b, c] = [b, c, a]$. 类似的我们可得$[b, c, a] = [c, a, b]$. 因此$[a, b, c]^3 = 1$. 这与$p \neq 3$矛盾. □

定理 4.1.5 设G是一个有限p群. 则
(1) 若对任意的$H < G$有$c(H) \leq 2$, 则$c(G) \leq 3$;
(2) 若$c(G) \geq 3$, 则存在$H \leq G$满足$c(H) = 3$;
(3) 若$c(G) = n$, $2 \leq n \leq 4$, 则存在$H \leq G$满足$c(H) = n - 1$.

证明 (1) 由定理4.1.3可知.
(2) 若$c(G) = 3$, 则结论显然. 设$c(G) > 3$且G是一个极小阶反例. 则G是一个内$\mathcal{P}_1$群或者内$\mathcal{P}_2$群. 若G是内$\mathcal{P}_1$群, 则$c(G) = 2$. 若G是内$\mathcal{P}_2$群, 则由定理4.1.3可知$c(G) = 3$. 我们总是可以得到矛盾.
(3) 若$n = 2$, 则结论显然. 若$n = 4$, 则由(2)可知结论成立. 因此设$n = 3$且G是一个极小阶反例. 则G是一个内$\mathcal{P}_1$群. 因此$c(G) = 2$. 矛盾. □

定理 4.1.6 设G是一个内$\mathcal{P}_2$群. 则
(1) $[\Phi(G), G] \leq Z(G)$且$\mho_1(G') \leq Z(G)$;
(2) $Z(G) \leq \Phi(G)$;
(3) 若$d(G) = 3$, 则$p = 3$且G正则. 设$G = \langle a, b, c \rangle$. 则$[a, b, c] = [b, c, a] = [c, a, b] \neq 1$;
(4) G'交换且$\exp G_3 = p$.

证明 因为G是一个内$\mathcal{P}_2$群, 所以由定理4.1.3可知$c(G) = 3$. 则我们通过与[63, 命题2.1(2)~(5)]相同的证明, 得到(1)~(3).
因为$c(G) = 3$, 所以G_3交换. 进一步我们设$G_3 = \langle [x_1, y_1], \cdots, [x_s, y_s] \rangle$, 其中$x_i \in G'$, $y_i \in G$, $1 \leq i \leq s$. 由$\mho_1(G') \leq Z(G)$可知: $[x_i, y_i]^p = [x_i{}^p, y_i] = 1$, 其中$1 \leq i \leq s$. 因为$G_3$交换, 所以$\exp G_3 = p$. □

若G是一个内$\mathcal{P}_2$群, 则由定理4.1.1可知: $d(G) = 2$或者3. 下边两个定理是判定一个群是否是内$\mathcal{P}_2$群的.

定理 4.1.7 设G是一个有限p群且$d(G) = 2$. 则G是一个内$\mathcal{P}_2$群当且仅当$\exp G_3 = p$且$c(G) = 3$.

证明 $\Longrightarrow$ 由定理4.1.3和定理4.1.6(4)可知.

$\Longleftarrow$ 只需证G的每个极大子群的幂零类至多为2. 设H是G的一个极大子群. 则存在$a \in H \backslash \Phi(G)$, $b \in G \backslash H$满足$G = \langle a, b \rangle$. 显然$H = \langle a, \Phi(G) \rangle$. 因此$H_3 = \langle [x, y, z] \mid x, y, z \in \{a\} \bigcup G' \bigcup \mho_1(G) \rangle$. 若$x, y, z$中任意一个属于$\mho_1(G)$, 则由命题1.2.27和$\exp G_3 = p$可知: $[x, y, z] = 1$. 若x, y, z中有一个属于G', 由$c(G) = 3$我们也可知$[x, y, z] = 1$. 因此$H_3 = 1$. $\square$

定理 4.1.8 设G是一个有限p群且$d(G) = 3$. 则G是一个内$\mathcal{P}_2$群当且仅当$\exp G_3 = p$且对任意$a, b \in G$有$[a, b, b] = 1$.

证明 $\Longrightarrow$ 由$d(G) = 3$可知: 对$a, b \in G$有$\langle a, b \rangle < G$. 由G是一个内$\mathcal{P}_2$群可知: $[a, b, b] = 1$. 由定理4.1.6(4)可知: $\exp G_3 = p$.

$\Longleftarrow$ 只需证G的每个极大子群的幂零类至多为2. 由对$a, b \in G$有$[a, b, b] = 1$和[19, III, 6.5 Satz]可知: $c(G) \leq 3$. 设M是G的一个极大子群. 则存在$a, b \in G$满足$M = \langle a, b, \Phi(G) \rangle$. 由$c(G) \leq 3$可知: $M_3 = \langle [x, y, z] \mid x, y, z \in \{a, b\} \bigcup G' \bigcup \mho_1(G) \rangle$. 若$x, y, z$中有一个属于$\mho_1(G)$, 则由命题1.2.27 和$\exp G_3 = p$可知$[x, y, z] = 1$. 若$x, y, z$中有一个属于$G'$, 则由$c(G) \leq 3$可知$[x, y, z] = 1$. 若$x, y, z \in \{a, b\}$, 则由对$a, b \in G$有$[a, b, b] = 1$可知$[x, y, z] = 1$. 因此$M_3 = 1$. $\square$

我们给出更多的一些内$\mathcal{P}_2$群的性质, 这些性质对分类内$\mathcal{P}_2$群有很大的帮助.

定理 4.1.9 设G是一个内$\mathcal{P}_2$群, $\bar{G} = G/G_3$. 则

(1) $c(\bar{G}) = 2$ 且$d(\bar{G}) = d(G)$. 进一步, 若$d(\bar{G}) = 2$, 则$G_3 \cong C_p$ 或$C_p \times C_p$; 若$d(\bar{G}) = 3$, 则$G_3 \cong C_p$;

(2) 若$p \neq 3$, 则$d(\bar{G}) = 2$;

(3) 若$p > 3$, 则G 正则.

证明 (1) 显然$c(\bar{G}) = 2$. 由$G_3 \leq \Phi(G)$可知: $\Phi(\bar{G}) = \Phi(G)/G_3$. 因此$d(G) = d(\bar{G})$. 由定理4.1.6(1)可知: $d(\bar{G}) = 2$ 或3.

若$d(\bar{G}) = 2$, 则$d(G) = 2$. 设$G = \langle a, b \rangle$. 因此$G_3 = \langle [a, b, a], [a, b, b] \rangle$. 由定理4.1.6(4)可知: $G_3 \cong C_p$ 或$C_p \times C_p$.

若$d(\bar{G}) = 3$, 则$d(G) = 3$. 因此$a, b \in G$有$\langle a, b \rangle < G$. 因为G是一个内$\mathcal{P}_2$群, 所以$[a, b, b] = 1$. 设$G = \langle a, b, c \rangle$. 因此$G_3 = \langle [a, b, c], [a, c, b], [b, c, a] \rangle$. 由$[a, c, b] = [c, a, b]^{-1}$和定理4.1.6(3)可知: $G_3 \cong C_p$.

(2) 由定理4.1.1可知: $d(G) \leq 3$. 设$d(G) = 3$. 则对$a, b \in G$有$[a, b, b] = 1$. 由定理4.4.4可知: $c(G) \leq 2$. 矛盾. 因此$d(G) = 2$. 则$d(\bar{G}) = 2$.

(3) 由$c(G) < p$和[69, 定理5.2.2(1)]可知: G正则. $\square$

注记 由定理4.1.9可知: 若G是一个内$\mathcal{P}_2$群, 则G是G_3被群H 的中心扩张, 其中$c(H) = 2, d(H) = 2$或3.

定理 4.1.10 设 G 是一个内 $\mathcal{P}_2$ 群, $\bar{G} = G/\mho_1(G')G_3$. 则

(1) $c(\bar{G}) = 2$ 且 $d(\bar{G}) = d(G)$;

(2) 若 $d(G) = 2$, 则 $(\bar{G})' \cong C_p$, $G' \cong C_{p^{m_1}}$ 或 $C_{p^{m_1}} \times C_p$ 或 $C_{p^{m_1}} \times C_p \times C_p$, 其中 m_1 是正整数;

(3) 若 $d(G) = 3$, 则 $(\bar{G})' \cong C_3 \times C_3 \times C_3$, $G' \cong C_{3^{m_1}} \times C_{3^{m_2}} \times C_{3^{m_3}}$ 或 $C_{3^{m_1}} \times C_{3^{m_2}} \times C_{3^{m_3}} \times C_3$, 其中 m_i 是正整数.

证明　(1) 显然 $c(\bar{G}) = 2$. 由 $\mho_1(G')G_3 \leq \Phi(G)$ 可知: $\Phi(\bar{G}) = \Phi(G)/\mho_1(G')G_3$. 因此 $d(G) = d(\bar{G})$.

(2) 设 $G = \langle a, b \rangle$, $N = \mho_1(G')G_3$. 则 $G' = \langle [a,b], G_3 \rangle$ 且 $(\bar{G})' = G'/N$. 因此 $(\bar{G})' \cong C_p$. 由 $c(G) = 3$ 可知: G' 交换. 由定理4.1.9(1)可知: $G' \cong C_{p^{m_1}}$ 或 $C_{p^{m_1}} \times C_p$ 或 $C_{p^{m_1}} \times C_p \times C_p$, 其中 m_1 是一个正整数.

(3) 设 $G = \langle a, b, c \rangle$, $N = \mho_1(G')G_3$. 由定理4.1.6(1)和 $c(G) = 3$ 可知: $N \leq Z(G)$. 因此 $G' = \langle [a,b], [c,a], [b,c], G_3 \rangle$ 且 $(\bar{G})' = G'/N$. 由 G' 交换可知: $V = G'/N$ 是初等交换的. 因此 V 可被看做一个 $GF(p)$ 上的线性空间. 断言 $\dim V = 3$. 不妨设 $\dim V \leq 2$. 则 $[a,b]N, [b,c]N$ 和 $[c,a]N$ 是线性相关的. 不是一般性设 $[a,b]N = [b,c]^i N[c,a]^j N$. 则 $[a,b] \equiv [b,c]^i[c,a]^j \pmod{N}$. 由 $N \leq Z(G)$ 可知: $[a,b,c] = [[b,c]^i[c,a]^j, c] = 1$. 这与定理4.1.6(3)矛盾. 因此由定理4.1.6(3)可知: $(\bar{G})' \cong C_3 \times C_3 \times C_3$. 由 G' 交换和 $(\bar{G})' \cong C_3 \times C_3 \times C_3$ 可知: $G' \cong C_{3^{m_1}} \times C_{3^{m_2}} \cdots \times C_{3^{m_k}}$, 其中 $k \geq 3$. 由定理4.1.9(1) 可知: $G' \cong C_{3^{m_1}} \times C_{3^{m_2}} \times C_{3^{m_3}}$ 或 $C_{3^{m_1}} \times C_{3^{m_2}} \times C_{3^{m_3}} \times C_3$, 其中 m_i 是正整数.　□

§4.2　内 $\mathcal{P}_2$ 的 p 群的分类 $(p > 3)$

本节给出 $p > 3$ 的内 $\mathcal{P}_2$ 的 p 群 G 的分类. 分 G 是否亚循环两种情况. 若 G 是亚循环的, 则利用亚循环群的分类结果挑出需要的群. 见下文的定理4.2.1. 若 G 非亚循环, 则由定理4.1.9可知 $G_3 \cong C_p$ 或者 $G_3 \cong C_p \times C_p$, 并且 G/G_3 是二元生成类2的群. 由定理4.1.3可知: $c(G) = 3$. 因此 $G_3 \leq Z(G)$. 因此 G 是一个2元生成类2群被 G_3 的扩张. 当 G 非亚循环时, 下文定理4.2.2是 $G_3 \cong C_p$ 的情况, 定理4.2.3是 $G_3 \cong C_p \times C_p$ 的情况.

定理 4.2.1 设 G 是一个有限亚循环 p 群且 $p > 2$. 则 G 是一个内 $\mathcal{P}_2$ 群当且仅当 G 同构于下列群之一:

$$\langle a, b \mid a^{p^{r+s+u}} = 1, b^{p^{r+s+t}} = a^{p^{r+s}}, [a, b] = a^{p^r} \rangle,$$

其中 r, s, t, u 是非负整数, $r \geq 1$, $u \leq r$, $s + u = r + 1$. 参数 r, s, t, u 的不同取值给出互不同构的群.

证明 $\Rightarrow$: 由定理1.3.4可知: $G = \langle a,b \mid a^{p^{r+s+u}} = 1, b^{p^{r+s+t}} = a^{p^{r+s}}, [a,b] = a^{p^r} \rangle, r \geq 1, u \leq r$, 其中 r,s,t,u 是非负整数. 由定理4.1.7可知: $G_3 = \langle [a,b,b] \rangle \cong C_p$. 由 $[a,b,b] = [a^{p^r}, b] = a^{p^{2r}}$ 可知: $o(a) = p^{2r+1}$. 则 $s + u = r + 1$.

$\Leftarrow$: 容易检验得到. $\qquad\square$

定理 4.2.2 设 G 是一个有限非亚循环 p 群且 $p > 3$. 则 G 是内 $\mathcal{P}_2$ 群且 $G_3 \cong C_p$ 当且仅当 G 同构于下列互不同构的群之一:

(A) $m \geq n \geq r \geq 1$.

(A1) $\langle a,b,c,x \mid a^{p^m} = 1, b^{p^n} = 1, [a,b] = c, c^{p^r} = 1, [c,a] = x, [c,b] = 1 \rangle$.

(A2) $\langle a,b,c,x \mid a^{p^m} = 1, b^{p^n} = 1, [a,b] = c, c^{p^r} = 1, [c,a] = 1, [c,b] = x \rangle$, 其中 $m > n$.

(A3) $\langle a,b,c,x \mid a^{p^m} = 1, b^{p^n} = 1, [a,b] = c, c^{p^r} = x, [c,a] = x, [c,b] = 1 \rangle$, 其中 $n > r$.

(A4) $\langle a,b,c,x \mid a^{p^m} = 1, b^{p^n} = 1, [a,b] = c, c^{p^r} = x, [c,a] = 1, [c,b] = x \rangle$, 其中 $m > n > r$.

(A5) $\langle a,b,c,x \mid a^{p^m} = 1, b^{p^n} = x, [a,b] = c, c^{p^r} = 1, [c,a] = x^{u_1}, [c,b] = 1 \rangle$, 其中 $u_1 = 1$ 或 λ, $m > n$.

(A6) $\langle a,b,c,x \mid a^{p^m} = 1, b^{p^n} = x, [a,b] = c, c^{p^r} = 1, [c,a] = 1, [c,b] = x \rangle$, 其中 $m > n$.

(A7) $\langle a,b,c,x \mid a^{p^m} = 1, b^{p^n} = x, [a,b] = c, c^{p^r} = x, [c,a] = x^{u_1}, [c,b] = 1 \rangle$, 其中 $1 \leq u_1 \leq p-1$, $m > n > r$.

(A8) $\langle a,b,c,x \mid a^{p^m} = 1, b^{p^n} = x, [a,b] = c, c^{p^r} = x, [c,a] = 1, [c,b] = x \rangle$, 其中 $m > n > r$.

(A9) $\langle a,b,c,x \mid a^{p^m} = x, b^{p^n} = 1, [a,b] = c, c^{p^r} = 1, [c,a] = x, [c,b] = 1 \rangle$.

(A10) $\langle a,b,c,x \mid a^{p^m} = x, b^{p^n} = 1, [a,b] = c, c^{p^r} = 1, [c,a] = 1, [c,b] = x^{v_1} \rangle$, 其中 $v_1 = 1$ 或 λ.

(A11) $\langle a,b,c,x \mid a^{p^m} = x, b^{p^n} = 1, [a,b] = c, c^{p^r} = x, [c,a] = x, [c,b] = 1 \rangle$, 其中 $n > r$.

(A12) $\langle a,b,c,x \mid a^{p^m} = x, b^{p^n} = 1, [a,b] = c, c^{p^r} = x, [c,a] = 1, [c,b] = x^{v_1} \rangle$, 其中 $1 \leq v_1 \leq p-1$, $n > r$.

(B) $m \geq n > r \geq 1$, $n > t \geq (n+r)/2$.

(B1) $\langle a,b,c,x \mid a^{p^m} = 1, b^{p^n} = 1, [a,b] = c, c^{p^r} = b^{p^t}, [c,a] = x, [c,b] = 1 \rangle$.

(B2) $\langle a,b,c,x \mid a^{p^m} = 1, b^{p^n} = 1, [a,b] = c, c^{p^r} = b^{p^t}, [c,a] = 1, [c,b] = x \rangle$.

(B3) $\langle a,b,c,x \mid a^{p^m} = 1, b^{p^n} = 1, [a,b] = c, c^{p^r} = b^{p^t}x, [c,a] = x^u, [c,b] = 1 \rangle$, 其中 $1 \leq u \leq p-1$.

(B4) $\langle a,b,c,x \mid a^{p^m} = 1, b^{p^n} = 1, [a,b] = c, c^{p^r} = b^{p^t}x, [c,a] = 1, [c,b] = x \rangle$.

(B5) $\langle a,b,c,x \mid a^{p^m} = 1, b^{p^n} = x, [a,b] = c, c^{p^r} = b^{p^t}, [c,a] = x^u, [c,b] = 1 \rangle$, 其中

$1 \leq u \leq p-1$, $t > (n+r)/2$.

(B6) $\langle a,b,c,x \mid a^{p^m}=1, b^{p^n}=x, [a,b]=c, c^{p^r}=b^{p^t}, [c,a]=1, [c,b]=x \rangle$, 其中 $t > (n+r)/2$.

(B7) $\langle a,b,c,x \mid a^{p^m}=1, b^{p^n}=x, [a,b]=c, c^{p^r}=b^{p^t}, [c,a]=x^u, [c,b]=x \rangle$, 其中 $1 \leq u \leq p-1$, $m=n$, $t > (n+r)/2$.

(B8) $\langle a,b,c,x \mid a^{p^m}=x, b^{p^n}=1, [a,b]=c, c^{p^r}=b^{p^t}, [c,a]=x, [c,b]=1 \rangle$.

(B9) $\langle a,b,c,x \mid a^{p^m}=x, b^{p^n}=1, [a,b]=c, c^{p^r}=b^{p^t}, [c,a]=1, [c,b]=x^{v_1} \rangle$, 其中 $v_1 = 1$ 或 λ.

(B10) $\langle a,b,c,x \mid a^{p^m}=x, b^{p^n}=x, [a,b]=c, c^{p^r}=b^{p^t}, [c,a]=x^{u_1}, [c,b]=1 \rangle$, 其中 $1 \leq u_1 \leq p-1$, $m > n$, $t > (n+r)/2$.

(B11) $\langle a,b,c,x \mid a^{p^m}=x, b^{p^n}=x, [a,b]=c, c^{p^r}=b^{p^t}, [c,a]=1, [c,b]=x^{v_1} \rangle$, 其中 $1 \leq v_1 \leq p-1$, $m > n$, $t > (n+r)/2$.

(C)　$m > n > r \geq 1$, $m > s \geq (m+r)/2$, $n \geq m+r-s$.

(C1) $\langle a,b,c,x \mid a^{p^m}=1, b^{p^n}=1, [a,b]=c, c^{p^r}=a^{p^s}, [c,a]=x, [c,b]=1 \rangle$.

(C2) $\langle a,b,c,x \mid a^{p^m}=1, b^{p^n}=1, [a,b]=c, c^{p^r}=a^{p^s}, [c,a]=1, [c,b]=x \rangle$.

(C3) $\langle a,b,c,x \mid a^{p^m}=1, b^{p^n}=1, [a,b]=c, c^{p^r}=a^{p^s}, [c,a]=x, [c,b]=x \rangle$, 其中 $s < n$.

(C4) $\langle a,b,c,x \mid a^{p^m}=1, b^{p^n}=1, [a,b]=c, c^{p^r}=a^{p^s}x, [c,a]=x, [c,b]=1 \rangle$.

(C5) $\langle a,b,c,x \mid a^{p^m}=1, b^{p^n}=1, [a,b]=c, c^{p^r}=a^{p^s}x, [c,a]=1, [c,b]=x^v \rangle$, 其中 $1 \leq v \leq p-1$.

(C6) $\langle a,b,c,x \mid a^{p^m}=1, b^{p^n}=1, [a,b]=c, c^{p^r}=a^{p^s}x, [c,a]=x, [c,b]=x^v \rangle$, 其中 $1 \leq v \leq p-1$, $s < n$.

(C7) $\langle a,b,c,x \mid a^{p^m}=1, b^{p^n}=x, [a,b]=c, c^{p^r}=a^{p^s}, [c,a]=x^{u_2}, [c,b]=1 \rangle$, 其中 $u_2 = 1$ 或 λ.

(C8) $\langle a,b,c,x \mid a^{p^m}=1, b^{p^n}=x, [a,b]=c, c^{p^r}=a^{p^s}, [c,a]=x^{u_2}, [c,b]=x \rangle$, 其中 $0 \leq u_2 \leq p-1$, $s \leq n$.

(C9) $\langle a,b,c,x \mid a^{p^m}=1, b^{p^n}=x, [a,b]=c, c^{p^r}=a^{p^s}x, [c,a]=x^{u_1}, [c,b]=1 \rangle$, 其中 $1 \leq u_1 \leq p-1$, $s > n$.

(C10) $\langle a,b,c,x \mid a^{p^m}=1, b^{p^n}=x, [a,b]=c, c^{p^r}=a^{p^s}x^{k_1}, [c,a]=1, [c,b]=x \rangle$, 其中 $0 \leq k_1 \leq p-1$, $s > n$.

(C11) $\langle a,b,c,x \mid a^{p^m}=x, b^{p^n}=1, [a,b]=c, c^{p^r}=a^{p^s}, [c,a]=x, [c,b]=1 \rangle$, 其中 $s > (m+r)/2$, $n > m+r-s$.

(C12) $\langle a,b,c,x \mid a^{p^m}=x, b^{p^n}=1, [a,b]=c, c^{p^r}=a^{p^s}, [c,a]=1, [c,b]=x^v \rangle$, 其中 $1 \leq v \leq p-1$, $s > (m+r)/2$, $n > m+r-s$.

(C13) $\langle a,b,c,x \mid a^{p^m}=x, b^{p^n}=1, [a,b]=c, c^{p^r}=a^{p^s}, [c,a]=x, [c,b]=x^v \rangle$, 其中 $1 \leq v \leq p-1$, $s > (m+r)/2$, $n > m+r-s$, $s < n$.

(D) $m > n > r \geq 1, m > s > t > r, s+n < m+t, n > t \geq m-s+r$.

(D1) $\langle a,b,c,x \mid a^{p^m} = 1, b^{p^n} = 1, [a,b] = c, c^{p^r} = a^{p^s}b^{p^t}, [c,a] = x, [c,b] = 1\rangle$.

(D2) $\langle a,b,c,x \mid a^{p^m} = 1, b^{p^n} = 1, [a,b] = c, c^{p^r} = a^{p^s}b^{p^t}, [c,a] = 1, [c,b] = x\rangle$.

(D3) $\langle a,b,c,x \mid a^{p^m} = 1, b^{p^n} = 1, [a,b] = c, c^{p^r} = a^{p^s}b^{p^t}x, [c,a] = x^u, [c,b] = 1\rangle$,
其中$1 \leq u \leq p-1$.

(D4) $\langle a,b,c,x \mid a^{p^m} = 1, b^{p^n} = 1, [a,b] = c, c^{p^r} = a^{p^s}b^{p^t}x, [c,a] = 1, [c,b] = x^v\rangle$,
其中$1 \leq v \leq p-1$.

(D5) $\langle a,b,c,x \mid a^{p^m} = 1, b^{p^n} = x, [a,b] = c, c^{p^r} = a^{p^s}b^{p^t}, [c,a] = x^u, [c,b] = 1\rangle$,
其中$1 \leq u \leq p-1$.

(D6) $\langle a,b,c \mid a^{p^m} = 1, b^{p^n} = x, [a,b] = c, c^{p^r} = a^{p^s}b^{p^t}, [c,a] = 1, [c,b] = x^v\rangle$,
其中$1 \leq v \leq p-1$.

(D7) $\langle a,b,c,x \mid a^{p^m} = x, b^{p^n} = 1, [a,b] = c, c^{p^r} = a^{p^s}b^{p^t}, [c,a] = x^u, [c,b] = 1\rangle$,
其中$1 \leq u \leq p-1, t > m-s+r$.

(D8) $\langle a,b,c,x \mid a^{p^m} = x, b^{p^n} = 1, [a,b] = c, c^{p^r} = a^{p^s}b^{p^t}, [c,a] = 1, [c,b] = x^v\rangle$,
其中$1 \leq v \leq p-1, t > m-s+r$,

在定理的叙述中,λ代表一个固定的模p平方非剩余. 定理中的群的关系式中都省略了$x^p = [x,a] = [x,b] = 1$, 定理中的群的阶都是$p^{m+n+r+1}$. 上述群的表现中,不同参数给出的群互不同构.

证明 由G非亚循环和定理1.2.26可知: $G/\Phi(G')G_3$也是非亚循环的. 因此G/G_3非亚循环. 设$\bar{G} = G/G_3$. 由$p > 3$和定理4.1.9可知: $d(\bar{G}) = 2$ 且$c(\bar{G}) = 2$. 则$\bar{G}$同构于定理1.3.13中的一个群. 由定理4.1.3可知: $c(G) = 3$. 因此$G_3 \leq Z(G)$. 因此G是$\bar{G}$被G_3的中心扩张. 我们分情况(A–D)来讨论.

设$G_3 = \langle x\rangle$, λ 是一个固定的模p平方非剩余. 下边证明过程中群的关系式里都省略$x^p = [x,a] = [x,b] = 1$.

情形 (A) G/G_3 同构于定理1.3.13中的(A1).

设$G/G_3 \cong \langle \bar{a},\bar{b},\bar{c} \mid \bar{a}^{p^m} = 1, \bar{b}^{p^n} = 1, [\bar{a},\bar{b}] = \bar{c}, \bar{c}^{p^r} = 1, [\bar{c},\bar{a}] = [\bar{c},\bar{b}] = 1\rangle$, 其中$m \geq n \geq r \geq 1$. 则我设$G = \langle a,b,c,x \mid a^{p^m} = x^i, b^{p^n} = x^j, [a,b] = cx^k, c^{p^r} = x^l, [c,a] = x^u, [c,b] = x^v\rangle$, 其中$i,j,k,l,u,v \in \{i \in \mathbf{Z} \mid 0 \leq i \leq p-1\}$. 替换$cx^k$ 为c, 则有$G = \langle a,b,c,x \mid a^{p^m} = x^i, b^{p^n} = x^j, [a,b] = c, c^{p^r} = x^l, [c,a] = x^u, [c,b] = x^v\rangle$. 下边分五种子情况来讨论.

(1) $a^{p^m} = 1, b^{p^n} = 1, c^{p^r} = 1$

此时$G = \langle a,b,c,x \mid a^{p^m} = 1, b^{p^n} = 1, [a,b] = c, c^{p^r} = 1, [c,a] = x^u, [c,b] = x^v\rangle$.

若$[c,b] = 1$, 则替换x^u 为x后可得(A1).

若$[c,b] \neq 1$, 则不失一般性设$G = \langle a,b,c,x \mid a^{p^m} = 1, b^{p^n} = 1, [a,b] = c, c^{p^r} = 1, [c,a] = x^u, [c,b] = x\rangle$. 替换$b^{-u}a$ 为a, 则$G = \langle a,b,c,x \mid a^{p^m} = 1, b^{p^n} = 1, [a,b] = c, c^{p^r} = 1, [c,a] = 1, [c,b] = x\rangle$. 若$m = n$, 则替换$a$ 为b, b 为a, c^{-1} 为c , x^{-1} 为x后

可得 $G = \langle a, b, c, x \mid a^{p^m} = 1, b^{p^n} = 1, [a, b] = c, c^{p^r} = 1, [c, a] = x, [c, b] = 1 \rangle$. 这同构于(A1)中的群. 因此有 $m > n$. 即(A2).

(2) $a^{p^m} = 1, b^{p^n} = 1, c^{p^r} \neq 1$

不失一般性设 $G = \langle a, b, c, x \mid a^{p^m} = 1, b^{p^n} = 1, [a, b] = c, c^{p^r} = x, [c, a] = x^u, [c, b] = x^v \rangle$. 由 $1 = [a, b^{p^n}] = c^{p^n}$ 可知: $n > r$.

若 $[c, b] = 1$, 则 $G = \langle a, b, c, x \mid a^{p^m} = 1, b^{p^n} = 1, [a, b] = c, c^{p^r} = x, [c, a] = x^u, [c, b] = 1 \rangle$. 显然 $x^u \neq 1$. 存在 h 满足 $hu \equiv 1 \pmod{p}$. 替换 a^h 为 a, $[a^h, b]$ 为 c, x^h 为 x, 则得到(A3).

若 $[c, b] \neq 1$, 则 $G = \langle a, b, c, x \mid a^{p^m} = 1, b^{p^n} = 1, [a, b] = c, c^{p^r} = x, [c, a] = x^u, [c, b] = x^v \rangle$. 存在 h 满足 $vh \equiv -u \pmod{p}$. 替换 $b^h a$ 为 a, 则 $G = \langle a, b, c, x \mid a^{p^m} = 1, b^{p^n} = 1, [a, b] = c, c^{p^r} = x, [c, a] = 1, [c, b] = x^v \rangle$. 存在 h_1 满足 $vh_1 \equiv 1 \pmod{p}$. 替换 b^{h_1} 为 b, $[a, b^{h_1}]$ 为 c, x^{h_1} 为 x, 得到 $G = \langle a, b, c, x \mid a^{p^m} = 1, b^{p^n} = 1, [a, b] = c, c^{p^r} = x, [c, a] = 1, [c, b] = x \rangle$. 若 $m = n$, 则替换 a 为 b, b 为 a, c^{-1} 为 c, x^{-1} 为 x, 得到 $G = \langle a, b, c, x \mid a^{p^m} = 1, b^{p^n} = 1, [a, b] = c, c^{p^r} = x, [c, a] = x, [c, b] = 1 \rangle$. 它同构于(A3)中的群. 因此有 $m > n$. 即得到(A4).

(3) $a^{p^m} = 1$, $b^{p^n} \neq 1$ and $m > n$

不失一般性设 $G = \langle a, b, c, x \mid a^{p^m} = 1, b^{p^n} = x, [a, b] = c, c^{p^r} = x^k, [c, a] = x^u, [c, b] = x^v \rangle$.

(3-1) $c^{p^r} = 1$

此时 $G = \langle a, b, c, x \mid a^{p^m} = 1, b^{p^n} = x, [a, b] = c, c^{p^r} = 1, [c, a] = x^u, [c, b] = x^v \rangle$.

若 $[c, b] = 1$, 则 $G = \langle a, b, c, x \mid a^{p^m} = 1, b^{p^n} = x, [a, b] = c, c^{p^r} = 1, [c, a] = x^u, [c, b] = 1 \rangle$. 存在 h 满足 $h^2 u \equiv 1$ 或 λ. 设 $u_1 = h^2 u$. 替换 a^h 为 a, $[a^h, b]$ 为 c, 得到(A5).

若 $[c, b] \neq 1$, 则 $G = \langle a, b, c, x \mid a^{p^m} = 1, b^{p^n} = x, [a, b] = c, c^{p^r} = 1, [c, a] = x^u, [c, b] = x^v \rangle$. 存在 h 满足 $vh \equiv -u \pmod{p}$. 替换 $b^h a$ 为 a, 得到 $G = \langle a, b, c, x \mid a^{p^m} = 1, b^{p^n} = x, [a, b] = c, c^{p^r} = 1, [c, a] = 1, [c, b] = x^v \rangle$. 替换 a^v 为 a, $[a^v, b]$ 为 c, 得到(A6).

(3-2) $c^{p^r} \neq 1$

此时 $G = \langle a, b, c, x \mid a^{p^m} = 1, b^{p^n} = x, [a, b] = c, c^{p^r} = x^k, [c, a] = x^u, [c, b] = x^v \rangle$. 设 $u_1 = k^2 u$, $v_1 = kv$. 替换 a^k 为 a, $[a^k, b]$ 为 c, 得到 $G = \langle a, b, c, x \mid a^{p^m} = 1, b^{p^n} = x, [a, b] = c, c^{p^r} = x, [c, a] = x^{u_1}, [c, b] = x^{v_1} \rangle$. 由 $c^{p^n} = [a, b^{p^n}] = 1$ 可知: $n > r$.

若 $[c, b] = 1$, 则得到(A7).

若 $[c, b] \neq 1$, 则 $G = \langle a, b, c, x \mid a^{p^m} = 1, b^{p^n} = x, [a, b] = c, c^{p^r} = x, [c, a] = x^{u_1}, [c, b] = x^{v_1} \rangle$. 存在 h 满足 $v_1 h \equiv -u_1 \pmod{p}$. 替换 $b^h a$ 为 a, 则 $G = \langle a, b, c, x \mid a^{p^m} = 1, b^{p^n} = x, [a, b] = c, c^{p^r} = x, [c, a] = 1, [c, b] = x^{v_1} \rangle$. 存在 h_1 满足 $v_1 h_1 \equiv 1 \pmod{p}$. 替换 b^{h_1} 为 b, $[a, b^{h_1}]$ 为 c, x^{h_1} 为 x, 得到(A8).

(4) $a^{p^m} \neq 1$

不失一般性设$G = \langle a,b,c,x \mid a^{p^m} = x, b^{p^n} = x^j, [a,b] = c, c^{p^r} = x^k, [c,a] = x^u, [c,b] = x^v\rangle$. 由$c^{p^n} = [a,b^{p^n}] = 1$可知: $p^n \geq \exp G'$. 由定理4.1.5可知, G 是p^n交换的. 设$x^{v_1} = [c, a^{-jp^{m-n}}b]$. 替换$a^{-jp^{m-n}}b$ 为b, 得到$G = \langle a,b,c,x \mid a^{p^m} = x, b^{p^n} = 1, [a,b] = c, c^{p^r} = x^k, [c,a] = x^u, [c,b] = x^{v_1}\rangle$.

(4-1) $k = 0$

此时$G = \langle a,b,c,x \mid a^{p^m} = x, b^{p^n} = 1, [a,b] = c, c^{p^r} = 1, [c,a] = x^u, [c,b] = x^v\rangle$.

若$[c,b] = 1$, 则$G = \langle a,b,c,x \mid a^{p^m} = x, b^{p^n} = 1, [a,b] = c, c^{p^r} = 1, [c,a] = x^u, [c,b] = 1\rangle$. 存在$h$ 满足$uh \equiv 1 \pmod p$. 替换a^h为a, $[a^h, b]$ 为c, x^h 为x, 得到(A9).

若$[c,b] \neq 1$, 则$G = \langle a,b,c,x \mid a^{p^m} = x, b^{p^n} = 1, [a,b] = c, c^{p^r} = 1, [c,a] = x^u, [c,b] = x^v\rangle$. 存在$h$ 满足$hv \equiv -u \pmod p$. 替换$b^h a$ 为a, 得到$G = \langle a,b,c,x \mid a^{p^m} = x, b^{p^n} = 1, [a,b] = c, c^{p^r} = 1, [c,a] = 1, [c,b] = x^v\rangle$. 存在$h_1$ 满足$h_1^2 v \equiv 1$ 或λ. 设$v_1 = h_1^2 v$. 替换b^{h_1} 为b, $[a, b^{h_1}]$ 为c, 则得到(A10).

(4-2) $k \neq 0$

此时$G = \langle a,b,c,x \mid a^{p^m} = x, b^{p^n} = 1, [a,b] = c, c^{p^r} = x^k, [c,a] = x^u, [c,b] = x^v\rangle$. 由$c^{p^n} = [a,b^{p^n}] = 1$可知: $n > r$ 和G 是p^n交换的. 存在h 满足$hk \equiv 1 \pmod p$. 设$u_1 = hu$, $v_1 = h^2 v$. 替换b^h 为b, $[a, b^h]$ 为c, 得到$G = \langle a,b,c,x \mid a^{p^m} = x, b^{p^n} = 1, [a,b] = c, c^{p^r} = x, [c,a] = x^{u_1}, [c,b] = x^{v_1}\rangle$.

若$[c,b] = 1$, 则$G = \langle a,b,c,x \mid a^{p^m} = x, b^{p^n} = 1, [a,b] = c, c^{p^r} = x, [c,a] = x^{u_1}, [c,b] = 1\rangle$. 存在$h$ 满足$hu_1 \equiv 1 \pmod p$. 替换a^h 为a, $[a^h, b]$ 为c, x^h 为x, 则得到(A11).

若$[c,b] \neq 1$, 则$G = \langle a,b,c,x \mid a^{p^m} = x, b^{p^n} = 1, [a,b] = c, c^{p^r} = x, [c,a] = x^{u_1}, [c,b] = x^{v_1}\rangle$. 存在$h$满足$v_1 h \equiv -u_1 \pmod p$. 替换$b^h a$为$a$, 则得到(A12).

(5) $a^{p^m} = 1, b^{p^n} \neq 1$ and $m = n$

此时$G = \langle a,b,c,x \mid a^{p^m} = x^i, b^{p^n} = x^j, [a,b] = c, c^{p^r} = x^l, [c,a] = x^u, [c,b] = x^v\rangle$. 替换$a$ 为b, b 为a, c^{-1} 为c, x^{-1} 为x, 则划入情况**(4)**.

情形 (B) G/G_3 同构于定理1.3.13中的(A2).

设$G/G_3 \cong \langle \bar{a}, \bar{b}, \bar{c} \mid \bar{a}^{p^m} = 1, \bar{b}^{p^n} = 1, [\bar{a}, \bar{b}] = \bar{c}, \bar{c}^{p^r} = \bar{b}^{p^t}, [\bar{c}, \bar{a}] = [\bar{c}, \bar{b}] = 1\rangle$, 其中$m \geq n > r \geq 1$, $n > t \geq (n+r)/2$. 则可设$G = \langle a,b,c,x \mid a^{p^m} = x^i, b^{p^n} = x^j, [a,b] = c, c^{p^r} = b^{p^t}x^k, [c,a] = x^u, [c,b] = x^v\rangle$, 其中$i,j,k,u,v \in \{i \in \mathbf{Z} \mid 0 \leq i \leq p-1\}$. 以下分六种子情况讨论:

(1) $a^{p^m} = 1, b^{p^n} = 1, c^{p^r} = b^{p^t}$

此时$G = \langle a,b,c,x \mid a^{p^m} = 1, b^{p^n} = 1, [a,b] = c, c^{p^r} = b^{p^t}, [c,a] = x^u, [c,b] = x^v\rangle$.

若$[c,b] = 1$, 则得到(B1).

若$[c,b] \neq 1$, 则不失一般性设$G = \langle a,b,c,x \mid a^{p^m} = 1, b^{p^n} = 1, [a,b] = c, c^{p^r} = b^{p^t}, [c,a] = x^u, [c,b] = x\rangle$. 替换$b^{-u}a$ 为a, 得到(B2).

(2) $a^{p^m} = 1, b^{p^n} = 1, x^k \neq 1$

此时, 不失一般性设 $G = \langle a,b,c,x \mid a^{p^m} = 1, b^{p^n} = 1, [a,b] = c, c^{p^r} = b^{p^t}x, [c,a] = x^u, [c,b] = x^v \rangle$.

若 $[c,b] = 1$, 则得到(B3).

若 $[c,b] \neq 1$, 则存在 h 满足 $vh \equiv -u \pmod{p}$. 替换 $b^h a$ 为 a, 得到 $G = \langle a,b,c,x \mid a^{p^m} = 1, b^{p^n} = 1, [a,b] = c, c^{p^r} = b^{p^t}x, [c,a] = 1, [c,b] = x^v \rangle$. 存在 h_1 满足 $h_1 v \equiv 1 \pmod{p}$. 替换 b^{h_1} 为 b, $[a, b^{h_1}]$ 为 c, x^{h_1} 为 x, 得到(B4).

(3) $a^{p^m} = 1, b^{p^n} \neq 1, m > n$

此时,不失一般性设 $G = \langle a,b,c,x \mid a^{p^m} = 1, b^{p^n} = x, [a,b] = c, c^{p^r} = b^{p^t}x^k, [c,a] = x^u, [c,b] = x^v \rangle$. 若 $2t = n+r$, 则 $1 = [a,x^k] = [a, c^{p^r}b^{-p^t}] = [a, b^{-p^t}] = c^{-p^t} = b^{-p^{2t-r}} = b^{-p^n} \neq 1$. 矛盾. 因此 $2t > n+r$. 替换 $a^{1-kp^{n-t}}$ 为 a, $[a^{1-kp^{n-t}}, b]$ 为 c, 得到 $G = \langle a,b,c,x \mid a^{p^m} = 1, b^{p^n} = x, [a,b] = c, c^{p^r} = b^{p^t}, [c,a] = x^u, [c,b] = x^v \rangle$.

若 $[c,b] = 1$, 得到 $m > n$ 时的(B5).

若 $[c,b] \neq 1$, 则存在 h 满足 $hv \equiv 1 \pmod{p}$. 替换 b^h 为 b, $[a, b^h]$ 为 c, x^h 为 x, 得到 $G = \langle a,b,c,x \mid a^{p^m} = 1, b^{p^n} = x, [a,b] = c, c^{p^r} = b^{p^t}, [c,a] = x^u, [c,b] = x \rangle$. 替换 $b^{-u}a$ 为 a, 得到 $m > n$ 时的(B6).

(4) $a^{p^m} = 1, b^{p^n} \neq 1, m = n$

此时,不失一般性设 $G = \langle a,b,c,x \mid a^{p^m} = 1, b^{p^n} = x, [a,b] = c, c^{p^r} = b^{p^t}x^k, [c,a] = x^u, [c,b] = x^v \rangle$. 若 $2t = n+r$, 则 $1 = [a,x^k] = [a, c^{p^r}b^{-p^t}] = [a, b^{-p^t}] = c^{-p^t} = b^{-p^{2t-r}} = b^{-p^n} \neq 1$. 矛盾. 因此 $2t > n+r$. 替换 $a^{1-kp^{n-t}}$ 为 a, $[a^{1-kp^{n-t}}, b]$ 为 c, 可得 $G = \langle a,b,c,x \mid a^{p^m} = 1, b^{p^n} = x, [a,b] = c, c^{p^r} = b^{p^t}, [c,a] = x^u, [c,b] = x^v \rangle$.

若 $[c,b] = 1$, 则得到 $m = n$ 时的(B5) .

若 $[c,b] \neq 1$, 则 $G = \langle a,b,c,x \mid a^{p^m} = 1, b^{p^n} = x, [a,b] = c, c^{p^r} = b^{p^t}, [c,a] = x^u, [c,b] = x^v \rangle$. 若 $[c,a] = 1$, 则得到 $m = n$ 时的(B6). 若 $[c,a] \neq 1$, 则存在 h 满足 $hv \equiv 1 \pmod{p}$. 替换 b^h 为 b, $[a, b^h]$ 为 c, x^h 为 x, 则得到(B7).

(5) $a^{p^m} \neq 1, m > n$

此时,不失一般性设 $G = \langle a,b,c,x \mid a^{p^m} = x, b^{p^n} = x^j, [a,b] = c, c^{p^r} = b^{p^t}x^k, [c,a] = x^u, [c,b] = x^v \rangle$. 替换 $a^{-kp^{m-t}}b$ 为 b, 得到 $G = \langle a,b,c,x \mid a^{p^m} = x, b^{p^n} = x^j, [a,b] = c, c^{p^r} = b^{p^t}, [c,a] = x^u, [c,b] = x^v \rangle$.

(5-1) $j = 0$

此时 $G = \langle a,b,c,x \mid a^{p^m} = x, b^{p^n} = 1, [a,b] = c, c^{p^r} = b^{p^t}, [c,a] = x^u, [c,b] = x^v \rangle$.

若 $v = 0$, 则 $G = \langle a,b,c,x \mid a^{p^m} = x, b^{p^n} = 1, [a,b] = c, c^{p^r} = b^{p^t}, [c,a] = x^u, [c,b] = 1 \rangle$. 替换 b^u 为 b, $[a, b^u]$ 为 c, 得到 $m > n$ 时的(B8).

若 $v \neq 0$, 则 $G = \langle a,b,c,x \mid a^{p^m} = x, b^{p^n} = 1, [a,b] = c, c^{p^r} = b^{p^t}, [c,a] = x^u, [c,b] = x^v \rangle$. 存在 h 满足 $hv \equiv -u \pmod{p}$. 替换 $b^h a$ 为 a, 得到 $G = \langle a,b,c,x \mid a^{p^m} = x, b^{p^n} =$

$1, [a,b]=c, c^{p^r}=b^{p^t}, [c,a]=1, [c,b]=x^v\rangle$. 存在 h 满足 $h^2v\equiv1$ 或 λ. 设 $v_1=h^2v$. 替换 b^h 为 b, $[a,b^h]$ 为 c, 得到 $m>n$ 时的(B9).

(5-2) $j\neq0$

此时 $G=\langle a,b,c,x \mid a^{p^m}=x, b^{p^n}=x^j, [a,b]=c, c^{p^r}=b^{p^t}, [c,a]=x^u, [c,b]=x^v\rangle$. 若 $2t=n+r$, 则 $1=[a,c^{p^r}b^{-p^t}]=[a,b^{-p^t}]=c^{-p^t}=b^{-p^{2t-r}}=b^{-p^n}\neq1$. 矛盾. 因此 $2t>n+r$.

若 $v=0$, 则 $G=\langle a,b,c,x \mid a^{p^m}=x, b^{p^n}=x^j, [a,b]=c, c^{p^r}=b^{p^t}, [c,a]=x^u, [c,b]=1\rangle$. 设 $u_1=uj$. 替换 b^j 为 b, $[a,b^j]$ 为 c, 得到(B10).

若 $v\neq0$, 则 $G=\langle a,b,c,x \mid a^{p^m}=x, b^{p^n}=x^j, [a,b]=c, c^{p^r}=b^{p^t}, [c,a]=x^u, [c,b]=x^v\rangle$. 存在 h 满足 $hv\equiv-u(\bmod\ p)$. 替换 b^ha 为 a, 得到 $G=\langle a,b,c,x \mid a^{p^m}=x, b^{p^n}=x^j, [a,b]=c, c^{p^r}=b^{p^t}, [c,a]=1, [c,b]=x^v\rangle$. 设 $v_1=vj^2$. 替换 b^j 为 b, $[a,b^j]$ 为 c, 得到(B11).

(6) $a^{p^m}\neq1$, $m=n$

此时不失一般性设 $G=\langle a,b,c,x \mid a^{p^m}=x, b^{p^n}=x^j, [a,b]=c, c^{p^r}=b^{p^t}x^k, [c,a]=x^u, [c,b]=x^v\rangle$. 若 $j\neq0$, 则显然 G 是 p^n 交换. 存在 h 满足 $hj\equiv-1(\bmod\ p)$. 替换 b^ha 为 a, 得到 $G=\langle a,b,c,x \mid a^{p^m}=1, b^{p^n}=x^j, [a,b]=c, c^{p^r}=b^{p^t}x^k, [c,a]=x^u, [c,b]=x^v\rangle$. 划入情况(4). 若 $j=0$, 则利用类似(5)的方法得到 $m=n$ 时的(B8) 和 $m=n$ 时的(B9).

情形 (C) G/G_3 同构于定理1.3.13中的(A3).

设 $G/G_3\cong\langle\bar{a},\bar{b},\bar{c} \mid \bar{a}^{p^m}=1, \bar{b}^{p^n}=1, [\bar{a},\bar{b}]=\bar{c}, \bar{c}^{p^r}=\bar{a}^{p^s}, [\bar{c},\bar{a}]=[\bar{c},\bar{b}]=1\rangle$, 其中 $m\geq n\geq r\geq1$, $n>t\geq(n+r)/2$. 则可设 $G=\langle a,b,c,x \mid a^{p^m}=x^i, b^{p^n}=x^j, [a,b]=c, c^{p^r}=a^{p^s}x^k, [c,a]=x^u, [c,b]=x^v\rangle$, 其中 $i,j,k,u,v\in\{i\in\mathbf{Z}\mid0\leq i\leq p-1\}$. 分以下四种情况讨论:

(1) $a^{p^m}=1, b^{p^n}=1, c^{p^r}=a^{p^s}$

此时 $G=\langle a,b,c,x \mid a^{p^m}=1, b^{p^n}=1, [a,b]=c, c^{p^r}=a^{p^s}, [c,a]=x^u, [c,b]=x^v\rangle$.

(1-1) $[c,b]=1$

得到(C1).

(1-2) $[c,b]\neq1$

不失一般性设 $G=\langle a,b,c,x \mid a^{p^m}=1, b^{p^n}=1, [a,b]=c, c^{p^r}=a^{p^s}, [c,a]=x^u, [c,b]=x\rangle$.

若 $s\geq n$, 则替换 $b^{-u}a$ 为 a, 得到 $s\geq n$ 时的(C2).

若 $s<n$, 则分两种情况讨论. 若 $u=0$, 则得到 $s<n$ 时的(C2). 若 $u\neq0$, 则存在 h 满足 $hu\equiv1(\bmod\ p)$. 替换 a^h 为 a, $[a^h,b]$ 为 c, x^h 为 x, 得到(C3).

(2) $a^{p^m}=1, b^{p^n}=1, x^k\neq1$

不失一般性设 $G=\langle a,b,c,x \mid a^{p^m}=1, b^{p^n}=1, [a,b]=c, c^{p^r}=a^{p^s}x, [c,a]=x^u, [c,b]=x^v\rangle$.

(2-1) $[c,b]=1$

此时 $G=\langle a,b,c,x \mid a^{p^m}=1,b^{p^n}=1,[a,b]=c,c^{p^r}=a^{p^s}x,[c,a]=x^u,[c,b]=1\rangle$.

存在 h 满足 $hu\equiv1(\bmod\,p)$. 替换 a^h 为 a，$[a^h,b]$ 为 c，x^h 为 x，得到(C4).

(2-2) $[c,b]\neq1$

不失一般性设 $G=\langle a,b,c,x \mid a^{p^m}=1,b^{p^n}=1,[a,b]=c,c^{p^r}=a^{p^s}x,[c,a]=x^u,[c,b]=x^v\rangle$.

若 $s\geq n$，则存在 h 满足 $vh\equiv-u(\bmod\,p)$. 替换 b^ha 为 a，得到(C5)的一部分.

若 $s<n$，则分两种情况讨论. 若 $u=0$，则得到(C5)的一部分. 若 $u\neq0$，则存在 h 满足 $uh\equiv1(\bmod\,p)$. 替换 a^h 为 a，$[a^h,b]$ 为 c，x^h 为 x，得到(C6).

(3) $a^{p^m}=1,b^{p^n}\neq1$

不失一般性设 $G=\langle a,b,c,x \mid a^{p^m}=1,b^{p^n}=x,[a,b]=c,c^{p^r}=a^{p^s}x^k,[c,a]=x^u,[c,b]=x^v\rangle$.

(3-1) $s\leq n$

设 $[c,b^{kp^{n-s}}a]=x^{u_1}$. 替换 $b^{kp^{n-s}}a$ 为 a，得到 $G=\langle a,b,c,x \mid a^{p^m}=1,b^{p^n}=x,[a,b]=c,c^{p^r}=a^{p^s},[c,a]=x^{u_1},[c,b]=x^v\rangle$.

若 $[c,b]=1$，则存在 h 满足 $u_1h^2\equiv2(\bmod\,p)$，其中 $u_2=1$ 或 λ. 替换 a^h 为 a，$[a^h,b]$ 为 c，则得到 $s\leq n$ 时的(C7).

若 $[c,b]\neq1$，则存在 h 满足 $hv\equiv1(\bmod\,p)$. 替换 a^h 为 a，$[a^h,b]$ 为 c，得到(C8).

(3-2) $s>n$

(3-2-1) $[c,b]=1$

若 $k=0$，则类似**(3-1)**可以得到 $s>n$ 时的(C7).

若 $k\neq0$，则存在 h 满足 $hk\equiv1(\bmod\,p)$. 设 $u_1=h^2u$. 替换 a^h 为 a，$[a^h,b]$ 为 c，得到(C9).

(3-2-2) $[c,b]\neq1$

此时 $G=\langle a,b,c,x \mid a^{p^m}=1,b^{p^n}=x,[a,b]=c,c^{p^r}=a^{p^s}x^k,[c,a]=x^u,[c,b]=x^v\rangle$. 存在 h 满足 $hv\equiv-u(\bmod\,p)$. 替换 b^ha 为 a，得到 $G=\langle a,b,c,x \mid a^{p^m}=1,b^{p^n}=x,[a,b]=c,c^{p^r}=a^{p^s}x^k,[c,a]=1,[c,b]=x^v\rangle$. 存在 h_1 满足 $vh_1\equiv1(\bmod\,p)$. 设 $k_1=kh_1$. 替换 a^{h_1} 为 a，$[a^{h_1},b]$ 为 c，得到(C10).

(4) $a^{p^m}\neq1$

不失一般性设 $G=\langle a,b,c,x \mid a^{p^m}=x,b^{p^n}=x^j,[a,b]=c,c^{p^r}=a^{p^s}x^k,[c,a]=x^u,[c,b]=x^v\rangle$. 若 $s=m-s+r$，则 $1=[c^{p^r}x^{-k},b]=[a^{p^s},b]=c^{p^s}=a^{p^{2s-r}}=a^{p^m}=x\neq1$. 矛盾. 因此 $m-s+r<s$. 若 $n=m-s+r$，则 $1=[a,b^{p^n}]=c^{p^n}=a^{p^{n+s-r}}=a^{p^m}=x\neq1$. 矛盾. 因此 $n>m-s+r$.

替换 $a^{-jp^{m-n}}b$ 为 b，得到 $G=\langle a,b,c,x \mid a^{p^m}=x,b^{p^n}=1,[a,b]=c,c^{p^r}=a^{p^s}x^k,[c,a]=x^u,[c,b]=x^v\rangle$.

替换 $b^{1-kp^{m-s}}$ 为 b,$[a, b^{1-kp^{m-s}}]$ 为 c,得到 $G = \langle a, b, c, x \mid a^{p^m} = x, b^{p^n} = 1, [a, b] = c, c^{p^r} = a^{p^s}, [c, a] = x^u, [c, b] = x^v \rangle$.

(4-1) $[c, b] = 1$

存在 h 满足 $hu \equiv 1 \pmod{p}$. 替换 a^h 为 a,$[a^h, b]$ 为 c,x^h 为 x,可得(C11).

(4-2) $[c, b] \neq 1$

若 $s \geq n$,则存在 h 满足 $vh \equiv -u \pmod{p}$. 替换 $b^h a$ 为 a,得到(C12)的一部分.

若 $s < n$,则分两种情况讨论. 若 $u = 0$,则得到(C12)的一部分. 若 $u \neq 0$,则存在 h 满足 $uh \equiv 1 \pmod{p}$. 替换 a^h 为 a,$[a^h, b]$ 为 c,x^h 为 x,得到(C13).

情形 (D) G/G_3 同构于定理1.3.13中的(A4).

设 $G/G_3 \cong \langle \bar{a}, \bar{b}, \bar{c} \mid \bar{a}^{p^m} = 1, \bar{b}^{p^n} = 1, [\bar{a}, \bar{b}] = \bar{c}, \bar{c}^{p^r} = \bar{a}^{p^s} \bar{b}^{p^t}, [\bar{c}, \bar{a}] = [\bar{c}, \bar{b}] = 1 \rangle$,其中 $m > n > r$,$m > s > t > r \geq 1$,$s + n < m + t$,$n > t \geq m - s + r$. 则可设 $G = \langle a, b, c, x \mid a^{p^m} = x^i, b^{p^n} = x^j, [a, b] = c, c^{p^r} = a^{p^s} b^{p^t} x^k, [c, a] = x^u, [c, b] = x^v \rangle$,其中 $i, j, k, u, v \in \{i \in \mathbf{Z} \mid 0 \leq i \leq p - 1\}$. 以下分四种情况讨论:

(1) $a^{p^m} = 1, b^{p^n} = 1, c^{p^r} = a^{p^s} b^{p^t}$

若 $[c, b] = 1$,则得到(D1).

若 $[c, b] \neq 1$,则不失一般性设 $G = \langle a, b, c, x \mid a^{p^m} = 1, b^{p^n} = 1, [a, b] = c, c^{p^r} = a^{p^s} b^{p^t}, [c, a] = x^u, [c, b] = x \rangle$. 替换 $b^{-u} a$ 为 a,得到 $G = \langle a, b, c, x \mid a^{p^m} = 1, b^{p^n} = 1, [a, b] = c, c^{p^r} = a^{p^s} b^{p^t} b^{up^s}, [c, a] = 1, [c, b] = x \rangle$. 存在 h 满足 $h(1 + up^{s-t}) \equiv -up^{s-t} \pmod{p^{n-t}}$. 替换 a^{1+h} 为 a,$[a^{1+h}, b]$ 为 c,x^{1+h} 为 x,得到(D2).

(2) $a^{p^m} = 1, b^{p^n} = 1, x^k \neq 1$

不失一般性设 $G = \langle a, b, c, x \mid a^{p^m} = 1, b^{p^n} = 1, [a, b] = c, c^{p^r} = a^{p^s} b^{p^t} x, [c, a] = x^u, [c, b] = x^v \rangle$.

若 $[c, b] = 1$,则得到(D3).

若 $[c, b] \neq 1$,则 $G = \langle a, b, c, x \mid a^{p^m} = 1, b^{p^n} = 1, [a, b] = c, c^{p^r} = a^{p^s} b^{p^t} x, [c, a] = x^u, [c, b] = x^v \rangle$. 存在 h 满足 $hv \equiv -u \pmod{p}$. 替换 $b^h a$ 为 a,得到 $G = \langle a, b, c, x \mid a^{p^m} = 1, b^{p^n} = 1, [a, b] = c, c^{p^r} = a^{p^s} b^{p^t} b^{-hp^s} x, [c, a] = 1, [c, b] = x^v \rangle$. 存在 h_1 满足 $h_1(1 - hp^{s-t}) \equiv hp^{s-t} \pmod{p^{n-t}}$. 替换 a^{1+h_1} 为 a,$[a^{1+h_1}, b]$ 为 c,x^{1+h_1} 为 x,得到(D4).

(3) $a^{p^m} = 1, b^{p^n} \neq 1$

不失一般性设 $G = \langle a, b, c, x \mid a^{p^m} = 1, b^{p^n} = x, [a, b] = c, c^{p^r} = a^{p^s} b^{p^t} x^k, [c, a] = x^u, [c, b] = x^v \rangle$. 替换 $a^{1-kp^{n-t}}$ 为 a,$[a^{1-kp^{n-t}}, b]$ 为 c,得到 $G = \langle a, b, c, x \mid a^{p^m} = 1, b^{p^n} = x, [a, b] = c, c^{p^r} = a^{p^s} b^{p^t}, [c, a] = x^u, [c, b] = x^v \rangle$.

若 $[c, b] = 1$,则得到(D5).

若 $[c, b] \neq 1$,则 $G = \langle a, b, c \mid a^{p^m} = 1, b^{p^n} = x, [a, b] = c, c^{p^r} = a^{p^s} b^{p^t}, [c, a] = x^u, [c, b] = x^v \rangle$. 存在 h 满足 $hv \equiv -u \pmod{p}$. 替换 $b^h a$ 为 a,得到 $G = \langle a, b, c \mid a^{p^m} = $

$1, b^{p^n} = x, [a,b] = c, c^{p^r} = a^{p^s} b^{p^t} b^{-hp^s}, [c,a] = 1, [c,b] = x^v \rangle$. 存在 h_1 满足 $h_1(1 - hp^{s-t}) \equiv hp^{s-t} (\bmod\ p^{n-t+1})$. 设 $v_1 = v(1 + h_1)$. 替换 a^{1+h_1} 为 a, $[a^{1+h_1}, b]$ 为 c, 得到(D6).

(4) $a^{p^m} \neq 1$

不失一般性设 $G = \langle a, b, c, x \mid a^{p^m} = x, b^{p^n} = x^j, [a,b] = c, c^{p^r} = a^{p^s} b^{p^t} x^k, [c,a] = x^u, [c,b] = x^v \rangle$. 若 $t = m - s + r$, 则 $1 = [a, c^{p^r} a^{-p^s} x^{-k}] = [a, b^{p^t}] = c^{p^t} = a^{p^{s+t-r}} = x \neq 1$. 矛盾. 因此 $t > m - s + t$.

替换 $b^{1-kp^{m-s}}$ 为 b, $[a, b^{1-kp^{m-s}}]$ 为 c, 得到 $G = \langle a, b, c, x \mid a^{p^m} = x, b^{p^n} = x^j, [a,b] = c, c^{p^r} = a^{p^s} b^{p^t}, [c,a] = x^u, [c,b] = x^v \rangle$. 替换 $a^{-jp^{m-n}} b$ 为 b, 得到 $G = \langle a, b, c, x \mid a^{p^m} = x, b^{p^n} = 1, [a,b] = c, c^{p^r} = a^{p^s} b^{p^t} a^{jp^{m-n+t}}, [c,a] = x^u, [c,b] = x^v \rangle$. 存在 h 满足 $h(1 + jp^{m-n+t-s}) \equiv -jp^{m-n+t-s} (\bmod\ p^{m-s+1})$. 替换 b^{1+h} 为 b, $[a, b^{1+h}]$ 为 c, 得到 $G = \langle a, b, c, x \mid a^{p^m} = x, b^{p^n} = 1, [a,b] = c, c^{p^r} = a^{p^s} b^{p^t}, [c,a] = x^u, [c,b] = x^v \rangle$.

若 $[c,b] = 1$, 则得到(D7).

若 $[c,b] \neq 1$, 则 $G = \langle a, b, c, x \mid a^{p^m} = x, b^{p^n} = 1, [a,b] = c, c^{p^r} = a^{p^s} b^{p^t}, [c,a] = x^u, [c,b] = x^v \rangle$. 存在 h 满足 $hv \equiv -u (\bmod\ p)$. 替换 $b^h a$ 为 a, 得到 $G = \langle a, b, c, x \mid a^{p^m} = x, b^{p^n} = 1, [a,b] = c, c^{p^r} = a^{p^s} b^{p^t} b^{-hp^s}, [c,a] = 1, [c,b] = x^v \rangle$. 存在 h_1 满足 $h_1(1 - hp^{s-t}) \equiv hp^{s-t} (\bmod\ p^{n-t})$. 替换 a^{1+h_1} 为 a, $[a^{1+h_1}, b]$ 为 c, x^{1+h_1} 为 x, 得到(D8).

下证定理中的群的阶都是 $p^{m+n+r+1}$. 设 G 是(A12)中的一个群, $H = \langle a, c \rangle < G$. 则 $H \cong C_{p^{m+1}} \times C_{p^r}$. 设 $\sigma(g): h \longrightarrow h^g$, 其中 $h \in H$, $g \in G$. 则 $\sigma(b) \in \mathrm{Aut}(H)$, $\sigma^{p^n}(b) = \sigma(1)$. 由 $b^{p^{n-1}} \notin H$ 和 $b^{p^n} = 1 \in H$ 可知: G 是 H 被 C_{p^n} 的扩张. 因此 $|G| = p^{m+n+r+1}$. 类似的, 可得定理中的群的阶都是 $p^{m+n+r+1}$.

通过简单的检查, 定理中的群 G 具有以下性质: $c(G) = 3$, $G_3 \cong C_p$, $\exp G_3 = p$, G 非亚循环. 由定理4.1.7 可知: 定理中的群都是内 $\mathcal{P}_2$ 群. 因此它们满足了定理中的条件.

最后证明定理中的群都是互不同构的. 设 G 和 H 是两个 p 群. 若 $G/G_3 \not\cong H/H_3$, 则 $G \not\cong H$. 因此, (A)-(D)类中, 不同类之间的群是互不同构的. 以下仅证明(A)类中的群互不同构. 其余情况省略.

设 G 是(A12)中的一个群. 由 $c(G) < p$ 和定理1.2.29可知: G 正则. 设 $d = ca^{-p^{m-r}}$. 由定理1.2.15可知: $o(d) = p^r$. 易知 (a, b, d) 是 G 的唯一性基底. 由定理1.2.16可知: G 的型不变量是 $(m+1, n, r)$. 由 $G' = \langle [a,b], G_3 \rangle$ 可知: G' 循环. 由 $a \in C_G(G')$ 可知: $\exp(C_G(G')) = p^{m+1}$. 类似的我们得到下面两个表. 细节省略.

表 4.1

G	A1	A2	A3	A4	A5	A6
type invariants	(m,n,r,1)	(m,n,r,1)	(m,n,r+1)	(m,n,r+1)	(m,n+1,r)	(m,n+1
G'	cyclic	non-cyclic	cyclic	cyclic	non-cyclic	non-cy
$\exp(C_G(G'))$	$\max(p^n, p^{m-1})$	p^m	$\max(p^n, p^{m-1})$	p^m	$\max(p^{n+1}, p^{m-1})$	p^m

表 **4.2**

G	A7	A8	A9	A10	A11	A12
type invariants	(m,n+1,r)	(m,n+1,r)	(m+1,n,r)	(m+1,n,r)	(m+1,n,r)	(m+1,n,r)
G'	cyclic	cyclic	non-cyclic	non-cyclic	cyclic	cyclic
$\exp(C_G(G'))$	$\max(p^{n+1},p^{m-1})$	p^m	$\max(p^n,p^{m-1})$	p^{m+1}	$\max(p^n,p^{m-1})$	p^{m+1}

下证(Ai) $\not\cong$ (Aj), 其中$i \neq j$. 由型不变量可知,只需证(A5)$\not\cong$ (A6), (A7)$\not\cong$ (A8). 并且可设m, n, r在下述H和T中取值相同.

下证(A5) $\not\cong$ (A6). 设H是(A6)中的一个群, T是(A5)中的一个群. 设σ 是T 到H的同构映射, $\sigma(a) \equiv a^{x_{11}}b^{x_{12}}(\mathrm{mod}\, H_2)$和$\sigma(b) \equiv a^{x_{21}}b^{x_{22}}(\mathrm{mod}\, H_2)$, 其中$1 \leq x_{11}, x_{21} \leq p^m, 1 \leq x_{12}, x_{22} \leq p^{n+1}$. 我们有$c^\sigma = [a^\sigma, b^\sigma] \equiv c^{x_{11}x_{22}-x_{12}x_{21}}(\mathrm{mod}\, H_3)$. 由$[c^\sigma, a^\sigma] = 1$可知: $p \mid x_{11}$. 由$[c^\sigma, b^\sigma] = x^\sigma$可知: $x^\sigma \in \langle b^{p^n} \rangle$, $p \nmid x_{21}$. 另一方面, $(b^\sigma)^{p^n} = x^\sigma$. 因此$p \mid x_{21}$. 矛盾. 则(A5)$\not\cong$ (A6).

下证(A7) $\not\cong$ (A8).设H是(A8)中的一个群, T是(A7)中的一个群. 设σ 是T 到H的同构映射, $\sigma(a) \equiv a^{x_{11}}b^{x_{12}}(\mathrm{mod}\, H_2)$和$\sigma(b) \equiv a^{x_{21}}b^{x_{22}}(\mathrm{mod}\, H_2)$, 其中$1 \leq x_{11}, x_{21} \leq p^m, 1 \leq x_{12}, x_{22} \leq p^{n+1}$. 则$c^\sigma = [a^\sigma, b^\sigma] \equiv c^{x_{11}x_{22}-x_{12}x_{21}}(\mathrm{mod}\, H_3)$. 由$[c^\sigma, a^\sigma] = 1$可知: $p \mid x_{11}$. 由$[c^\sigma, b^\sigma] = x^\sigma$可知: $x^\sigma \in \langle b^{p^n} \rangle$, $p \nmid x_{21}$. 另一方面, $(b^\sigma)^{p^n} = x^\sigma$. 因此$p \mid x_{21}$. 矛盾. 则(A7)$\not\cong$ (A8).

以下证明(Ai)中的群若参数取值不同, 则给出不同构的群.

由m, n, r 是(A1)-(A12)中群的同构不变量可知: (A1–A4), (A6), (A8), (A9), (A11)的群若参数取值不同, 则给出不同构的群.

设H, T是(Ai)中的不同的两个群, 其中$i = 5, 7, 10, 12$; H和T中m, n, r的取值相同. 只需证$H \not\cong T$.

对(A5)来讨论. 设H 中$u_1 = 1$, T 中$u_1 = \lambda$. 不妨设$H \cong T$, σ 是H到T的一个同构映射, $\sigma(a) \equiv a^{x_{11}}b^{x_{12}}(\mathrm{mod}\, T_2)$, $\sigma(b) \equiv a^{x_{21}}b^{x_{22}}(\mathrm{mod}\, T_2)$, 其中$1 \leq x_{11}, x_{21} \leq p^m, 1 \leq x_{12}, x_{22} \leq p^{n+1}$. 我们有$c^\sigma = [a^\sigma, b^\sigma] \equiv c^{x_{11}x_{22}-x_{12}x_{21}}(\mathrm{mod}\, T_3)$. 由$[c^\sigma, b^\sigma] = 1$得$p \mid x_{21}$. 因为$[c^\sigma, a^\sigma] = x^\sigma$, 所以$x^\sigma = x^{\lambda x_{11}^2 x_{22}}$. 另一方面, $x^\sigma = (b^\sigma)^{p^n}$. 因此$x^\sigma = x^{x_{22}}$. 则$\lambda x_{11}^2 \equiv 1(\mathrm{mod}\, p)$. 矛盾.

对(A7)来讨论. 设H 中$u_1 = s$, T 中$u_1 = t$. 不妨设$H \cong T$, σ 是H到T的一个同构映射, $\sigma(a) \equiv a^{x_{11}}b^{x_{12}}(\mathrm{mod}\, T_2)$, $\sigma(b) \equiv a^{x_{21}}b^{x_{22}}(\mathrm{mod}\, T_2)$, 其中$1 \leq x_{11}, x_{21} \leq p^m, 1 \leq x_{12}, x_{22} \leq p^{n+1}$. 则$c^\sigma = [a^\sigma, b^\sigma] \equiv c^{x_{11}x_{22}-x_{12}x_{21}}(\mathrm{mod}\, T_3)$. 由$(c^\sigma)^{p^r} = x^\sigma$和$(b^\sigma)^{p^n} = x^\sigma$可知: $p \mid x_{21}, x_{11} \equiv 1(\mathrm{mod}\, p)$, $x^\sigma = x^{x_{22}}$. 由$[c^\sigma, a^\sigma] = (x^\sigma)^s$可知: $s \equiv t(\mathrm{mod}\, p)$. 矛盾.

对(A10)来讨论. 设H 中$v_1 = 1$, T 中$v_1 = \lambda$. 不妨设$H \cong T$, σ 是H到T的一个同构映射, $\sigma(a) \equiv a^{x_{11}}b^{x_{12}}(\mathrm{mod}\, T_2)$, $\sigma(b) \equiv a^{x_{21}}b^{x_{22}}(\mathrm{mod}\, T_2)$, 其中$1 \leq x_{11}, x_{21} \leq p^m, 1 \leq x_{12}, x_{22} \leq p^{n+1}$. 则$c^\sigma = [a^\sigma, b^\sigma] \equiv c^{x_{11}x_{22}-x_{12}x_{21}}(\mathrm{mod}\, T_3)$. 由$(b^\sigma)^{p^n} = 1$可知: $p \mid x_{21}$. 由$(a^\sigma)^{p^m} = x^\sigma$可知: $x^\sigma = x^{x_{11}}$. 另一方面, $[c^\sigma, b^\sigma] = (x^\sigma)$. 因此$x_{22}^2 \lambda \equiv 1(\mathrm{mod}\, p)$. 矛

盾.

对(A12)来讨论. 设 H 中 $v_1 = s$, T 中 $v_1 = t$. 不妨设 $H \cong T$, σ 是 H 到 T 的一个同构映射, $\sigma(a) \equiv a^{x_{11}} b^{x_{12}} (\mod T_2)$, $\sigma(b) \equiv a^{x_{21}} b^{x_{22}} (\mod T_2)$, 其中 $1 \le x_{11}, x_{21} \le p^m$, $1 \le x_{12}, x_{22} \le p^{n+1}$. 则 $c^\sigma = [a^\sigma, b^\sigma] \equiv c^{x_{11}x_{22} - x_{12}x_{21}} (\mod T_3)$. 由 $(b^\sigma)^{p^n} = 1$ 得 $p \mid x_{21}$. 由 $(a^\sigma)^{p^m} = x^\sigma$ 可知: $x^\sigma = x^{x_{11}}$. 由 $(c^\sigma)^{p^r} = x^\sigma$ 可知: $x^\sigma = x^{x_{11}x_{22}}$. 由 $[c^\sigma, b^\sigma] = (x^\sigma)$ 可知: $t \equiv s (\mod p)$. 矛盾.

综上所述可得: (Ai)中的群参数取值不同时给出不同构的群.　□

注记 设 G 是一个有限 p 群且 $p > 3$. 则 G 是一个内 $\mathcal{P}_2$ 群且 $G_3 \cong C_p$ 当且仅当 G 是定理4.2.1和定理4.2.2中的一个群.

注记 设 G 是定理4.2.2 中的一个群. 则

(1) $\Phi(G) = \langle a^p, b^p, c, x \rangle$, $G/\Phi(G) = \langle \bar{a} \rangle \times \langle \bar{b} \rangle \cong C_p \times C_p$.

(2) $G' = \langle c, x \rangle$, $\exp G' = o(c)$.

(3) $\mho_1(G')G_3 = \langle c^p, x \rangle \le Z(G)$. 设 $G/\mho_1(G')G_3 \cong H$. 则 H 是一个内交换群.

(4) 设 $G/Z(G) \cong H$. 则 H 是一个内交换群.

(5) $G_3 = \langle x \rangle$. 设 $G/G_3 \cong H$. 则 H 同构于定理1.3.13中的一个群.

(6) 设 $g \in G$.

若 G 的型不变量是(m,n,r,1), 则 $g = a^i b^j c^k x^l$, 其中 $1 \le i \le p^m$, $1 \le j \le p^n$, $1 \le k \le p^r$, $1 \le l \le p$.

若 G 的型不变量是(m+1,n,r), 则 $g = a^i b^j c^k$, 其中 $1 \le i \le p^{m+1}$, $1 \le j \le p^n$, $1 \le k \le p^r$.

若 G 的型不变量是(m,n+1,r), 则 $g = a^i b^j c^k$, 其中 $1 \le i \le p^m$, $1 \le j \le p^{n+1}$, $1 \le k \le p^r$.

若 G 的型不变量是(m,n,r+1), 则 $g = a^i b^j c^k$, 其中 $1 \le i \le p^m$, $1 \le j \le p^n$, $1 \le k \le p^{r+1}$.

定理 4.2.3 设 G 是一个有限 p 群且 $p > 3$. 则 G 是一个内 $\mathcal{P}_2$ 群且 $G_3 \cong C_p \times C_p$ 当且仅当 G 同构于下列互不同构的群之一:

(A)　$m \ge n \ge r \ge 1$. 若 $c^{p^r} \ne 1$, 则 $n > r$.

(A1)　$\langle a, b, c, x, y \mid a^{p^m} = 1, b^{p^n} = 1, [a, b] = c, c^{p^r} = 1, [c, a] = x, [c, b] = y \rangle$.

(A2)　$\langle a, b, c, x, y \mid a^{p^m} = 1, b^{p^n} = 1, [a, b] = c, c^{p^r} = y, [c, a] = x, [c, b] = y \rangle$.

(A3)　$\langle a, b, c, x, y \mid a^{p^m} = 1, b^{p^n} = 1, [a, b] = c, c^{p^r} = x, [c, a] = x, [c, b] = y \rangle$,
　　其中 $m > n$.

(A4)　$\langle a, b, c, x, y \mid a^{p^m} = 1, b^{p^n} = y, [a, b] = c, c^{p^r} = 1, [c, a] = x, [c, b] = y \rangle$,

(A5)　$\langle a, b, c, x, y \mid a^{p^m} = 1, b^{p^n} = y, [a, b] = c, c^{p^r} = y, [c, a] = x, [c, b] = y \rangle$.

(A6)　$\langle a, b, c, x, y \mid a^{p^m} = 1, b^{p^n} = y, [a, b] = c, c^{p^r} = x, [c, a] = x, [c, b] = y \rangle$,
　　其中 $m > n$.

(A7) $\langle a,b,c,x,y \mid a^{p^m} = 1, b^{p^n} = y, [a,b] = c, c^{p^r} = xy^{k_4}, [c,a] = x, [c,b] = y \rangle$,
其中$1 \le k_4 \le p-1$, $m = n$.

(A8) $\langle a,b,c,x,y \mid a^{p^m} = 1, b^{p^n} = x^{j_3}, [a,b] = c, c^{p^r} = 1, [c,a] = x, [c,b] = y \rangle$,
其中$j_3 = 1$ 或λ.

(A9) $\langle a,b,c,x,y \mid a^{p^m} = 1, b^{p^n} = x^{j_3}, [a,b] = c, c^{p^r} = x, [c,a] = x, [c,b] = y \rangle$,
其中$1 \le j_3 \le p-1$.

(A10) $\langle a,b,c,x,y \mid a^{p^m} = 1, b^{p^n} = x^{j_3}, [a,b] = c, c^{p^r} = xy, [c,a] = x, [c,b] = y \rangle$,
其中$1 \le j_3 \le p-1$.

(A11) $\langle a,b,c,x,y \mid a^{p^m} = y^{i_3}, b^{p^n} = 1, [a,b] = c, c^{p^r} = 1, [c,a] = x, [c,b] = y \rangle$,
其中$i_3 = 1$ 或λ, $m > n$.

(A12) $\langle a,b,c,x,y \mid a^{p^m} = y^{i_3}, b^{p^n} = 1, [a,b] = c, c^{p^r} = y, [c,a] = x, [c,b] = y \rangle$,
其中$i_3 = 1$ 或λ, $m > n$.

(A13) $\langle a,b,c,x,y \mid a^{p^m} = y^{i_3}, b^{p^n} = 1, [a,b] = c, c^{p^r} = x, [c,a] = x, [c,b] = y \rangle$,
其中$i_3 = 1$ 或λ, $m > n$.

(A14) $\langle a,b,c,x,y \mid a^{p^m} = x, b^{p^n} = 1, [a,b] = c, c^{p^r} = 1, [c,a] = x, [c,b] = y \rangle$,
其中$m > n$.

(A15) $\langle a,b,c,x,y \mid a^{p^m} = x, b^{p^n} = 1, [a,b] = c, c^{p^r} = y, [c,a] = x, [c,b] = y \rangle$,
其中$m > n$.

(A16) $\langle a,b,c,x,y \mid a^{p^m} = x, b^{p^n} = 1, [a,b] = c, c^{p^r} = xy^{k_5}, [c,a] = x, [c,b] = y \rangle$,
其中$0 \le k_5 \le p-1$, $m > n$.

(A17) $\langle a,b,c,x,y \mid a^{p^m} = x, b^{p^n} = y, [a,b] = c, c^{p^r} = 1, [c,a] = y^{u_3}, [c,b] = x^{v_3} \rangle$,
其中$u_3 = 1$ 或λ, $v_3 = 1$ 或λ, $m > n$.

(A18) $\langle a,b,c,x,y \mid a^{p^m} = x, b^{p^n} = y, [a,b] = c, c^{p^r} = x, [c,a] = y^{u_4}, [c,b] = x^{v_1} \rangle$,
其中$1 \le v_1 \le p-1$, $u_4 = 1$ 或λ, $m > n$.

(A19) $\langle a,b,c,x,y \mid a^{p^m} = x, b^{p^n} = y, [a,b] = c, c^{p^r} = y, [c,a] = y^{u_3}, [c,b] = x^{v_3} \rangle$,
其中$1 \le u_3 \le p-1$, $v_3 = 1$ 或λ, $m > n$.

(A20) $\langle a,b,c,x,y \mid a^{p^m} = x, b^{p^n} = y, [a,b] = c, c^{p^r} = 1, [c,a] = x, [c,b] = y^{v_3} \rangle$,
其中$1 \le v_3 \le p-1$, $m > n$.

(A21) $\langle a,b,c,x,y \mid a^{p^m} = x, b^{p^n} = y, [a,b] = c, c^{p^r} = y, [c,a] = x, [c,b] = y^{v_4} \rangle$,
其中$1 \le v_4 \le p-1$, $m > n$.

(A22) $\langle a,b,c,x,y \mid a^{p^m} = x, b^{p^n} = y, [a,b] = c, c^{p^r} = xy^{k_5}, [c,a] = x, [c,b] = y^{v_4} \rangle$,
其中$0 \le k_5 \le p-1$, $1 \le v_4 \le p-1$, $m > n$.

(A23) $\langle a,b,c,x,y \mid a^{p^m} = x, b^{p^n} = y, [a,b] = c, c^{p^r} = y, [c,a] = x, [c,b] = y^{v_3} \rangle$,
其中$1 \le v_3 \le p-1$, $m = n$.

(A24) $\langle a,b,c,x,y \mid a^{p^m} = x, b^{p^n} = y, [a,b] = c, c^{p^r} = y, [c,a] = xy^{u_4}, [c,b] = y \rangle$,
其中$1 \le u_4 \le p-1$, $m = n$.

(A25) $\langle a,b,c,x,y \mid a^{p^m} = x, b^{p^n} = y, [a,b] = c, c^{p^r} = y, [c,a] = y^{u_4}, [c,b] = x^{v_5}\rangle$,
其中 $1 \leq u_4 \leq p-1$, $v_5 = 1$ 或 λ, $m \stackrel{.}{=} n$.

(A26) $\langle a,b,c,x,y \mid a^{p^m} = x, b^{p^n} = y, [a,b] = c, c^{p^r} = y, [c,a] = y^{u_4}, [c,b] = x^{v_6}y\rangle$,
其中 $1 \leq u_4 \leq p-1$, $1 \leq v_6 \leq p-1$, $m = n$.

(A27) $\langle a,b,c,x,y \mid a^{p^m} = x, b^{p^n} = y, [a,b] = c, c^{p^r} = 1, [c,a] = x, [c,b] = y\rangle$,
其中 $m = n$.

(A28) $\langle a,b,c,x,y \mid a^{p^m} = x, b^{p^n} = y, [a,b] = c, c^{p^r} = 1, [c,a] = y^{-1}, [c,b] = xy^{v_3}\rangle$,
其中 $0 \leq v_3 \leq p-1/2$, $m = n$.

(A29) $\langle a,b,c,x,y \mid a^{p^m} = x, b^{p^n} = y, [a,b] = c, c^{p^r} = 1, [c,a] = y^{-1}, [c,b] = x^{\lambda}y^{v_3}\rangle$,
其中 $0 \leq v_3 \leq p-1/2$, $m = n$.

(A30) $\langle a,b,c,x,y \mid a^{p^m} = x, b^{p^n} = y, [a,b] = c, c^{p^r} = 1, [c,a] = y^{-\lambda}, [c,b] = x^{\lambda}y^{2\lambda}\rangle$,
其中 $m = n$.

(B)　$m \geq n > r \geq 1$, $n > t \geq (n+r)/2$.

(B1) $\langle a,b,c,x,y \mid a^{p^m} = 1, b^{p^n} = 1, [a,b] = c, c^{p^r} = b^{p^t}, [c,a] = x, [c,b] = y\rangle$.

(B2) $\langle a,b,c,x,y \mid a^{p^m} = 1, b^{p^n} = 1, [a,b] = c, c^{p^r} = b^{p^t}y, [c,a] = x, [c,b] = y\rangle$.

(B3) $\langle a,b,c,x,y \mid a^{p^m} = 1, b^{p^n} = 1, [a,b] = c, c^{p^r} = b^{p^t}x^{k_1}, [c,a] = x, [c,b] = y\rangle$,
其中 $1 \leq k_1 \leq p-1$.

(B4) $\langle a,b,c,x,y \mid a^{p^m} = 1, b^{p^n} = y, [a,b] = c, c^{p^r} = b^{p^t}, [c,a] = x, [c,b] = y\rangle$,
其中 $2t > n+r$.

(B5) $\langle a,b,c,x,y \mid a^{p^m} = 1, b^{p^n} = y, [a,b] = c, c^{p^r} = b^{p^t}x^{k_1}, [c,a] = x, [c,b] = y\rangle$,
其中 $1 \leq k_1 \leq p-1$, $2t > n+r$.

(B6) $\langle a,b,c,x,y \mid a^{p^m} = 1, b^{p^n} = x^{j_1}, [a,b] = c, c^{p^r} = b^{p^t}, [c,a] = x, [c,b] = y\rangle$,
其中 $1 \leq j_1 \leq p-1$, $2t > n+r$, $m > n$.

(B7) $\langle a,b,c,x,y \mid a^{p^m} = 1, b^{p^n} = x^{j_1}, [a,b] = c, c^{p^r} = b^{p^t}y, [c,a] = x, [c,b] = y\rangle$,
其中 $1 \leq j_1 \leq p-1$, $2t > n+r$, $m > n$.

(B8) $\langle a,b,c,x,y \mid a^{p^m} = 1, b^{p^n} = x^{j_1}, [a,b] = c, c^{p^r} = b^{p^t}, [c,a] = x, [c,b] = y\rangle$,
其中 $1 \leq j_1 \leq p-1$, $m = n$, $2t > n+r$.

(B9) $\langle a,b,c,x,y \mid a^{p^m} = 1, b^{p^n} = x^{j_1}y, [a,b] = c, c^{p^r} = b^{p^t}, [c,a] = x, [c,b] = y\rangle$,
其中 $1 \leq j_1 \leq p-1$, $m = n$, $2t > n+r$.

(B10) $\langle a,b,c,x,y \mid a^{p^m} = 1, b^{p^n} = x^{j_1}y^{j_2}, [a,b] = c, c^{p^r} = b^{p^t}y, [c,a] = x, [c,b] = y\rangle$,
其中 $1 \leq j_1 \leq p-1$, $0 \leq j_2 \leq p-1$, $2t > n+r$, $m = n$.

(B11) $\langle a,b,c,x,y \mid a^{p^m} = y^{i_3}, b^{p^n} = 1, [a,b] = c, c^{p^r} = b^{p^t}, [c,a] = x, [c,b] = y\rangle$,
其中 $i_3 = 1$ 或 λ.

(B12) $\langle a,b,c,x,y \mid a^{p^m} = y^{i_3}, b^{p^n} = 1, [a,b] = c, c^{p^r} = b^{p^t}x^{k_1}, [c,a] = x, [c,b] = y\rangle$,
其中 $1 \leq k_1 \leq p-1$, $i_3 = 1$ 或 λ.

(B13) $\langle a,b,c,x,y \mid a^{p^m} = x, b^{p^n} = 1, [a,b] = c, c^{p^r} = b^{p^t}, [c,a] = x, [c,b] = y\rangle$.

(B14) $\langle a,b,c,x,y \mid a^{p^m}=x, b^{p^n}=1, [a,b]=c, c^{p^r}=b^{p^t}y^{k_4}, [c,a]=x, [c,b]=y \rangle$,
其中 $1 \le k_4 \le p-1$.

(B15) $\langle a,b,c,x,y \mid a^{p^m}=y^{i_3}, b^{p^n}=y, [a,b]=c, c^{p^r}=b^{p^t}x^{k_1}, [c,a]=x, [c,b]=y \rangle$,
其中 $1 \le i_3 \le p-1$, $1 \le k_1 \le p-1$, $m>n$, $2t>n+r$.

(B16) $\langle a,b,c,x,y \mid a^{p^m}=y^{i_3}, b^{p^n}=y, [a,b]=c, c^{p^r}=b^{p^t}, [c,a]=x, [c,b]=y \rangle$,
其中 $1 \le i_3 \le p-1$, $m>n$, $2t>n+r$.

(B17) $\langle a,b,c,x,y \mid a^{p^m}=y^{i_3}, b^{p^n}=x^{j_1}, [a,b]=c, c^{p^r}=b^{p^t}, [c,a]=x, [c,b]=y \rangle$,
其中 $m=n$, $2t>n+r$, $i_3=1$ 或 λ.

(B18) $\langle a,b,c,x,y \mid a^{p^m}=y^{i_4}, b^{p^n}=x^{j_1}y, [a,b]=c, c^{p^r}=b^{p^t}, [c,a]=x, [c,b]=y \rangle$,
其中 $1 \le i_4 \le p-1$, $1 \le j_1 \le p-1$, $m=n$, $2t>n+r$.

(B19) $\langle a,b,c,x,y \mid a^{p^m}=y^{i_3}, b^{p^n}=x^{j_1}, [a,b]=c, c^{p^r}=b^{p^t}, [c,a]=x, [c,b]=y \rangle$,
其中 $1 \le j_1 \le p-1$, $m>n$, $2t>n+r$, $i_3=1$ 或 λ.

(B20) $\langle a,b,c,x,y \mid a^{p^m}=x, b^{p^n}=x^{j_1}y^{j_4}, [a,b]=c, c^{p^r}=b^{p^t}, [c,a]=x, [c,b]=y \rangle$,
其中 $0 \le j_1 \le p-1$, $1 \le j_4 \le p-1$, $m>n$, $2t>n+r$.

(B21) $\langle a,b,c,x,y \mid a^{p^m}=x, b^{p^n}=x^{j_1}, [a,b]=c, c^{p^r}=b^{p^t}, [c,a]=x, [c,b]=y \rangle$,
其中 $1 \le j_1 \le p-1$, $m>n$, $2t>n+r$.

(B22) $\langle a,b,c,x,y \mid a^{p^m}=x, b^{p^n}=x^{j_1}, [a,b]=c, c^{p^r}=b^{p^t}y^{k_4}, [c,a]=x, [c,b]=y \rangle$,
其中 $1 \le j_1 \le p-1$, $1 \le k_4 \le p-1$, $m>n$, $2t>n+r$.

(B23) $\langle a,b,c,x,y \mid a^{p^m}=x^{i_3}, b^{p^n}=y, [a,b]=c, c^{p^r}=b^{p^t}, [c,a]=x, [c,b]=y \rangle$,
其中 $1 \le i_3 \le p-1$, $m=n$, $2t>n+r$.

(B24) $\langle a,b,c,x,y \mid a^{p^m}=xy^{i_3}, b^{p^n}=y, [a,b]=c, c^{p^r}=b^{p^t}, [c,a]=x, [c,b]=y \rangle$,
其中 $1 \le i_3 \le p-1$, $m=n$, $2t>n+r$.

(C) $m>n>r \ge 1$, $m>s \ge (m+r)/2$, $n \ge m+r-s$.

(C1) $\langle a,b,c,x,y \mid a^{p^m}=1, b^{p^n}=1, [a,b]=c, c^{p^r}=a^{p^s}, [c,a]=x, [c,b]=y \rangle$.

(C2) $\langle a,b,c,x,y \mid a^{p^m}=1, b^{p^n}=1, [a,b]=c, c^{p^r}=a^{p^s}y^{k_2}, [c,a]=x, [c,b]=y \rangle$,
其中 $1 \le k_2 \le p-1$.

(C3) $\langle a,b,c,x,y \mid a^{p^m}=1, b^{p^n}=1, [a,b]=c, c^{p^r}=a^{p^s}x, [c,a]=x, [c,b]=y \rangle$,
其中 $s \ge n$.

(C4) $\langle a,b,c,x,y \mid a^{p^m}=1, b^{p^n}=1, [a,b]=c, c^{p^r}=a^{p^s}xy^{k_2}, [c,a]=x, [c,b]=y \rangle$,
其中 $1 \le k_2 \le p$, $s<n$.

(C5) $\langle a,b,c,x,y \mid a^{p^m}=1, b^{p^n}=y, [a,b]=c, c^{p^r}=a^{p^s}, [c,a]=x, [c,b]=y \rangle$,
其中 $s \le n$.

(C6) $\langle a,b,c,x,y \mid a^{p^m}=1, b^{p^n}=y, [a,b]=c, c^{p^r}=a^{p^s}y^{k_2}, [c,a]=x, [c,b]=y \rangle$,
其中 $1 \le k_2 \le p$, $s>n$.

(C7) $\langle a,b,c,x,y \mid a^{p^m}=1, b^{p^n}=y, [a,b]=c, c^{p^r}=a^{p^s}x^{k_3}, [c,a]=x, [c,b]=y \rangle$,
其中 $1 \le k_3 \le p-1$.

(C8)　$\langle a,b,c,x,y \mid a^{p^m}=1, b^{p^n}=x^{j_3}, [a,b]=c, c^{p^r}=a^{p^s}, [c,a]=x, [c,b]=y\rangle$,
　　其中 $j_3=1$ 或 λ.

(C9)　$\langle a,b,c,x,y \mid a^{p^m}=1, b^{p^n}=x^{j_3}, [a,b]=c, c^{p^r}=a^{p^s}y^{k_3}, [c,a]=x, [c,b]=y\rangle$,
　　其中 $1\leq k_3\leq p-1$, $j_3=1$ 或 λ.

(C10)　$\langle a,b,c,x,y \mid a^{p^m}=1, b^{p^n}=x^{j_3}y, [a,b]=c, c^{p^r}=a^{p^s}, [c,a]=x, [c,b]=y\rangle$,
　　其中 $1\leq j_3\leq p-1$, $s\leq n$.

(C11)　$\langle a,b,c,x,y \mid a^{p^m}=1, b^{p^n}=x^{j_3}y, [a,b]=c, c^{p^r}=a^{p^s}y^{k_3}, [c,a]=x, [c,b]=y\rangle$,
　　其中 $1\leq j_3\leq p-1$, $1\leq k_3\leq p-1$, $s\leq n$.

(C12)　$\langle a,b,c,x,y \mid a^{p^m}=1, b^{p^n}=x^{j_4}, [a,b]=c, c^{p^r}=a^{p^s}x, [c,a]=x, [c,b]=y\rangle$,
　　其中 $1\leq j_4\leq p-1$, $s>n$.

(C13)　$\langle a,b,c,x,y \mid a^{p^m}=1, b^{p^n}=x^{j_4}, [a,b]=c, c^{p^r}=a^{p^s}xy^{k_3}, [c,a]=x, [c,b]=y\rangle$,
　　其中 $1\leq j_4\leq p-1$, $1\leq k_3\leq p-1$, $s>n$.

(C14)　$\langle a,b,c,x,y \mid a^{p^m}=y^{i_2}, b^{p^n}=1, [a,b]=c, c^{p^r}=a^{p^s}, [c,a]=x, [c,b]=y\rangle$,
　　其中 $1\leq i_2\leq p-1$, $s>m+r-s$, $n>m+r-s$.

(C15)　$\langle a,b,c,x,y \mid a^{p^m}=y^{i_2}, b^{p^n}=x^{j_3}, [a,b]=c, c^{p^r}=a^{p^s}, [c,a]=x, [c,b]=y\rangle$,
　　其中 $1\leq i_2\leq p-1$, $s>m+r-s$, $n>m+r-s$, $j_3=1$ 或 λ.

(C16)　$\langle a,b,c,x,y \mid a^{p^m}=y^{i_2}, b^{p^n}=1, [a,b]=c, c^{p^r}=a^{p^s}x, [c,a]=x, [c,b]=y\rangle$,
　　其中 $1\leq i_2\leq p-1$, $s>m+r-s$, $n>m+r-s$.

(C17)　$\langle a,b,c,x,y \mid a^{p^m}=y^{i_2}, b^{p^n}=x^{j_3}, [a,b]=c, c^{p^r}=a^{p^s}x, [c,a]=x, [c,b]=y\rangle$,
　　其中 $1\leq i_2\leq p-1$, $1\leq j_3\leq p-1$, $n<s$, $s>m+r-s$, $n>m+r-s$.

(C18)　$\langle a,b,c,x,y \mid a^{p^m}=x, b^{p^n}=1, [a,b]=c, c^{p^r}=a^{p^s}, [c,a]=x, [c,b]=y\rangle$,
　　其中 $s>m+r-s$, $n>m+r-s$.

(C19)　$\langle a,b,c,x,y \mid a^{p^m}=xy^{i_2}, b^{p^n}=1, [a,b]=c, c^{p^r}=a^{p^s}, [c,a]=x, [c,b]=y\rangle$,
　　其中 $1\leq i_2\leq p-1$, $s<n$, $s>m+r-s$, $n>m+r-s$.

(C20)　$\langle a,b,c,x,y \mid a^{p^m}=x, b^{p^n}=1, [a,b]=c, c^{p^r}=a^{p^s}y^{k_3}, [c,a]=x, [c,b]=y\rangle$,
　　其中 $1\leq k_3\leq p-1$, $s>m+r-s$, $n>m+r-s$.

(C21)　$\langle a,b,c,x,y \mid a^{p^m}=xy^{i_2}, b^{p^n}=1, [a,b]=c, c^{p^r}=a^{p^s}y^{k_3}, [c,a]=x, [c,b]=y\rangle$,
　　其中 $1\leq i_2\leq p-1$, $1\leq k_3\leq p-1$, $s<n$, $s>m+r-s$, $n>m+r-s$.

(C22)　$\langle a,b,c,x,y \mid a^{p^m}=xy^{i_2}, b^{p^n}=y^{j_4}, [a,b]=c, c^{p^r}=a^{p^s}, [c,a]=x, [c,b]=y\rangle$,
　　其中 $0\leq i_2\leq p-1$, $1\leq j_4\leq p-1$, $n\geq s$, $s>m+r-s$, $n>m+r-s$.

(C23)　$\langle a,b,c,x,y \mid a^{p^m}=x, b^{p^n}=y^{j_4}, [a,b]=c, c^{p^r}=a^{p^s}y^{k_3}, [c,a]=x, [c,b]=y\rangle$,
　　其中 $0\leq k_3\leq p-1$, $1\leq j_4\leq p-1$, $n<s$, $s>m+r-s$, $n>m+r-s$.

(D)　$m>n>r\geq 1$, $m>s>t>r$, $s+n<m+t$, $n>t\geq m-s+r$.

(D1)　$\langle a,b,c,x,y \mid a^{p^m}=1, b^{p^n}=1, [a,b]=c, c^{p^r}=a^{p^s}b^{p^t}, [c,a]=x, [c,b]=y\rangle$.

(D2)　$\langle a,b,c,x,y \mid a^{p^m}=1, b^{p^n}=1, [a,b]=c, c^{p^r}=a^{p^s}b^{p^t}y^{k_2}, [c,a]=x, [c,b]=y\rangle$,
　　其中 $1\leq k_2\leq p-1$.

(D3) $\langle a,b,c,x,y \mid a^{p^m}=1, b^{p^n}=1, [a,b]=c, c^{p^r}=a^{p^s}b^{p^t}x^{k_1}, [c,a]=x, [c,b]=y \rangle$,
其中$1 \leq k_1 \leq p-1$.

(D4) $\langle a,b,c,x,y \mid a^{p^m}=1, b^{p^n}=y^{j_2}, [a,b]=c, c^{p^r}=a^{p^s}b^{p^t}, [c,a]=x, [c,b]=y \rangle$,
其中$1 \leq k_2 \leq p-1$.

(D5) $\langle a,b,c,x,y \mid a^{p^m}=1, b^{p^n}=y^{j_2}, [a,b]=c, c^{p^r}=a^{p^s}b^{p^t}x^{k_1}, [c,a]=x, [c,b]=y \rangle$,
其中$1 \leq j_2 \leq p-1$, $1 \leq k_1 \leq p-1$.

(D6) $\langle a,b,c,x,y \mid a^{p^m}=1, b^{p^n}=x^{j_1}, [a,b]=c, c^{p^r}=a^{p^s}b^{p^t}, [c,a]=x, [c,b]=y \rangle$,
其中$1 \leq j_1 \leq p-1$.

(D7) $\langle a,b,c,x,y \mid a^{p^m}=1, b^{p^n}=x^{j_1}, [a,b]=c, c^{p^r}=a^{p^s}b^{p^t}y^{k_3}, [c,a]=x, [c,b]=y \rangle$,
其中$1 \leq j_1 \leq p-1$, $1 \leq k_3 \leq p-1$.

(D8) $\langle a,b,c,x,y \mid a^{p^m}=y^{i_2}, b^{p^n}=1, [a,b]=c, c^{p^r}=a^{p^s}b^{p^t}, [c,a]=x, [c,b]=y \rangle$,
其中$1 \leq i_2 \leq p-1$, $t>m-s+r$.

(D9) $\langle a,b,c,x,y \mid a^{p^m}=y^{i_2}, b^{p^n}=1, [a,b]=c, c^{p^r}=a^{p^s}b^{p^t}x^{k_1}, [c,a]=x, [c,b]=y \rangle$,
其中$1 \leq i_2 \leq p-1$, $1 \leq k_1 \leq p-1$, $t>m-s+r$.

(D10) $\langle a,b,c,x,y \mid a^{p^m}=y^{i_2}, b^{p^n}=x^{j_1}, [a,b]=c, c^{p^r}=a^{p^s}b^{p^t}, [c,a]=x, [c,b]=y \rangle$,
其中$1 \leq i_2 \leq p-1$, $1 \leq j_1 \leq p-1$, $t>m-s+r$.

(D11) $\langle a,b,c,x,y \mid a^{p^m}=x^{i_1}, b^{p^n}=1, [a,b]=c, c^{p^r}=a^{p^s}b^{p^t}, [c,a]=x, [c,b]=y \rangle$,
其中$1 \leq i_1 \leq p-1$, $t>m-s+r$.

(D12) $\langle a,b,c,x,y \mid a^{p^m}=x^{i_1}, b^{p^n}=1, [a,b]=c, c^{p^r}=a^{p^s}b^{p^t}y^{k_4}, [c,a]=x, [c,b]=y \rangle$,
其中$1 \leq i_1 \leq p-1$, $1 \leq k_4 \leq p-1$, $t>m-s+r$.

(D13) $\langle a,b,c,x,y \mid a^{p^m}=x^{i_1}, b^{p^n}=y^{j_3}, [a,b]=c, c^{p^r}=a^{p^s}b^{p^t}, [c,a]=x, [c,b]=y \rangle$,
其中$1 \leq i_1 \leq p-1$, $1 \leq j_3 \leq p-1$, $t>m-s+r$.

定理叙述中, λ代表一个固定的模p平方非剩余. 定理中群的关系式中都省略了$x^p=y^p=[x,a]=[x,b]=[y,a]=[y,b]=1$, 定理中的群的阶都是$p^{m+n+r+2}$. 上述群的表现中, 不同参数给出的群互不同构.

证明 由$G_3 \cong C_p \times C_p$可知: G 非亚循环. 由G非亚循环和定理1.2.26可知: $G/\Phi(G')G_3$也是非亚循环的. 因此G/G_3 非亚循环. 设$\bar{G}=G/G_3$. 由$p>3$和定理4.1.9可知: $d(\bar{G})=2$ 且$c(\bar{G})=2$. 设$\bar{G}=G/G_3$. 则$\bar{G}$ 同构于定理1.3.13中的一个群. 由定理4.1.3可知: $c(G)=3$. 因此$G_3 \leq Z(G)$. 因此G 是$\bar{G}$ 被G_3的中心扩张. 我们分情况(A–D)来讨论.

设$G_3=\langle x \rangle \times \langle y \rangle$, λ是一个固定的模p平方非剩余. 下边证明过程中群的关系式里都省略$x^p=y^p=[x,a]=[x,b]=[y,a]=[y,b]=1$.

情形 (A) G/G_3 同构于定理1.3.13中的(A1).

设$G/G_3 \cong \langle \bar{a},\bar{b},\bar{c} \mid \bar{a}^{p^m}=1, \bar{b}^{p^n}=1, [\bar{a},\bar{b}]=\bar{c}, \bar{c}^{p^r}=1, [\bar{c},\bar{a}]=[\bar{c},\bar{b}]=1 \rangle$, 其中$m \geq n \geq r \geq 1$. 则可设$G=\langle a,b,c,x,y \mid a^{p^m}=x^{i_1}y^{i_2}, b^{p^n}=x^{j_1}y^{j_2}, [a,b]=c, c^{p^r}=x^{k_1}y^{k_2}, [c,a]=x, [c,b]=y \rangle$, 其中$i_1, i_2, j_1, j_2, k_1, k_2 \in \{i \in \mathbf{Z} \mid 0 \leq i \leq p-1\}$.

若 $a^{p^m} = 1, b^{p^n} = 1, c^{p^r} = 1$, 可得(A1). 因此设 $a^{p^m}, b^{p^n}, c^{p^r}$ 中至少有一个不为1. 下边分三种子情况来讨论.

(1) $a^{p^m} = 1, b^{p^n} = 1, c^{p^r} \neq 1$

此时 $G = \langle a, b, c, x, y \mid a^{p^m} = 1, b^{p^n} = 1, [a, b] = c, c^{p^r} = x^{k_1} y^{k_2}, [c, a] = x, [c, b] = y \rangle$. 由 $c^{p^n} = [a, b^{p^n}] = 1$ 可知: $n > r$.

若 $k_1 = 0$, 则替换 b^{k_2} 为 b, $[a, b^{k_2}]$ 为 c, x^{k_2} 为 x , $y^{k_2^2}$ 为 y, 可得(A2).

若 $k_1 \neq 0$, 则存在 h 满足 $hk_1 \equiv k_2 \pmod{p}$. 替换 $b^h a$ 为 a, xy^h 为 x, 可得 $\langle a, b, c, x, y \mid a^{p^m} = 1, b^{p^n} = 1, [a, b] = c, c^{p^r} = x^{k_1}, [c, a] = x, [c, b] = y \rangle$. 若 $m = n$, 则替换 a 为 b, b 为 a, c^{-1} 为 c, y^{-1} 为 x, x^{-1} 为 y, 可得 $G = \langle a, b, c, x, y \mid a^{p^m} = 1, b^{p^m} = 1, [a, b] = c, c^{p^r} = y^{k_1}, [c, a] = x, [c, b] = y \rangle$. 这划入情况 $k_1 = 0$. 若 $m > n$, 则替换 a^{k_1} 为 a, $[a^{k_1}, b]$ 为 c, $x^{k_1^2}$ 为 x , y^{k_1} 为 y, 可得(A3).

(2) $a^{p^m} = 1, b^{p^n} \neq 1$

此时 $G = \langle a, b, c, x, y \mid a^{p^m} = 1, b^{p^n} = x^{j_1} y^{j_2}, [a, b] = c, c^{p^r} = x^{k_1} y^{k_2}, [c, a] = x, [c, b] = y \rangle$. 若 $c^{p^r} \neq 1$, 则由 $c^{p^n} = [a, b^{p^n}] = 1$ 可知 $n > r$.

(2-1) $j_1 = 0, j_2 \neq 0$

此时 $G = \langle a, b, c, x, y \mid a^{p^m} = 1, b^{p^n} = y^{j_2}, [a, b] = c, c^{p^r} = x^{k_1} y^{k_2}, [c, a] = x, [c, b] = y \rangle$. 设 $k_3 = j_2^{-1} k_2$. 替换 b^{j_2} 为 b, $[a, b^{j_2}]$ 为 c, x^{j_2} 为 x , $y^{j_2^2}$ 为 y, 可得 $G = \langle a, b, c, x, y \mid a^{p^m} = 1, b^{p^n} = y, [a, b] = c, c^{p^r} = x^{k_1} y^{k_3}, [c, a] = x, [c, b] = y \rangle$.

若 $k_1 = 0$, 则 $G = \langle a, b, c, x, y \mid a^{p^m} = 1, b^{p^n} = y, [a, b] = c, c^{p^r} = y^{k_3}, [c, a] = x, [c, b] = y \rangle$. 若 $k_3 = 0$, 则可得(A4). 若 $k_3 \neq 0$, 则存在 h 满足 $hk_3 \equiv 1 \pmod{p}$. 替换 a^h 为 a, $b^{h^{-1}}$ 为 b, $[a^h, b^{h^{-1}}]$ 为 c, x^h 为 x , $y^{h^{-1}}$ 为 y, 可得(A5).

若 $k_1 \neq 0$, 则设 $k_4 = k_1 k_3$, 替换 a^{k_1} 为 a, $b^{k_1^{-1}}$ 为 b, $[a^{k_1}, b^{k_1^{-1}}]$ 为 c, x^{k_1} 为 x, $y^{k_1^{-1}}$ 为 y, 可得 $G = \langle a, b, c, x, y \mid a^{p^m} = 1, b^{p^n} = y, [a, b] = c, c^{p^r} = xy^{k_4}, [c, a] = x, [c, b] = y \rangle$. 若 $m > n$, 则替换 $b^{k_4} a$ 为 a, xy^{k_4} 为 x, 可得(A6). 若 $m = n$, 则可得(A7).

(2-2) $j_1 \neq 0, j_2 = 0$

此时 $G = \langle a, b, c, x, y \mid a^{p^m} = 1, b^{p^n} = x^{j_1}, [a, b] = c, c^{p^r} = x^{k_1} y^{k_2}, [c, a] = x, [c, b] = y \rangle$.

若 $k_2 = 0$, 则 $G = \langle a, b, c, x, y \mid a^{p^m} = 1, b^{p^n} = x^{j_1}, [a, b] = c, c^{p^r} = x^{k_1}, [c, a] = x, [c, b] = y \rangle$. 若 $k_1 = 0$, 则存在 h 满足 $h^{-1}h \equiv 1 \pmod{p}$ 且 $h^{-2} j_1 \equiv 1$ 或 λ. 设 $j_3 = h^{-2} j_1$. 替换 a^h 为 a, $[a^h, b]$ 为 c, x^{h^2} 为 x and y^h 为 y, 可得(A8). 若 $k_1 \neq 0$, 则设 $j_3 = k_1^{-2} j_1$. 替换 a^{k_1} 为 a, $[a^{k_1}, b]$ 为 c, $x^{k_1^2}$ 为 x, y^{k_1} 为 y, 可得(A9).

若 $k_2 \neq 0$, 则替换 b^{k_2} 为 b, $[a, b^{k_2}]$ 为 c, x^{k_2} 为 x , $y^{k_2^2}$ 为 y, 可得 $G = \langle a, b, c, x, y \mid a^{p^m} = 1, b^{p^n} = x^{j_1}, [a, b] = c, c^{p^r} = x^{k_1} y, [c, a] = x, [c, b] = y \rangle$. 设 $j_3 = k_1^{-2} j_1$. 替换 a^{k_1} 为 a, $[a^{k_1}, b]$ 为 c, $x^{k_1^2}$ 为 x, y^{k_1} 为 y, 可得(A10).

(2-3) $j_1 \neq 0, j_2 \neq 0$

此时 $G=\langle a,b,c,x,y \mid a^{p^m}=1,b^{p^n}=x^{j_1}y^{j_2},[a,b]=c,c^{p^r}=x^{k_1}y^{k_2},[c,a]=x,[c,b]=y\rangle$.

若 $m=n$, 则存在h满足$hj_2\equiv j_1(\bmod\ p)$. 设$k_3\equiv k_1-hk_2(\bmod\ p)$. 替换$a^hb$ 为b, x^hy 为y, 可得$G=\langle a,b,c,x,y \mid a^{p^m}=1,b^{p^n}=y^{j_2},[a,b]=c,c^{p^r}=x^{k_3}y^{k_2},[c,a]=x,[c,b]=y\rangle$. 化入(2-1).

若 $m>n$, 则存在h满足$hj_1\equiv j_2(\bmod\ p)$. 设$k_4\equiv k_2-hk_1(\bmod\ p)$. 替换$b^ha$ 为a, xy^h 为x, 可得$G=\langle a,b,c,x,y \mid a^{p^m}=1,b^{p^n}=x^{j_1},[a,b]=c,c^{p^r}=x^{k_1}y^{k_4},[c,a]=x,[c,b]=y\rangle$. 化入(2-2).

(3) $a^{p^m}\neq1$

此时 $G=\langle a,b,c,x,y \mid a^{p^m}=x^{i_1}y^{i_2},b^{p^n}=x^{j_1}y^{j_2},[a,b]=c,c^{p^r}=x^{k_1}y^{k_2},[c,a]=x,[c,b]=y\rangle$. 若$c^{p^r}\neq1$, 则由$c^{p^n}=[a,b^{p^n}]=1$ 可知$n>r$.

(3-1) $b^{p^n}=1$

此时 $G=\langle a,b,c,x,y \mid a^{p^m}=x^{i_1}y^{i_2},b^{p^n}=1,[a,b]=c,c^{p^r}=x^{k_1}y^{k_2},[c,a]=x,[c,b]=y\rangle$. 若$m=n$, 则替换$a$ 为b, b 为a, c^{-1} 为c, y^{-1} 为x , x^{-1} 为y, 化入(2). 因此$m>n$.

(3-1-1) $i_1=0$

此时 $G=\langle a,b,c,x,y \mid a^{p^m}=y^{i_2},b^{p^n}=1,[a,b]=c,c^{p^r}=x^{k_1}y^{k_2},[c,a]=x,[c,b]=y\rangle$.

若$c^{p^r}=1$, 则存在h满足$h^{-1}h\equiv1(\bmod\ p)$, $h^{-2}i_2\equiv1$ 或λ. 设$i_3=h^{-2}i_2$. 替换b^h 为b, $[a,b^h]$ 为c, x^h 为x, y^{h^2} 为y, 可得(A11).

若$c^{p^r}=y^{k_2}\neq1$, 则设$i_3=k_2^{-2}i_2$. 替换b^{k_2} 为b, $[a,b^{k_2}]$ 为c, x^{k_2} 为x , $y^{k_2^2}$ 为y, 可得(A12).

若$k_1\not\equiv0(\bmod\ p)$, 则替换$b^{k_1^{-1}k_2}a$ 为a, $xy^{k_1^{-1}k_2}$ 为x, 可得$G=\langle a,b,c,x,y \mid a^{p^m}=y^{i_2},b^{p^n}=1,[a,b]=c,c^{p^r}=x^{k_1},[c,a]=x,[c,b]=y\rangle$. 替换$a^{k_1}$ 为b, $[a^{k_1},b]$ 为c, $x^{k_1^2}$ 为x, y^{k_1} 为y, 可得$G=\langle a,b,c,x,y \mid a^{p^m}=y^{i_2},b^{p^n}=1,[a,b]=c,c^{p^r}=x,[c,a]=x,[c,b]=y\rangle$. 存在$h$满足$h^{-1}h\equiv1(\bmod\ p)$, $h^{-2}i_2\equiv1$ 或λ. 设$i_3=h^{-2}i_2$. 替换b^h 为b, $[a,b^h]$ 为c, x^h 为x , y^{h^2} 为y, 可得(A13).

(3-1-2) $i_1\neq0$

设$k_3=k_2-k_1i_1^{-1}i_2$. 替换$b^{i_1^{-1}i_2}a$ 为a, $xy^{i_1^{-1}i_2}$ 为x, 可得$G=\langle a,b,c,x,y \mid a^{p^m}=x^{i_1},b^{p^n}=1,[a,b]=c,c^{p^r}=x^{k_1}y^{k_3},[c,a]=x,[c,b]=y\rangle$.

若$c^{p^r}=1$, 则替换b^{i_1} 为b, $[a,b^{i_1}]$ 为c, x^{i_1} 为x, $y^{i_1^2}$ 为y, 可得(A14).

若$c^{p^r}=y^{k_3}\neq1$, 则替换a^{i_1} 为a, $b^{i_1^{-1}}$ 为b, $[a^{i_1},b^{i_1^{-1}}]$ 为c, x^{i_1} 为x, $y^{i_1^{-1}}$ 为y, 可得(A15).

若$k_1\not\equiv0(\bmod\ p)$, 则设$k_4=k_1k_3$. 替换a^{k_1} 为a, $b^{k_1^{-1}}$ 为b, $[a^{k_1},b^{k_1^{-1}}]$ 为c, x^{k_1} 为x, $y^{k_1^{-1}}$ 为y, 可得$G=\langle a,b,c,x,y \mid a^{p^m}=x^{i_1},b^{p^n}=1,[a,b]=c,c^{p^r}=xy^{k_4},[c,a]=x,[c,b]=y\rangle$. 设$k_5=i_1^{-1}k_4$. 替换$b^{i_1}$ 为b, $[a,b^{i_1}]$ 为c, x^{i_1} 为x, $y^{i_1^2}$ 为y, 可得(A16).

(3-2) $b^{p^n} \neq 1$

若$G_3 \neq \langle a^{p^m} \rangle \times \langle b^{p^n} \rangle$，则可设$b^{p^n} = a^{hp^m}$. 替换$a^{-hp^{m-n}}b$ 为b，$x^{-hp^{m-n}}y$ 为y，化入(3-1). 若$G_3 = \langle a^{p^m} \rangle \times \langle b^{p^n} \rangle$，则可设$G = \langle a,b,c,x,y \mid a^{p^m} = x, b^{p^n} = y, [a,b] = c, c^{p^r} = x^{k_1}y^{k_2}, [c,a] = x^{u_1}y^{u_2}, [c,b] = x^{v_1}y^{v_2} \rangle$.

(3-2-1) $m > n$

(3-2-1-1) $v_2 \equiv 0 \pmod p$

此时$G = \langle a,b,c,x,y \mid a^{p^m} = x, b^{p^n} = y, [a,b] = c, c^{p^r} = x^{k_1}y^{k_2}, [c,a] = x^{u_1}y^{u_2}, [c,b] = x^{v_1} \rangle$. 由$G_3 \cong C_p \times C_p$可知：$x^{v_1} \neq 1$. 存在$h$ 满足$v_1 h \equiv -u_1 \pmod p$. 替换$b^h a$ 为a，可得$G = \langle a,b,c,x,y \mid a^{p^m} = x, b^{p^n} = y, [a,b] = c, c^{p^r} = x^{k_1}y^{k_2}, [c,a] = y^{u_2}, [c,b] = x^{v_1} \rangle$.

若$c^{p^r} = 1$，则$G = \langle a,b,c,x,y \mid a^{p^m} = x, b^{p^n} = y, [a,b] = c, c^{p^r} = 1, [c,a] = y^{u_2}, [c,b] = x^{v_1} \rangle$. 存在$h$ 满足$h^2 u_2 \equiv 1$ 或λ. 设$h^2 u_2 = u_3$. 替换a^h 为a，$[a^h, b]$ 为c，x^h 为x，可得$G = \langle a,b,c,x,y \mid a^{p^m} = x, b^{p^n} = y, [a,b] = c, c^{p^r} = 1, [c,a] = y^{u_3}, [c,b] = x^{v_1} \rangle$. 存在$h_1$ 满足$h_1^2 v_1 \equiv 1$或λ. 设$h_1^2 v_1 = v_3$. 替换b^h 为b，$[a, b^h]$ 为c，y^h 为y，可得(A17).

若$c^{p^r} = x^{k_1} \neq 1$，则$G = \langle a,b,c,x,y \mid a^{p^m} = x, b^{p^n} = y, [a,b] = c, c^{p^r} = x^{k_1}, [c,a] = y^{u_2}, [c,b] = x^{v_1} \rangle$. 设$u_3 = k_1^2 u_2$, $v_3 = k_1^{-2} v_1$. 替换a^{k_1} 为a，$b^{k_1^{-1}}$ 为b，$[a^{k_1}, b^{k_1^{-1}}]$ 为c，x^{k_1} 为x，$y^{k_1^{-1}}$ 为y，可得$G = \langle a,b,c,x,y \mid a^{p^m} = x, b^{p^n} = y, [a,b] = c, c^{p^r} = x, [c,a] = y^{u_3}, [c,b] = x^{v_3} \rangle$. 存在$h$ 满足$h^2 u_3 \equiv 1$ 或λ. 设$h^2 u_3 = u_4$. 替换a^h 为a，$[a^h, b]$ 为c，x^h 为x，可得(A18).

若$k_2 \neq 0 \pmod p$，则设$h = k_1 k_2^{-1}$, $-h u_2 = u_3$. 替换$a^{hp^{m-n}}b$ 为b，$x^h y$ 为y，可得$G = \langle a,b,c,x,y \mid a^{p^m} = x, b^{p^n} = y, [a,b] = c, c^{p^r} = y^{k_2}, [c,a] = x^{u_3}y^{u_2}, [c,b] = x^{v_1} \rangle$. 存在$h$ 满足$v_1 h \equiv -u_3 \pmod p$. 替换$b^h a$ 为a，可得$G = \langle a,b,c,x,y \mid a^{p^m} = x, b^{p^n} = y, [a,b] = c, c^{p^r} = y^{k_2}, [c,a] = y^{u_2}, [c,b] = x^{v_1} \rangle$. 设$u_3 = k_2^{-2} u_2$. 替换$a^{k_2^{-1}}$ 为a，$[a^{k_2^{-1}}, b]$ 为c，$x^{k_2^{-1}}$ 为x，可得$\langle a,b,c,x,y \mid a^{p^m} = x, b^{p^n} = y, [a,b] = c, c^{p^r} = y, [c,a] = y^{u_3}, [c,b] = x^{v_1} \rangle$. 存在$h$ 满足$h^2 v_1 \equiv 1$ 或λ. 设$h^2 v_1 = v_3$. 替换b^h 为b，$[a, b^h]$ 为c，y^h 为y，可得(A19).

(3-2-1-2) $v_2 \not\equiv 0 \pmod p$

设$h = v_1 v_2^{-1}$, $u_1 - h u_2 = u_3$, $k_1 - h k_2 = k_3$. 替换$a^{hp^{m-n}}b$ 为b，$x^h y$ 为y，可得$G = \langle a,b,c,x,y \mid a^{p^m} = x, b^{p^n} = y, [a,b] = c, c^{p^r} = x^{k_3}y^{k_2}, [c,a] = x^{u_3}y^{u_2}, [c,b] = y^{v_2} \rangle$. 存在$h$ 满足$v_2 h \equiv -u_2 \pmod p$. 替换$b^h a$ 为a，可得$G = \langle a,b,c,x,y \mid a^{p^m} = x, b^{p^n} = y, [a,b] = c, c^{p^r} = x^{k_3}y^{k_2}, [c,a] = x^{u_3}, [c,b] = y^{v_2} \rangle$.

若$c^{p^r} = 1$，则$G = \langle a,b,c,x,y \mid a^{p^m} = x, b^{p^n} = y, [a,b] = c, c^{p^r} = 1, [c,a] = x^{u_3}, [c,b] = y^{v_2} \rangle$. 设$u_3^{-1} v_2 = v_3$. 替换$a^{u_3^{-1}}$ 为a，$[a^{u_3^{-1}}, b]$ 为c，$x^{u_3^{-1}}$ 为x，可得(A20).

若$c^{p^r} = y^{k_2} \neq 1$，则$G = \langle a,b,c,x,y \mid a^{p^m} = x, b^{p^n} = y, [a,b] = c, c^{p^r} = y^{k_2}, [c,a] = x^{u_3}, [c,b] = y^{v_2} \rangle$. 设$k_2^{-1} u_3 = u_4$, $k_2^{-1} v_2 = v_3$. 替换$a^{k_2^{-1}}$ 为a，$[a^{k_2^{-1}}, b]$ 为c，$x^{k_2^{-1}}$ 为x，可得$G = \langle a,b,c,x,y \mid a^{p^m} = x, b^{p^n} = y, [a,b] = c, c^{p^r} = y, [c,a] = x^{u_4}, [c,b] = y^{v_3} \rangle$. 设$u_4^{-1} v_3 = v_4$. 替换$b^{u_4^{-1}}$ 为b，$[a, b^{u_4^{-1}}]$ 为c，$y^{u_4^{-1}}$ 为y，可得(A21).

若$k_3 \neq 0 \pmod p$，则设$u_3^{-1} k_2 = k_4$, $u_3^{-1} v_2 = v_3$. 替换$b^{u_3^{-1}}$ 为b，$[a, b^{u_3^{-1}}]$ 为c，

$y^{u_3^{-1}}$ 为 y，可得 $G = \langle a, b, c, x, y \mid a^{p^m} = x, b^{p^n} = y, [a,b] = c, c^{p^r} = x^{k_3}y^{k_4}, [c,a] = x, [c,b] = y^{v_3} \rangle$. 设 $k_3^{-1}k_4 = k_5$, $k_3^{-1}v_3 = v_4$. 替换 a^{k_3} 为 a, $b^{k_3^{-1}}$ 为 b, $[a^{k_3}, b^{k_3^{-1}}]$ 为 c, x^{k_3} 为 x, $y^{k_3^{-1}}$ 为 y，可得(A22).

(3-2-2) $m = n$, $c^{p^r} \neq 1$

此时 $G = \langle a, b, c, x, y \mid a^{p^m} = x, b^{p^n} = y, [a,b] = c, c^{p^r} = x^{k_1}y^{k_2}, [c,a] = x^{u_1}y^{u_2}, [c,b] = x^{v_1}y^{v_2} \rangle$. 设 $h = k_2k_1^{-1}$, $u_3 = u_2 - hu_1$, $v_3 = v_2 - hv_1$. 若 $k_1 \not\equiv 0 \pmod{p}$，则替换 $b^h a$ 为 a, xy^h 为 x，可得 $G = \langle a, b, c, x, y \mid a^{p^m} = x, b^{p^n} = y, [a,b] = c, c^{p^r} = x^{k_1}, [c,a] = x^{u_1}y^{u_3}, [c,b] = x^{v_1}y^{v_3} \rangle$. 替换 a 为 b, b 为 a, c^{-1} 为 c, x 为 y, y 为 x，可得 $G = \langle a, b, c, x, y \mid a^{p^m} = x, b^{p^n} = y, [a,b] = c, c^{p^r} = y^{-k_1}, [c,a] = x^{-v_3}y^{-v_1}, [c,b] = x^{-u_3}y^{-u_1} \rangle$. 因此可设 $G = \langle a, b, c, x, y \mid a^{p^m} = x, b^{p^n} = y, [a,b] = c, c^{p^r} = y^{k_2}, [c,a] = x^{u_1}y^{u_2}, [c,b] = x^{v_1}y^{v_2} \rangle$, 其中 $k_2, u_1, u_2, v_1, v_2 \in \{i \in \mathbf{Z} \mid 0 \leq i \leq p-1\}$.

(3-2-2-1) $v_2 \not\equiv 0 \pmod{p}$

此时 $G = \langle a, b, c, x, y \mid a^{p^m} = x, b^{p^n} = y, [a,b] = c, c^{p^r} = y^{k_2}, [c,a] = x^{u_1}y^{u_2}, [c,b] = x^{v_1}y^{v_2} \rangle$. 分两种情况讨论: $v_1 \equiv 0 \pmod{p}$ 和 $v_1 \not\equiv 0 \pmod{p}$.

设 $v_1 \equiv 0 \pmod{p}$. 则 $G = \langle a, b, c, x, y \mid a^{p^m} = x, b^{p^n} = y, [a,b] = c, c^{p^r} = y^{k_2}, [c,a] = x^{u_1}y^{u_2}, [c,b] = y^{v_2} \rangle$.

若 $u_2 \equiv 0 \pmod{p}$，则 $G = \langle a, b, c, x, y \mid a^{p^m} = x, b^{p^n} = y, [a,b] = c, c^{p^r} = y^{k_2}, [c,a] = x^{u_1}, [c,b] = y^{v_2} \rangle$. 设 $u_1^{-1}v_2 = v_3$. 替换 $b^{u_1^{-1}}$ 为 b, $[a, b^{u_1^{-1}}]$ 为 c, $y^{u_1^{-1}}$ 为 y，可得 $G = \langle a, b, c, x, y \mid a^{p^m} = x, b^{p^n} = y, [a,b] = c, c^{p^r} = y^{k_2}, [c,a] = x, [c,b] = y^{v_3} \rangle$. 替换 $a^{k_2^{-1}}$ 为 a, b^{k_2} 为 b, $[a^{k_2^{-1}}, b^{k_2}]$ 为 c, $x^{k_2^{-1}}$ 为 x, y^{k_2} 为 y，可得(A23).

若 $u_2 \not\equiv 0 \pmod{p}$，则 $u_1 \not\equiv v_2 \pmod{p}$ 或 $u_1 \equiv v_2 \pmod{p}$. 若 $u_1 \not\equiv v_2 \pmod{p}$，则存在 h 满足 $h(u_1 - v_2) \equiv u_2 \pmod{p}$. 替换 $b^h a$ 为 a, xy^h 为 x，化入情况 $u_2 \equiv 0 \pmod{p}$. 若 $u_1 \equiv v_2 \pmod{p}$，则可设 $G = \langle a, b, c, x, y \mid a^{p^m} = x, b^{p^n} = y, [a,b] = c, c^{p^r} = y^{k_2}, [c,a] = x^{u_1}y^{u_2}, [c,b] = y^{u_1} \rangle$. 设 $u_3 = u_1k_2^{-1}$, $u_4 = u_2k_2^{-2}$. 替换 $a^{k_2^{-1}}$ 为 a, $[a^{k_2^{-1}}, b]$ 为 c, $x^{k_2^{-1}}$ 为 x，可得 $G = \langle a, b, c, x, y \mid a^{p^m} = x, b^{p^n} = y, [a,b] = c, c^{p^r} = y, [c,a] = x^{u_3}y^{u_4}, [c,b] = y^{u_3} \rangle$. 替换 $b^{u_3^{-1}}$ 为 b, $[a, b^{u_3^{-1}}]$ 为 c, $y^{u_3^{-1}}$ 为 y，可得(A24).

设 $v_1 \not\equiv 0 \pmod{p}$. 存在 h 满足 $u_1 + v_1h \equiv 0 \pmod{p}$. 设 $u_3 = u_2 + v_2h$, $v_3 = v_2 - hv_1$. 替换 $b^h a$ 为 a, xy^h 为 x，可得 $G = \langle a, b, c, x, y \mid a^{p^m} = x, b^{p^n} = y, [a,b] = c, c^{p^r} = y^{k_2}, [c,a] = y^{u_3}, [c,b] = x^{v_1}y^{v_3} \rangle$. 设 $u_4 = k_2^{-1}u_3$, $v_4 = k_2^{-1}v_3$. 替换 $a^{k_2^{-1}}$ 为 a, $[a^{k_2^{-1}}, b]$ 为 c, $x^{k_2^{-1}}$ 为 x，可得 $G = \langle a, b, c, x, y \mid a^{p^m} = x, b^{p^n} = y, [a,b] = c, c^{p^r} = y, [c,a] = y^{u_4}, [c,b] = x^{v_1}y^{v_4} \rangle$.

若 $v_4 \equiv 0 \pmod{p}$，存在 h 满足 $h^2v_1 \equiv 1$ 或 $\lambda \pmod{p}$. 设 $v_5 = h^2v_1$. 替换 b^h 为 b, $[a, b^h]$ 为 c, y^h 为 y，可得(A25).

若 $v_4 \not\equiv 0 \pmod{p}$，则设 $v_6 = v_4^{-2}v_1$. 替换 $b^{v_4^{-1}}$ 为 b, $[a, b^{v_4^{-1}}]$ 为 c, $y^{v_4^{-1}}$ 为 y，可得(A26).

(3-2-2-2) $v_2 \equiv 0 \pmod{p}$:

此时 $G = \langle a, b, c, x, y \mid a^{p^m} = x, b^{p^n} = y, [a,b] = c, c^{p^r} = y^{k_2}, [c,a] = x^{u_1}y^{u_2}, [c,b] = x^{v_1} \rangle$. 则 $v_1 \not\equiv 0 (\mathrm{mod}\ p)$. 替换 ba 为 a , xy 为 x, 可得 $G = \langle a, b, c, x, y \mid a^{p^m} = x, b^{p^n} = y, [a,b] = c, c^{p^r} = y^{k_2}, [c,a] = x^{u_1}y^{u_2-u_1-v_1}, [c,b] = x^{v_1}y^{-v_1} \rangle$. 化入(3-2-2-1).

(3-2-3) $m = n$, $c^{p^r} = 1$

此时 $G = \langle a, b, c, x, y \mid a^{p^m} = x, b^{p^n} = y, [a,b] = c, c^{p^r} = 1, [c,a] = x^{u_1}y^{u_2}, [c,b] = x^{v_1}y^{v_2} \rangle$.

(3-2-3-1) $u_1 \equiv v_2(\mathrm{mod}\ p)$, $u_2 \equiv 0(\mathrm{mod}\ p)$, $v_1 \equiv 0(\mathrm{mod}\ p)$

此时 $G = \langle a, b, c, x, y \mid a^{p^m} = x, b^{p^n} = y, [a,b] = c, c^{p^r} = 1, [c,a] = x^{u_1}, [c,b] = y^{u_1} \rangle$. 存在 u_1^{-1} 满足 $u_1^{-1}u_1 \equiv 1(\mathrm{mod}\ p)$. 替换 $ab^{u_1^{-1}}$ 为 b, $[a, ab^{u_1^{-1}}]$ 为 c , $xy^{u_1^{-1}}$ 为 y, 可得(A27).

(3-2-3-2) $u_1 \not\equiv v_2(\mathrm{mod}\ p)$ 或 $u_2 \not\equiv 0(\mathrm{mod}\ p)$ 或 $v_1 \not\equiv 0(\mathrm{mod}\ p)$

若 $v_1 \equiv 0(\mathrm{mod}\ p)$, $u_2 \equiv 0(\mathrm{mod}\ p)$, 则 $u_1 \not\equiv v_2(\mathrm{mod}\ p)$. 替换 ab 为 a, xy 为 x, 可得 $u_2 \not\equiv 0(\mathrm{mod}\ p)$. 若 $u_2 \not\equiv 0(\mathrm{mod}\ p)$, 则替换 a 为 b, b 为 a, c^{-1} 为 c, x 为 y , y 为 x, 可得 $v_1 \not\equiv 0(\mathrm{mod}\ p)$. 若 $u_1 \not\equiv 0(\mathrm{mod}\ p)$ 且 $v_1 \not\equiv 0(\mathrm{mod}\ p)$, 则替换 $b^{v_1^{-1}u_1}a$ 为 a, $xy^{v_1^{-1}u_1}$ 为 x, 可得 $u_1 \equiv 0$. 因此可设 $u_1 = 0$. 则 $G = \langle a, b, c, x, y \mid a^{p^m} = x, b^{p^n} = y, [a,b] = c, c^{p^r} = 1, [c,a] = y^{u_2}, [c,b] = x^{v_1}y^{v_2} \rangle$.

若 $-u_2, v_1$ 是模 p 平方非剩余, 则存在 h_1 满足 $h_1^2(-u_2) \equiv 1(\mathrm{mod}\ p)$, $h_2^2(v_1) \equiv 1(\mathrm{mod}\ p)$. 设 $v_3 = h_1h_2v_2$. 替换 a^{h_1} 为 a, b^{h_2} 为 b, $[a^{h_1}, b^{h_2}]$ 为 c, x^{h_1} 为 x, y^{h_2} 为 y, 可得 $G = \langle a, b, c, x, y \mid a^{p^m} = x, b^{p^n} = y, [a,b] = c, c^{p^r} = 1, [c,a] = y^{-1}, [c,b] = xy^{v_3} \rangle$. 不失一般性可设 $0 \leq v_3 \leq p - 1$. 若 $v_3 > p - 1/2$, 则替换 b^{-1} 为 b , y^{-1} 为 y, 可得 $G = \langle a, b, c, x, y \mid a^{p^m} = x, b^{p^n} = y, [a,b] = c, c^{p^r} = 1, [c,a] = y^{-1}, [c,b] = xy^{-v_3} \rangle$. 因此可得(A28).

若 $-u_2$ 是模 p 平方剩余, v_1 是模 p 平方非剩余, 则存在 h_1 满足 $h_1^2(-u_2) \equiv 1(\mathrm{mod}\ p)$, $h_2^2(v_1) \equiv \lambda(\mathrm{mod}\ p)$. 设 $v_3 = h_1h_2v_2$. 替换 a^{h_1} 为 a, b^{h_2} 为 b, $[a^{h_1}, b^{h_2}]$ 为 c, x^{h_1} 为 x, y^{h_2} 为 y, 可得 $G = \langle a, b, c, x, y \mid a^{p^m} = x, b^{p^n} = y, [a,b] = c, c^{p^r} = 1, [c,a] = y^{-1}, [c,b] = x^{\lambda}y^{v_3} \rangle$. 不失一般性可设 $0 \leq v_3 \leq p - 1$. 若 $v_3 > p - 1/2$, 则替换 b^{-1} 为 b , y^{-1} 为 y, 可得 $\langle a, b, c, x, y \mid a^{p^m} = x, b^{p^n} = y, [a,b] = c, c^{p^r} = 1, [c,a] = y^{-1}, [c,b] = x^{\lambda}y^{-v_3} \rangle$. 因此可得(A29).

若 $-u_2$ 模 p 平方非剩余, v_1 是模 p 平方剩余, 则替换 a 为 b, b 为 a, c^{-1} 为 c, x 为 y , y 为 x, 可得 $G = \langle a, b, c, x, y \mid a^{p^m} = x, b^{p^n} = y, [a,b] = c, c^{p^r} = 1, [c,a] = y^{-v_1}x^{-v_2}, [c,b] = x^{-u_2} \rangle$. 替换 $a^{v_1^{-1}v_2}b$ 为 b , $x^{v_1^{-1}v_2}y$ 为 y, 可得 $G = \langle a, b, c, x, y \mid a^{p^m} = x, b^{p^n} = y, [a,b] = c, c^{p^r} = 1, [c,a] = y^{-v_1}, [c,b] = x^{-u_2}y^{-v_2} \rangle$. 化入 $-u_2$ 是模 p 平方剩余, v_1 是模 p 平方非剩余的情况.

若 $-u_2, v_1$ 都是模 p 平方剩余, 则设 $h_1^2(-u_2) \equiv \lambda(\mathrm{mod}\ p), h_2^2(v_1) \equiv \lambda(\mathrm{mod}\ p)$, $v_3\lambda = h_1h_2v_2(\mathrm{mod}\ p)$. 替换 a^{h_1} 为 a, b^{h_2} 为 b, $[a^{h_1}, b^{h_2}]$ 为 c, x^{h_1} 为 x, y^{h_2} 为 y, 可得 $G = \langle a, b, c, x, y \mid a^{p^m} = x, b^{p^n} = y, [a,b] = c, c^{p^r} = 1, [c,a] = y^{-\lambda}, [c,b] = x^{\lambda}y^{v_3\lambda} \rangle$.

若$v_3 \not\equiv \pm 2 \pmod{p}$, 则存在$u$, v满足$v^2 + u^2 - uvv_3 \equiv \lambda \pmod{p}$. 此时考虑$G = \langle a, b, c, x, y \mid a^{p^m} = x, b^{p^n} = y, [a,b] = c, c^{p^r} = 1, [c,a] = y^{-1}, [c,b] = xy^{v_3} \rangle$, $-u_2, v_1$都是模p平方非剩余. 替换$a^{v-uv_3}b^{-u}$为a, $a^u b^v$为b, $[a^{v-uv_3}b^{-u}, a^u b^v]$为$c$, $x^{v-uv_3}y^{-u}$为x, $x^u y^v$为y, 可得$G = \langle a, b, c, x, y \mid a^{p^m} = x, b^{p^n} = y, [a,b] = c, c^{p^r} = 1, [c,a] = y^{-\lambda}, [c,b] = x^\lambda y^{v_3 \lambda} \rangle$. 化入$-u_2, v_1$都是模$p$平方非剩余的情况. 若$v_3 \equiv \pm 2 \pmod{p}$, 则可设$v_3 = \pm 2$. 若$v_3 = 2$, 可得(A30). 若$v_3 = -2$, 则替换$b^{-1}$为$b$, $[a, b^{-1}]$为c, y^{-1}为y, 可得(A30).

Case (B) G/G_3同构于定理1.3.13中的(A2).

设$G/G_3 \cong \langle \bar{a}, \bar{b}, \bar{c} \mid \bar{a}^{p^m} = 1, \bar{b}^{p^n} = 1, [\bar{a}, \bar{b}] = \bar{c}, \bar{c}^{p^r} = \bar{b}^{p^t}, [\bar{c}, \bar{a}] = [\bar{c}, \bar{b}] = 1 \rangle$, 其中$m \geq n > r \geq 1$, $n > t \geq (n+r)/2$. 则设$G = \langle a, b, c, x, y \mid a^{p^m} = x^{i_1} y^{i_2}, b^{p^n} = x^{j_1} y^{j_2}, [a,b] = c, c^{p^r} = b^{p^t} x^{k_1} y^{k_2}, [c,a] = x, [c,b] = y \rangle$, 其中$i_1, i_2, j_1, j_2, k_1, k_2 \in \{i \in \mathbf{Z} \mid 0 \leq i \leq p-1\}$. 分五种情况讨论:

(1) $a^{p^m} = 1, b^{p^n} = 1, c^{p^r} = b^{p^t}$

此时可得(B1).

(2) $a^{p^m} = 1, b^{p^n} = 1, x^{k_1} y^{k_2} \neq 1$

此时$G = \langle a, b, c, x, y \mid a^{p^m} = 1, b^{p^n} = 1, [a,b] = c, c^{p^r} = b^{p^t} x^{k_1} y^{k_2}, [c,a] = x, [c,b] = y \rangle$. 若$k_1 = 0$, 则替换$b^{k_2}$为$b$, $[a, b^{k_2}]$为c, x^{k_2}为x, y^{k_2}为y, 可得(B2). 若$u \neq 0$, 则存在h满足$hk_1 \equiv k_2 \pmod{p}$. 替换$b^h a$为a, xy^h为x, 可得(B3).

(3) $a^{p^m} = 1$, $b^{p^n} \neq 1$

此时$G = \langle a, b, c, x, y \mid a^{p^m} = 1, b^{p^n} = x^{j_1} y^{j_2}, [a,b] = c, c^{p^r} = b^{p^t} x^{k_1} y^{k_2}, [c,a] = x, [c,b] = y \rangle$. 若$2t = n+r$, 则$1 = [a, x^{k_1} y^{k_2}] = [a, c^{p^r} b^{-p^t}] = [a, b^{-p^t}] = c^{-p^t} \neq 1$. 矛盾. 因此$2t > n+r$.

(3-1) $j_1 = 0$

此时$G = \langle a, b, c, x, y \mid a^{p^m} = 1, b^{p^n} = y^{j_2}, [a,b] = c, c^{p^r} = b^{p^t} x^{k_1} y^{k_2}, [c,a] = x, [c,b] = y \rangle$. 替换$a$为$a^{1 - j_2^{-1} k_2 p^{n-t}}$, $[a^{1-j_2^{-1}k_2 p^{n-t}}, b]$为$c$, 可得$G = \langle a, b, c, x, y \mid a^{p^m} = 1, b^{p^n} = y^{j_2}, [a,b] = c, c^{p^r} = b^{p^t} x^{k_1}, [c,a] = x, [c,b] = y \rangle$. 替换$b^{k_2}$为$b$, $[a, b^{k_2}]$为c, x^{k_2}为x, $y^{k_2^2}$为y, 可得$G = \langle a, b, c, x, y \mid a^{p^m} = 1, b^{p^n} = y, [a,b] = c, c^{p^r} = b^{p^t} x^{k_1}, [c,a] = x, [c,b] = y \rangle$.

若$k_1 = 0$, 则可得(B4).

若$k_1 \neq 0$, 则可得(B5).

(3-2) $j_1 \neq 0$

(3-2-1) $m > n$

设$k_3 = k_2 - k_1 j_1^{-1} j_2$. 替换$b^{j_1^{-1} j_2} a$为$a$, $xy^{j_1^{-1} j_2}$为x, 可得$G = \langle a, b, c, x, y \mid a^{p^m} = 1, b^{p^n} = x^{j_1}, [a,b] = c, c^{p^r} = b^{p^t} x^{k_1} y^{k_3}, [c,a] = x, [c,b] = y \rangle$. 替换$a^{1 - j_1^{-1} k_1 p^{n-t}}$

为 a , $[a^{1-j_1^{-1}k_1p^{n-t}},b]$ 为 c, 可得 $G=\langle a,b,c,x,y \mid a^{p^m}=1,b^{p^n}=x^{j_1},[a,b]=c,c^{p^r}=b^{p^t}y^{k_3},[c,a]=x,[c,b]=y\rangle$.

若 $k_3=0$, 可得 (B6).

若 $k_3\neq 0$, 可得 $G=\langle a,b,c,x,y \mid a^{p^m}=1,b^{p^n}=x^{j_1},[a,b]=c,c^{p^r}=b^{p^t}y^{k_3},[c,a]=x,[c,b]=y\rangle$. 替换 b^{k_3} 为 b, $[a,b^{k_3}]$ 为 c, x^{k_3} 为 x , $y^{k_3^2}$ 为 y, 可得 (B7).

(3-2-2) $m=n$

存在 h 满足 $k_1+hj_1\equiv 0(\text{mod } p)$. 设 $k_3=k_2+hj_2$. 替换 $a^{1+hp^{m-t}}$ 为 a , $c^{1+hp^{m-t}}$ 为 c, 可得 $G=\langle a,b,c,x,y \mid a^{p^m}=1,b^{p^n}=x^{j_1}y^{j_2},[a,b]=c,c^{p^r}=b^{p^t}y^{k_3},[c,a]=x,[c,b]=y\rangle$.

(3-2-2-1) $k_3=0$

此时 $G=\langle a,b,c,x,y \mid a^{p^m}=1,b^{p^n}=x^{j_1}y^{j_2},[a,b]=c,c^{p^r}=b^{p^t},[c,a]=x,[c,b]=y\rangle$.

若 $j_2=0$, 则可得 (B8).

若 $j_2\neq 0$, 则替换 b^{j_2} 为 b, $[a,b^{j_2}]$ 为 c, x^{j_2} 为 x , $y^{j_2^2}$ 为 y, 可得 (B9).

(3-2-2-2) $k_3\neq 0$

替换 b^{k_3} 为 b, $[a,b^{k_3}]$ 为 c, x^{k_3} 为 x , $y^{k_3^2}$ 为 y, 可得 (B10).

(4) $a^{p^m}\neq 1$, $b^{p^n}=1$

此时 $G=\langle a,b,c,x,y \mid a^{p^m}=x^{i_1}y^{i_2},b^{p^n}=1,[a,b]=c,c^{p^r}=b^{p^t}x^{k_1}y^{k_2},[c,a]=x,[c,b]=y\rangle$.

(4-1) $i_1=0$

此时 $G=\langle a,b,c,x,y \mid a^{p^m}=y^{i_2},b^{p^n}=1,[a,b]=c,c^{p^r}=b^{p^t}x^{k_1}y^{k_2},[c,a]=x,[c,b]=y\rangle$. 替换 $a^{-i_2^{-1}k_2p^{m-t}}b$ 为 b, 可得 $G=\langle a,b,c,x,y \mid a^{p^m}=y^{i_2},b^{p^n}=1,[a,b]=c,c^{p^r}=b^{p^t}x^{k_1},[c,a]=x,[c,b]=y\rangle$. 存在 h 满足 $h^{-1}h\equiv 1(\text{mod } p)$, $h^{-2}i_2\equiv 1$ 或 λ. 设 $i_3=h^{-2}i_2$. 替换 b^h 为 b, $[a,b^h]$ 为 c, x^h 为 x , y^{h^2} 为 y, 可得 $G=\langle a,b,c,x,y \mid a^{p^m}=y^{i_3},b^{p^n}=1,[a,b]=c,c^{p^r}=b^{p^t}x^{k_1},[c,a]=x,[c,b]=y\rangle$.

若 $k_1=0$, 可得 (B11).

若 $k_1\neq 0$, 可得 (B12).

(4-2) $i_1\neq 0$

设 $k_3=k_2-i_1^{-1}k_1i_2$. 替换 $b^{i_1^{-1}i_2}a$ 为 a, $xy^{i_1^{-1}i_2}$ 为 x , 可得 $G=\langle a,b,c,x,y \mid a^{p^m}=x^{i_1},b^{p^n}=1,[a,b]=c,c^{p^r}=b^{p^t}x^{k_1}y^{k_3},[c,a]=x,[c,b]=y\rangle$. 替换 $a^{-i_1^{-1}k_1p^{m-t}}b$ 为 b, 可得 $G=\langle a,b,c,x,y \mid a^{p^m}=x^{i_1},b^{p^n}=1,[a,b]=c,c^{p^r}=b^{p^t}y^{k_3},[c,a]=x,[c,b]=y\rangle$. 设 $k_4=i_1^{-1}k_3$. 替换 b^{i_1} 为 b, $[a,b^{i_1}]$ 为 c, x^{i_1} 为 x , $y^{i_1^2}$ 为 y, 可得 $G=\langle a,b,c,x,y \mid a^{p^m}=x,b^{p^n}=1,[a,b]=c,c^{p^r}=b^{p^t}y^{k_4},[c,a]=x,[c,b]=y\rangle$.

若 $k_4=0$, 可得 (B13).

若 $k_4\neq 0$, 可得 (B14).

(5) $a^{p^m}\neq 1$, $b^{p^n}\neq 1$

此时$G = \langle a,b,c,x,y \mid a^{p^m} = x^{i_1}y^{i_2}, b^{p^n} = x^{j_1}y^{j_2}, [a,b] = c, c^{p^r} = b^{p^t}x^{k_1}y^{k_2}, [c,a] = x, [c,b] = y\rangle$. 若$2t = n+r$, 则$1 = [a, x^{k_1}y^{k_2}] = [a, c^{p^r}b^{-p^t}] = [a, b^{-p^t}] = c^{-p^t} \neq 1$. 矛盾. 因此$2t > n+r$.

(5-1) $i_1 = 0$

此时$G = \langle a,b,c,x,y \mid a^{p^m} = y^{i_2}, b^{p^n} = x^{j_1}y^{j_2}, [a,b] = c, c^{p^r} = b^{p^t}x^{k_1}y^{k_2}, [c,a] = x, [c,b] = y\rangle$.

(5-1-1) $j_1 = 0$

此时$G = \langle a,b,c,x,y \mid a^{p^m} = y^{i_2}, b^{p^n} = y^{j_2}, [a,b] = c, c^{p^r} = b^{p^t}x^{k_1}y^{k_2}, [c,a] = x, [c,b] = y\rangle$. 替换$a^{-i_2^{-1}k_2p^{m-t}}b$ 为b, 可得$G = \langle a,b,c,x,y \mid a^{p^m} = y^{i_2}, b^{p^n} = y^{j_2}, [a,b] = c, c^{p^r} = b^{p^t}x^{k_1}, [c,a] = x, [c,b] = y\rangle$. 设$i_3 = j_2^{-2}i_2$. 替换$b^{j_2}$ 为b, $[a, b^{j_2}]$ 为c, x^{j_2} 为x, $y^{j_2^2}$ 为y, 可得$G = \langle a,b,c,x,y \mid a^{p^m} = y^{i_3}, b^{p^n} = y, [a,b] = c, c^{p^r} = b^{p^t}x^{k_1}, [c,a] = x, [c,b] = y\rangle$.

若$m = n$, 则设$k_3 = k_1i_3$. 替换ab^{-i_3} 为a, xy^{-i_3} 为x, 可得$\langle a,b,c,x,y \mid a^{p^m} = 1, b^{p^n} = y, [a,b] = c, c^{p^r} = b^{p^t}x^{k_1}y^{k_3}, [c,a] = x, [c,b] = y\rangle$. 替换$a^{1-k_3p^{n-t}}$ 为a, 可得$m = n$时的(B5).

若$m > n$, 则可得(B15), (B16).

(5-1-2) $j_1 \neq 0$

设$k_3 = k_2 - j_1^{-1}j_2k_1$. 替换$a^{1-j_1^{-1}k_1p^{n-t}}$ 为a, $[a^{1-j_1^{-1}k_1p^{n-t}}, b]$ 为c, 可得$G = \langle a,b,c,x,y \mid a^{p^m} = y^{i_2}, b^{p^n} = x^{j_1}y^{j_2}, [a,b] = c, c^{p^r} = b^{p^t}y^{k_3}, [c,a] = x, [c,b] = y\rangle$. 替换$a^{-i_2^{-1}k_3p^{m-t}}b$ 为b, 可得$G = \langle a,b,c,x,y \mid a^{p^m} = y^{i_2}, b^{p^n} = x^{j_1}y^{j_2}, [a,b] = c, c^{p^r} = b^{p^t}, [c,a] = x, [c,b] = y\rangle$.

(5-1-2-1) $m = n$

若$j_2 = 0$, 则存在h 满足$h^{-1}h \equiv 1(\bmod\ p)$, $h^{-2}i_2 \equiv 1$ 或λ. 设$i_3 = h^{-2}i_2$. 替换b^h 为b, $[a, b^h]$ 为c, x^h 为x, y^{h^2} 为y, 可得(B17).

若$j_2 \neq 0$, 则设$i_4 = j_2^{-2}i_2$. 替换b^{j_2} 为b, $[a, b^{j_2}]$ 为c, x^{j_2} 为x, $y^{j_2^2}$ 为y, 可得$G = \langle a,b,c,x,y \mid a^{p^m} = y^{i_4}, b^{p^n} = x^{j_1}y, [a,b] = c, c^{p^r} = b^{p^t}, [c,a] = x, [c,b] = y\rangle$. 若$j_1 \equiv 0$, 则替换$b^{-i_4}a$ 为a, $y^{-i_4}x$ 为x 可划入(B4). 若$j_1 \neq 0$, 可得(B18).

(5-1-2-2) $m > n$

替换$b^{j_1^{-1}j_2}a$ 为a, $xy^{j_1^{-1}j_2}$ 为x, 可得$G = \langle a,b,c,x,y \mid a^{p^m} = y^{i_2}, b^{p^n} = x^{j_1}, [a,b] = c, c^{p^r} = b^{p^t}, [c,a] = x, [c,b] = y\rangle$.

存在h 满足$h^{-1}h \equiv 1(\bmod\ p)$, $h^{-2}i_2 \equiv 1$ 或λ. 设$i_3 = h^{-2}i_2$. 替换b^h 为b, $[a, b^h]$ 为c, x^h 为x, y^{h^2} 为y, 可得(B19).

(5-2) $i_1 \neq 0$

(5-2-1) $m > n$

设 $k_3 = k_2 - i_1^{-1}i_2k_1$, $j_3 = j_2 - i_1^{-1}i_2j_1$. 替换 $b^{i_1^{-1}i_2}a$ 为 a, $xy^{i_1^{-1}i_2}$ 为 x, 可得 $G = \langle a,b,c,x,y \mid a^{p^m} = x^{i_1}, b^{p^n} = x^{j_1}y^{j_3}, [a,b] = c, c^{p^r} = b^{p^t}x^{k_1}y^{k_3}, [c,a] = x, [c,b] = y \rangle$.

(5-2-1-1) $j_3 \neq 0$

设 $k_4 = k_1 - j_1^{-1}k_1j_1$. 替换 $a^{1-j_3^{-1}k_3p^{n-t}}$ 为 a, $[a^{1-j_3^{-1}k_3p^{n-t}}, b]$ 为 c, 可得 $G = \langle a,b,c,x,y \mid a^{p^m} = x^{i_1}, b^{p^n} = x^{j_1}y^{j_3}, [a,b] = c, c^{p^r} = b^{p^t}x^{k_4}, [c,a] = x, [c,b] = y \rangle$. 替换 $a^{-i_1^{-1}k_4p^{m-t}}b$ 为 b, 可得 $G = \langle a,b,c,x,y \mid a^{p^m} = x^{i_1}, b^{p^n} = x^{j_1}y^{j_3}, [a,b] = c, c^{p^r} = b^{p^t}, [c,a] = x, [c,b] = y \rangle$. 设 $j_4 = i_1^{-1}j_3$. 则 $j_4 \neq 0$. 替换 b^{i_1} 为 b, $[a, b^{i_1}]$ 为 c, x^{i_1} 为 x, $y^{i_1^2}$ 为 y, 可得(B20).

(5-2-1-2) $j_3 = 0$

此时 $G = \langle a,b,c,x,y \mid a^{p^m} = x^{i_1}, b^{p^n} = x^{j_1}, [a,b] = c, c^{p^r} = b^{p^t}x^{k_1}y^{k_3}, [c,a] = x, [c,b] = y \rangle$. 替换 $a^{-i_1^{-1}k_1p^{m-t}}b$ 为 b, 可得 $G = \langle a,b,c,x,y \mid a^{p^m} = x^{i_1}, b^{p^n} = x^{j_1}, [a,b] = c, c^{p^r} = b^{p^t}y^{k_3}, [c,a] = x, [c,b] = y \rangle$. 设 $k_4 = i_1^{-1}k_3$. 替换 b^{i_1} 为 b, $[a, b^{i_1}]$ 为 c, x^{i_1} 为 x, $y^{i_1^2}$ 为 y, 可得 $G = \langle a,b,c,x,y \mid a^{p^m} = x, b^{p^n} = x^{j_1}, [a,b] = c, c^{p^r} = b^{p^t}y^{k_4}, [c,a] = x, [c,b] = y \rangle$.

若 $k_4 = 0$, 则可得(B21).
若 $k_4 \neq 0$, 则可得(B22).

(5-2-2) $m = n$

(5-2-2-1) $j_1 = 0$

此时 $G = \langle a,b,c,x,y \mid a^{p^m} = x^{i_1}y^{i_2}, b^{p^n} = y^{j_2}, [a,b] = c, c^{p^r} = b^{p^t}x^{k_1}y^{k_2}, [c,a] = x, [c,b] = y \rangle$. 替换 $a^{-k_1i_1^{-1}p^{m-t}}b$ 为 b, 可得 $G = \langle a,b,c,x,y \mid a^{p^m} = x^{i_1}y^{i_2}, b^{p^n} = y^{j_2}, [a,b] = c, c^{p^r} = b^{p^t}y^{k_3}, [c,a] = x, [c,b] = y \rangle$. 替换 $a^{1-j_2^{-1}k_3p^{n-t}}$ 为 a, $[a^{1-j_2^{-1}k_3p^{n-t}}, b]$ 为 c, 可得 $G = \langle a,b,c,x,y \mid a^{p^m} = x^{i_1}y^{i_2}, b^{p^n} = y^{j_2}, [a,b] = c, c^{p^r} = b^{p^t}, [c,a] = x, [c,b] = y \rangle$.

若 $i_1 \neq j_2$, 则存在 h 满足 $h(i_1 - j_2) \equiv i_2 \pmod{p}$. 替换 $b^h a$ 为 a, xy^h 为 x, 可得 $G = \langle a,b,c,x,y \mid a^{p^m} = x^{i_1}, b^{p^n} = y^{j_2}, [a,b] = c, c^{p^r} = b^{p^t}, [c,a] = x, [c,b] = y \rangle$. 设 $i_3 = j_2^{-1}i_1$. 替换 b^{j_2} 为 b, $[a, b^{j_2}]$ 为 c, x^{j_2} 为 x, $y^{j_2^2}$ 为 y, 可得(B23).

若 $i_1 = j_2$, 则 $G = \langle a,b,c,x,y \mid a^{p^m} = x^{i_1}y^{i_2}, b^{p^n} = y^{i_1}, [a,b] = c, c^{p^r} = b^{p^t}, [c,a] = x, [c,b] = y \rangle$. 设 $i_3 = i_1^{-2}i_2$. 替换 b^{i_1} 为 b, $[a, b^{i_1}]$ 为 c, x^{i_1} 为 x, $y^{i_1^2}$ 为 y, 可得(B24).

(5-2-2-2) $j_1 \neq 0$:

设 $i_3 = i_2 - j_1^{-1}i_1j_2$, $j_3 = j_1 + j_2$, $k_3 = k_2 + k_1j_1^{-1}i_1$. 替换 $b^{-j_1^{-1}i_1}a$ 为 a, $xy^{-j_1^{-1}i_1}$ 为 x, 可得 $G = \langle a,b,c,x,y \mid a^{p^m} = y^{i_3}, b^{p^n} = x^{j_1}y^{j_3}, [a,b] = c, c^{p^r} = b^{p^t}x^{k_1}y^{k_3}, [c,a] = x, [c,b] = y \rangle$. 划入情况**(5-1)**.

Case (C) G/G_3 同构于定理1.3.13中的(A3).

设 $G/G_3 \cong \langle \bar{a}, \bar{b}, \bar{c} \mid \bar{a}^{p^m} = 1, \bar{b}^{p^n} = 1, [\bar{a}, \bar{b}] = \bar{c}, \bar{c}^{p^r} = \bar{a}^{p^s}, [\bar{c}, \bar{a}] = [\bar{c}, \bar{b}] = 1 \rangle$, 其中 $m > n > r$, $m > s \geq (m+r)/2$, $n \geq m+r-s$. 则设 $G = \langle a,b,c,x,y \mid a^{p^m} = $

$x^{i_1}y^{i_2}, b^{p^n} = x^{j_1}y^{j_2}, [a,b] = c, c^{p^r} = a^{p^s}x^{k_1}y^{k_2}, [c,a] = x, [c,b] = y\rangle$，其中$i_1, i_2, j_1, j_2, k_1, k_2 \in \{i \in \mathbf{Z} \mid 0 \le i \le p-1\}$. 分四种情况讨论：

(1) $a^{p^m} = 1, b^{p^n} = 1$, $c^{p^r} = a^{p^s}$

可得(C1).

(2) $a^{p^m} = 1, b^{p^n} = 1$, $x^{k_1}y^{k_2} \ne 1$

此时$G = \langle a,b,c,x,y \mid a^{p^m} = 1, b^{p^n} = 1, [a,b] = c, c^{p^r} = a^{p^s}x^{k_1}y^{k_2}, [c,a] = x, [c,b] = y\rangle$.

若$k_1 = 0$, 则可得(C2).

若$k_1 \ne 0$, 则替换a^{k_1} 为a, $[a^{k_1}, b]$ 为c, $x^{k_1^2}$ 为x , y^{k_1} 为y, 可得$G = \langle a,b,c,x,y \mid a^{p^m} = 1, b^{p^n} = 1, [a,b] = c, c^{p^r} = a^{p^s}xy^{k_2}, [c,a] = x, [c,b] = y\rangle$. 若$s \ge n$, 则替换$b^{k_2}a$ 为a, 可得(C3). 若$s < n$, 可得(C4).

(3) $a^{p^m} = 1$, $b^{p^n} \ne 1$

(3-1) $j_1 = 0$

此时$G = \langle a,b,c,x,y \mid a^{p^m} = 1, b^{p^n} = y^{j_2}, [a,b] = c, c^{p^r} = a^{p^s}x^{k_1}y^{k_2}, [c,a] = x, [c,b] = y\rangle$. 存在$j_2^{-1}$ 满足$j_2^{-1}j_2 \equiv 1 \pmod{p}$. 设$k_3 = j_2^{-1}k_1$. 替换$a^{j_2}$ 为a, $[a^{j_2}, b]$ 为c, $x^{j_2^2}$ 为x , y^{j_2} 为y, 可得$G = \langle a,b,c,x,y \mid a^{p^m} = 1, b^{p^n} = y, [a,b] = c, c^{p^r} = a^{p^s}x^{k_3}y^{k_2}, [c,a] = x, [c,b] = y\rangle$.

(3-1-1) $k_3 = 0$

此时$G = \langle a,b,c,x,y \mid a^{p^m} = 1, b^{p^n} = y, [a,b] = c, c^{p^r} = a^{p^s}y^{k_2}, [c,a] = x, [c,b] = y\rangle$.

若$s \le n$, 则替换$b^{k_2 p^{n-s}}a$ 为a, 可得(C5).

若$s > n$, 则可得(C6).

(3-1-2) $k_3 \ne 0$

若$n > s$, 则替换$b^{k_2 p^{n-s}}a$ 为a, 可得$n > s$时的(C7) .

若$n \le s$, 则存在k_3^{-1} 满足$k_3^{-1}k_3 \equiv 1 \pmod{p}$. 替换$b^{k_3^{-1}k_2}a$ 为a , $xy^{k_3^{-1}k_2}$ 为x, 可得$n \le s$的(C7).

(3-2) $j_1 \ne 0$

此时$G = \langle a,b,c,x,y \mid a^{p^m} = 1, b^{p^n} = x^{j_1}y^{j_2}, [a,b] = c, c^{p^r} = a^{p^s}x^{k_1}y^{k_2}, [c,a] = x, [c,b] = y\rangle$.

(3-2-1) $s \le n$

存在h 满足$hj_1 \equiv -k_1 \pmod{p}$. 设$k_3 = hj_2 + k_2$. 替换$b^{hp^{n-s}}a$ 为a, 可得$G = \langle a,b,c,x,y \mid a^{p^m} = 1, b^{p^n} = x^{j_1}y^{j_2}, [a,b] = c, c^{p^r} = a^{p^s}y^{k_3}, [c,a] = x, [c,b] = y\rangle$.

(3-2-1-1) $j_2 = 0$

存在h, h^{-1} 满足$hh^{-1} \equiv 1 \pmod{p}$, $h^{-2}j_1 \equiv 1$ 或λ. 设$j_3 = h^{-2}j_1$. 替换a^h 为a, $[a^h, b]$ 为c, x^{h^2} 为x , y^h 为y, 可得$G = \langle a,b,c,x,y \mid a^{p^m} = 1, b^{p^n} = x^{j_3}, [a,b] = c, c^{p^r} = a^{p^s}y^{k_3}, [c,a] = x, [c,b] = y\rangle$.

若 $k_3 = 0$, 则可得(C8).

若 $k_3 \neq 0$, 则可得(C9).

(3-2-1-2) $j_2 \neq 0$

设 $j_3 = j_2^{-2}j_1$. 替换 a^{j_2} 为 a, $[a^{j_2}, b]$ 为 c, $x^{j_2{}^2}$ 为 x, y^{j_2} 为 y, 可得 $G = \langle a, b, c, x, y \mid a^{p^m} = 1, b^{p^n} = x^{j_3}y, [a,b] = c, c^{p^r} = a^{p^s}y^{k_3}, [c,a] = x, [c,b] = y \rangle$.

若 $k_3 = 0$, 则可得(C10).

若 $k_3 \neq 0$, 则可得(C11).

(3-2-2) $s > n$

设 $k_3 = k_2 - j_1^{-1}j_2k_1$. 替换 $b^{j_1^{-1}j_2}a$ 为 a, $xy^{j_1^{-1}j_2}$ 为 x, 可得 $G = \langle a, b, c, x, y \mid a^{p^m} = 1, b^{p^n} = x^{j_1}, [a,b] = c, c^{p^r} = a^{p^s}x^{k_1}y^{k_3}, [c,a] = x, [c,b] = y \rangle$.

(3-2-2-1) $k_1 = 0$

此时 $G = \langle a, b, c, x, y \mid a^{p^m} = 1, b^{p^n} = x^{j_1}, [a,b] = c, c^{p^r} = a^{p^s}y^{k_3}, [c,a] = x, [c,b] = y \rangle$.

存在 h, h^{-1} 满足 $hh^{-1} \equiv 1(\bmod\ p)$, $h^{-2}j_1 \equiv 1$ 或 λ. 设 $j_3 = h^{-2}j_1$. 替换 a^h 为 a, $[a^h, b]$ 为 c, x^{h^2} 为 x, y^h 为 y, 可得 $G = \langle a, b, c, x, y \mid a^{p^m} = 1, b^{p^n} = x^{j_3}, [a,b] = c, c^{p^r} = a^{p^s}y^{k_3}, [c,a] = x, [c,b] = y \rangle$.

若 $k_3 = 0$, 则可得(C8).

若 $k_3 \neq 0$, 则可得(C9).

(3-2-2-2) $k_1 \neq 0$

设 $j_4 = k_1^{-2}j_1$. 替换 a^{k_1} 为 a, $[a^{k_1}, b]$ 为 c, $x^{k_1{}^2}$ 为 x, y^{k_1} 为 y, 可得 $G = \langle a, b, c, x, y \mid a^{p^m} = 1, b^{p^n} = x^{j_4}, [a,b] = c, c^{p^r} = a^{p^s}xy^{k_3}, [c,a] = x, [c,b] = y \rangle$.

若 $k_3 = 0$, 则可得(C12).

若 $k_3 \neq 0$, 则可得(C13).

(4) $a^{p^m} \neq 1$

I此时 $G = \langle a, b, c, x, y \mid a^{p^m} = x^{i_1}y^{i_2}, b^{p^n} = x^{j_1}y^{j_2}, [a,b] = c, c^{p^r} = a^{p^s}x^{k_1}y^{k_2}, [c,a] = x, [c,b] = y, x^p = y^p = 1, [x,a] = [x,b] = [y,a] = [y,b] = 1 \rangle$. 若 $s = m + r - s$, 则 $1 = [b, x^{k_1}y^{k_2}] = [b, a^{-p^s}] = c^{-p^s} \neq 1$. 矛盾. 因此 $s > m + r - s$. 若 $n = m + r - s$, 则 $1 = [a, b^{p^n}] = c^{p^n} \neq 1$. 矛盾. 因此 $n > m + r - s$.

(4-1) $i_1 = 0$

此时 $G = \langle a, b, c, x, y \mid a^{p^m} = y^{i_2}, b^{p^n} = x^{j_1}y^{j_2}, [a,b] = c, c^{p^r} = a^{p^s}x^{k_1}y^{k_2}, [c,a] = x, [c,b] = y \rangle$. 替换 $a^{-i_2^{-1}j_2p^{m-n}}b$ 为 b, 可得 $G = \langle a, b, c, x, y \mid a^{p^m} = y^{i_2}, b^{p^n} = x^{j_1}, [a,b] = c, c^{p^r} = a^{p^s}x^{k_1}y^{k_2}, [c,a] = x, [c,b] = y \rangle$. 替换 $b^{1-i_2^{-1}k_2p^{m-s}}$ 为 b, $[a, b^{1+i_2^{-1}k_2p^{m-s}}]$ 为 c, 可得 $G = \langle a, b, c, x, y \mid a^{p^m} = y^{i_2}, b^{p^n} = x^{j_1}, [a,b] = c, c^{p^r} = a^{p^s}x^{k_1}, [c,a] = x, [c,b] = y \rangle$.

(4-1-1) $k_1 = 0$

若 $j_1 = 0$, 则可得(C14).

若$j_1 \neq 0$, 则存在h, h^{-1} 满足$hh^{-1} \equiv 1(\mathrm{mod}\ p)$, $h^{-2}j_1 \equiv 1$ 或λ. 设$j_3 = h^{-2}j_1$. 替换a^h 为a, $[a^h, b]$ 为c, x^{h^2} 为x , y^h 为y, 可得(C15).

(4-1-2) $k_1 \neq 0$

设$j_3 = k_1^{-2}j_1$. 替换a^{k_1} 为a, $[a^{k_1}, b]$ 为c, $x^{k_1^2}$ 为x , y^{k_1} 为y, 可得$G = \langle a,b,c,x,y \mid a^{p^m} = y^{i_2}, b^{p^n} = x^{j_3}, [a,b] = c, c^{p^r} = a^{p^s}x, [c,a] = x, [c,b] = y\rangle$.

若$j_3 = 0$, 则可得(C16).

若$j_3 \neq 0$, 则分两种情况. 若$n \geq s$, 则替换$b^{i_2^{-1}k_1 p^{n-s}}a$ 为a , $xy^{i_2^{-1}k_1 p^{n-s}}$ 为x, 可得$G = \langle a,b,c,x,y \mid a^{p^m} = y^{i_2}, b^{p^n} = x^{j_1}, [a,b] = c, c^{p^r} = a^{p^s}, [c,a] = x, [c,b] = y\rangle$. 划入情况**(4-1-1)**. 若$n < s$, 则可得(C17).

(4-2) $i_1 \neq 0$

此时$G = \langle a,b,c,x,y \mid a^{p^m} = x^{i_1}y^{i_2}, b^{p^n} = x^{j_1}y^{j_2}, [a,b] = c, c^{p^r} = a^{p^s}x^{k_1}y^{k_2}, [c,a] = x, [c,b] = y\rangle$.

设$j_3 = j_2 - i_1^{-1}j_1 i_2$. 替换$a^{-i_1^{-1}j_1 p^{m-n}}b$ 为b, 可得$G = \langle a,b,c,x,y \mid a^{p^m} = x^{i_1}y^{i_2}, b^{p^n} = y^{j_3}, [a,b] = c, c^{p^r} = a^{p^s}x^{k_1}y^{k_2}, [c,a] = x, [c,b] = y\rangle$.

设$k_3 = -i_1^{-1}k_1 i_2$. 替换$b^{1-i_1^{-1}k_1 p^{m-s}}$ 为b, $[a, b^{1-i_1^{-1}k_1 p^{m-s}}]$ 为c, 可得$G = \langle a,b,c,x,y \mid a^{p^m} = x^{i_1}y^{i_2}, b^{p^n} = y^{j_3}, [a,b] = c, c^{p^r} = a^{p^s}y^{k_3}, [c,a] = x, [c,b] = y\rangle$.

设$j_4 = j_1^{-1}j_3$. 替换a^{i_1} 为a, $[a^{i_1}, b]$ 为c, $x^{i_1^2}$ 为x , y^{i_1} 为y, 可得$G = \langle a,b,c,x,y \mid a^{p^m} = xy^{i_2}, b^{p^n} = y^{j_4}, [a,b] = c, c^{p^r} = a^{p^s}y^{k_3}, [c,a] = x, [c,b] = y\rangle$.

(4-2-1) $k_3 = 0$, $j_4 = 0$

此时$G = \langle a,b,c,x,y \mid a^{p^m} = xy^{i_2}, b^{p^n} = 1, [a,b] = c, c^{p^r} = a^{p^s}, [c,a] = x, [c,b] = y\rangle$.

若$s \geq n$, 则替换$b^{i_2}a$ 为a, xy^{i_2} 为x, 可得$s \geq n$的(C18) .

若$s < n$, $i_2 = 0$, 则可得$s < n$的(C18).

若$s < n$, $i_2 \neq 0$, 则可得(C19).

(4-2-2) $k_3 \neq 0$, $j_4 = 0$

此时$G = \langle a,b,c,x,y \mid a^{p^m} = xy^{i_2}, b^{p^n} = 1, [a,b] = c, c^{p^r} = a^{p^s}y^{k_3}, [c,a] = x, [c,b] = y\rangle$.

若$s \geq n$, 则替换$b^{i_2}a$ 为a, xy^{i_2} 为x, 可得$s \geq n$的(C20).

若$s < n$, $i_2 = 0$, 则可得$s < n$的(C20).

若$s < n$, $i_2 \neq 0$, 则可得(C21).

(4-2-3) $j_4 \neq 0$

若$n \geq s$, 则替换$b^{j_4^{-1}k_3 p^{n-s}}a$ 为a, $[b^{j_4^{-1}k_3 p^{n-s}}a, b]$ 为c, 可得(C22).

若$n < s$, 则替换$b^{i_2}a$ 为a, xy^{i_2} 为x, 可得(C23).

Case (D) G/G_3 同构于定理1.3.13中的(A4).

设$G/G_3 \cong \langle \bar{a}, \bar{b}, \bar{c} \mid \bar{a}^{p^m} = 1, \bar{b}^{p^n} = 1, [\bar{a}, \bar{b}] = \bar{c}, \bar{c}^{p^r} = \bar{a}^{p^s}\bar{b}^{p^t}, [\bar{c}, \bar{a}] = [\bar{c}, \bar{b}] = 1\rangle$, 其中$m > n > r$, $m > s > t > r, s+n < m+t, n > t \geq m-s+r$. 则可设$G =$

$\langle a,b,c,x,y \mid a^{p^m} = x^{i_1}y^{i_2}, b^{p^n} = x^{j_1}y^{j_2}, [a,b] = c, c^{p^r} = a^{p^s}b^{p^t}x^{k_1}y^{k_2}, [c,a] = x, [c,b] = y \rangle$,
其中 $i_1,i_2,j_1,j_2,k_1,k_2 \in \{i \in \mathbf{Z} \mid 0 \le i \le p-1\}$. 分四种情况讨论:

(1) $a^{p^m} = 1, b^{p^n} = 1$, $c^{p^r} = a^{p^s}b^{p^t}$

可得(D1).

(2) $a^{p^m} = 1, b^{p^n} = 1$, $x^{k_1}y^{k_2} \ne 1$

此时 $G = \langle a,b,c,x,y \mid a^{p^m} = 1, b^{p^n} = 1, [a,b] = c, c^{p^r} = a^{p^s}b^{p^t}x^{k_1}y^{k_2}, [c,a] = x, [c,b] = y \rangle$.

若 $k_1 = 0$, 则可得(D2).

若 $k_1 \ne 0$, 则存在 k_1^{-1} 满足 $k_1 k_1^{-1} \equiv 1 (\bmod\, p)$. 替换 $b^{k_2 k_1^{-1}} a^{1+k_2 k_1^{-1}p^{s-t}}$ 为 a,
$[b^{k_2 k_1^{-1}} a^{1+k_2 k_1^{-1}p^{s-t}}, b]$ 为 c, $xy^{k_2 k_1^{-1}}$ 为 x, 可得(D3).

(3) $a^{p^m} = 1$, $b^{p^n} \ne 1$

此时 $G = \langle a,b,c,x,y \mid a^{p^m} = 1, b^{p^n} = x^{j_1}y^{j_2}, [a,b] = c, c^{p^r} = a^{p^s}b^{p^t}x^{k_1}y^{k_2}, [c,a] = x, [c,b] = y \rangle$.

(3-1) $j_1 = 0$

此时 $G = \langle a,b,c,x,y \mid a^{p^m} = 1, b^{p^n} = y^{j_2}, [a,b] = c, c^{p^r} = a^{p^s}b^{p^t}x^{k_1}y^{k_2}, [c,a] = x, [c,b] = y \rangle$. 替换 $a^{1-j_2^{-1}k_2 p^{n-t}}$ 为 a, $[a^{1-j_2^{-1}k_2 p^{n-t}}, b]$ 为 c, 可得 $G = \langle a,b,c,x,y \mid a^{p^m} = 1, b^{p^n} = y^{j_2}, [a,b] = c, c^{p^r} = a^{p^s}b^{p^t}x^{k_1}, [c,a] = x, [c,b] = y \rangle$.

若 $k_1 = 0$, 则可得(D4). 若 $k_1 \ne 0$, 则可得(D5).

(3-2) $j_1 \ne 0$

此时 $G = \langle a,b,c,x,y \mid a^{p^m} = 1, b^{p^n} = x^{j_1}y^{j_2}, [a,b] = c, c^{p^r} = a^{p^s}b^{p^t}x^{k_1}y^{k_2}, [c,a] = x, [c,b] = y \rangle$.

存在 j_1^{-1} 满足 $j_1 j_1^{-1} \equiv 1 (\bmod\, p)$. 设 $k_3 = k_2 - j_1^{-1}j_2 k_1$. 替换 $a^{1-j_1^{-1}k_1 p^{n-t}}$ 为 a, $[a^{1-j_1^{-1}k_1 p^{n-t}}, b]$ 为 c, 可得 $G = \langle a,b,c,x,y \mid a^{p^m} = 1, b^{p^n} = x^{j_1}y^{j_2}, [a,b] = c, c^{p^r} = a^{p^s}b^{p^t}y^{k_3}, [c,a] = x, [c,b] = y \rangle$.

替换 $b^{j_1^{-1}j_2}a$ 为 a, $xy^{j_1^{-1}j_2}$ 为 x, 可得 $G = \langle a,b,c,x,y \mid a^{p^m} = 1, b^{p^n} = x^{j_1}, [a,b] = c, c^{p^r} = a^{p^s}b^{p^t}b^{-j_1^{-1}j_2 p^s}y^{k_3}, [c,a] = x, [c,b] = y \rangle$.

存在 h 满足 $p \mid h$, $h(1 - j_1^{-1}j_2 p^{s-t}) \equiv j_1^{-1}j_2 p^{s-t} (\bmod\, p^{n+1-t})$. 替换 a^{1+h} 为 a, $[a^{1+h}, b]$ 为 c, 可得 $G = \langle a,b,c,x,y \mid a^{p^m} = 1, b^{p^n} = x^{j_1}, [a,b] = c, c^{p^r} = a^{p^s}b^{p^t}y^{k_3}, [c,a] = x, [c,b] = y \rangle$.

若 $k_3 = 0$, 则可得(D6).

若 $k_3 \ne 0$, 则可得(D7).

(4) $a^{p^m} \ne 1$

此时 $G = \langle a,b,c,x,y \mid a^{p^m} = x^{i_1}y^{i_2}, b^{p^n} = x^{j_1}y^{j_2}, [a,b] = c, c^{p^r} = a^{p^s}b^{p^t}x^{k_1}y^{k_2}, [c,a] = x, [c,b] = y \rangle$. 若 $t = m - s + r$, 则 $1 = [a, x^{k_1}y^{k_2}] = [a, b^{-p^t}] = c^{-p^t} \ne 1$. 矛盾. 因此 $t > m - s + r$.

(4-1) $i_1 = 0$

此时 $G = \langle a,b,c,x,y \mid a^{p^m} = y^{i_2}, b^{p^n} = x^{j_1}y^{j_2}, [a,b] = c, c^{p^r} = a^{p^s}b^{p^t}x^{k_1}y^{k_2}, [c,a] = x, [c,b] = y\rangle$. 存在 i_2^{-1} 满足 $i_2 i_2^{-1} \equiv 1 \pmod{p}$. 替换 $a^{-i_2^{-1}j_2 p^{m-n}}b$ 为 b, 可得 $G = \langle a,b,c,x,y \mid a^{p^m} = y^{i_2}, b^{p^n} = x^{j_1}, [a,b] = c, c^{p^r} = a^{p^s}a^{-i_2^{-1}j_2 p^{m-n+t}}b^{p^t}x^{k_1}y^{k_2}, [c,a] = x, [c,b] = y\rangle$. 设 $a^{i_2^{-1}j_2 p^{m-n+t}}y^{k_2} = a^{k_3 p^{m-n+t}}$. 存在 $h \in \mathbf{N}$ 满足 $p \mid h$, $h(1+k_3 p^{m-n+t-s}) \equiv -k_3 p^{m-n+t-s} \pmod{p^{m+1-s}}$. 替换 b^{1+h} 为 b, $[a, b^{1+h}]$ 为 c, 可得 $G = \langle a,b,c,x,y \mid a^{p^m} = y^{i_2}, b^{p^n} = x^{j_1}, [a,b] = c, c^{p^r} = a^{p^s}b^{p^t}x^{k_1}, [c,a] = x, [c,b] = y\rangle$.

若 $j_1 = 0$, $k_1 = 0$, 则可得(D8).

若 $j_1 = 0$, $k_1 \neq 0$, 则可得(D9).

若 $j_1 \neq 0$, 则存在 h_1 满足 $h_1 j_1 \equiv -k_1 \pmod{p}$. 替换 $a^{1+h_1 p^{n-t}}$ 为 a, $[a^{1+h_1 p^{n-t}}, b]$ 为 c, 可得(D10).

(4-2) $i_1 \neq 0$

此时 $G = \langle a,b,c,x,y \mid a^{p^m} = x^{i_1}y^{i_2}, b^{p^n} = x^{j_1}y^{j_2}, [a,b] = c, c^{p^r} = a^{p^s}b^{p^t}x^{k_1}y^{k_2}, [c,a] = x, [c,b] = y\rangle$.

存在 h 满足 $i_1 h \equiv -j_1 \pmod{p}$. 设 $j_3 = i_2 h + j_2$. 替换 $a^{hp^{m-n}}b$ 为 b, 可得 $G = \langle a,b,c,x,y \mid a^{p^m} = x^{i_1}y^{i_2}, b^{p^n} = y^{j_3}, [a,b] = c, c^{p^r} = a^{p^s}a^{-hp^{m-n+t}}b^{p^t}x^{k_1}y^{k_2}, [c,a] = x, [c,b] = y\rangle$.

存在 i_1^{-1} 满足 $i_1 i_1^{-1} \equiv 1 \pmod{p}$. 设 $a^{-hp^{m-n+t}}x^{k_1}y^{i_1^{-1}i_2 k_1} = a^{k_3 p^{m-n+t}}$, $k_4 = k_2 - i_1^{-1}i_2 k_1$. 存在 h_1 满足 $p \mid h_1$, $h_1(1+k_3 p^{m-n+t-s}) \equiv -k_3 p^{m-n+t-s} \pmod{p^{m+1-s}}$. 替换 b^{1+h} 为 b, $[a, b^{1+h}]$ 为 c, 可得 $G = \langle a,b,c,x,y \mid a^{p^m} = x^{i_1}y^{i_2}, b^{p^n} = y^{j_3}, [a,b] = c, c^{p^r} = a^{p^s}b^{p^t}y^{k_4}, [c,a] = x, [c,b] = y\rangle$.

设 $k_5 = -i_1^{-1}i_2$. 替换 $b^{i_1^{-1}i_2}a$ 为 a, x 为 $xy^{i_1^{-1}i_2}$, 可得 $\langle a,b,c,x,y \mid a^{p^m} = x^{i_1}, b^{p^n} = y^{j_3}, [a,b] = c, c^{p^r} = a^{p^s}b^{k_5 p^s}b^{p^t}y^{k_4}, [c,a] = x, [c,b] = y\rangle$.

(4-2-1) $j_3 = 0$

存在 h 满足 $p \mid h$, $h(1+k_5 p^{s-t}) \equiv -k_5 p^{s-t} \pmod{p^{n-t}}$. 替换 a^{1+h} 为 a, $[a^{1+h}, b]$ 为 c, 可得 $G = \langle a,b,c,x,y \mid a^{p^m} = x^{i_1}, b^{p^n} = 1, [a,b] = c, c^{p^r} = a^{p^s}b^{p^t}y^{k_4}, [c,a] = x, [c,b] = y\rangle$.

若 $k_4 = 0$, 可得(D11).

若 $k_4 \neq 0$, 可得(D12).

(4-2-2) $j_3 \neq 0$

若 $s \leq n$, 则设 $b^{k_5 p^s}y^{k_4} = b^{k_6 p^s}$. 存在 h 满足 $p \mid h$, $h(1+k_6 p^{s-t}) \equiv -k_6 p^{s-t} \pmod{p^{n-t}}$. 替换 a^{1+h} 为 a, $[a^{1+h}, b]$ 为 c, 可得 $G = \langle a,b,c,x,y \mid a^{p^m} = x^{i_1}, b^{p^n} = y^{j_3}, [a,b] = c, c^{p^r} = a^{p^s}b^{p^t}, [c,a] = x, [c,b] = y\rangle$.

若 $s > n$, 则设 $b^{k_5 p^s}y^{k_4} = b^{k_6 p^n}$. 存在 h 满足 $p \mid h$, $h(1+k_6 p^{n-t}) \equiv -k_6 p^{n-t} \pmod{p^{n-t}}$. 替换 a^{1+h} 为 a, $[a^{1+h}, b]$ 为 c, 可得 $G = \langle a,b,c,x,y \mid a^{p^m} = x^{i_1}, b^{p^n} = y^{j_3}, [a,b] = c, c^{p^r} = a^{p^s}b^{p^t}, [c,a] = x, [c,b] = y\rangle$. 因此可得(D13).

下证定理中的群的阶都是 $p^{m+n+r+2}$. 设 G 是(A30)中的一个群, $H = \langle a, c \rangle < G$. 则 $H \cong M_p(m+1, r, 1)$. 设 $\sigma(g): h \longrightarrow h^g$, 其中 $h \in H$ and $g \in G$. 则 $\sigma(b) \in \mathrm{Aut}(H)$, $\sigma^{p^n}(b) = \sigma(y)$. 由 $b^{p^{t-1}} \notin H$, $b^{p^t} = y \in H$, $(y)^b = y$ 可知: G 是 H 被 C_{p^n} 的扩张. 因此 $|G| = p^{m+n+r+2}$. 类似的, 可得定理中的群的阶都是 $p^{m+n+r+2}$.

通过简单的检查, 定理中的群 G 具有以下性质: $c(G) = 3$, $G_3 \cong C_p \times C_p$, $\exp G_3 = p$, G 非亚循环. 由定理4.1.8 可知: 定理中的群都是内 $\mathcal{P}_2$ 群. 因此它们满足了定理中的条件.

最后证明定理中的群都是互不同构的. 证明过程类似定理4.2.2中的证明, 省略. 详细情况可看文献 [42]. □

注记 设 G 是一个定理4.2.3中的群. 则

(1) $\Phi(G) = \langle a^p, b^p, c, x \rangle$, $G/\Phi(G) = \langle \bar{a} \rangle \times \langle \bar{b} \rangle \cong C_p \times C_p$.

(2) $G' = \langle c, x, y \rangle$, $\exp G' = o(c)$.

(3) $\mho_1(G')G_3 = \langle c^p, x, y \rangle \leq Z(G)$. 设 $G/\mho_1(G')G_3 \cong H$. 则 H 是一个内交换群.

(4) 设 $G/Z(G) \cong H$. 则 H 是一个内交换群.

(5) $G_3 = \langle x, y \rangle$. 设 $G/G_3 \cong H$. 则 H 同构于定理1.3.13中的群.

§4.3 内 $\mathcal{P}_2$ 的 2 群的分类

本节分类内类 2 的 2 群. 其中, 定理 4.3.1 为亚循环情形, 定理 4.3.2 和 4.3.3 为非亚循环情形. 显然内类 2 的 2 群都是非正则的.

定理 4.3.1 设 G 是有限 2 群. 则 G 是亚循环内类 2 群当且仅当 G 同构于下列互不同构的群之一:

(1) $G = \langle a, b \mid a^{2^3} = 1, b^2 = a^{2^2}, a^b = a^{-1} \rangle$;

(2) $G = \langle a, b \mid a^{2^3} = 1, b^2 = 1, a^b = a^{-1} \rangle$;

(3) $G = \langle a, b \mid a^{2^3} = b^2 = 1, a^b = a^{-1+2^2} \rangle$;

(4) $G = \langle a, b \mid a^{2^{r+s+u}} = 1, b^{2^{r+s+t}} = a^{2^{r+s}}, a^b = a^{1+2^r} \rangle$, 其中 r, s, t, u 是非负整数, 满足 $r \geq 2, u \leq r, s + u = r + 1$;

(5) $G = \langle a, b \mid a^{2^{r+s+v+t'+u}} = 1, b^{2^{r+s+t}} = a^{2^{r+s+v+t'}}, a^b = a^{-1+2^{r+v}} \rangle$, 其中 r, s, v, t, t', u 是非负整数, 满足 $r \geq 2, t' \leq r, u \leq 1, tt' = sv = tv = 0, s + v + u + r + t' = 3$, 且若 $t' \geq r - 1$, 则 $u = 0$.

证明 设 G 是内类 2 群. 由定理 4.1.9(1)和(2) 可知, $d(G) = 2$. 又由定理 4.1.7 可知, G 是内类 2 群当且仅当 $\exp(G_3) = p$ 且 $c(G) = 3$. 又因为 G 是亚循环的, 我们只需在定理 1.3.4和定理 1.3.3中挑出满足条件"$\exp(G_3) = p$ 且 $c(G) = 3$"的群即可.

对于定理 1.3.4中的群(1), 若 G 是交换群或内交换群, 计算易知: $G_3 = 1$. 于是它们不是内类 2 群. 设 G 是定理 1.3.3中的广义四元数群. 因为 G 是亚循环的, 故 G' 循环. 于是 G_3 循环. 由定理1.2.5(2)知, $G_3 = \langle [a,b,a], [a,b,b], G_4 \rangle$. 计算易知: $[a,b,a] = 1$, 由此可得 $G_3 = \langle [a,b,b], G_4 \rangle$. 计算可知:

$$[a,b,b] = [a^{-2}, b] = [a,b]^{-2} = a^{2^2}.$$

我们断言: $a^{2^2} \neq 1$. 若 $a^{2^2} = 1$, 则 $G_3 = G_4$. 由定理1.2.4得 $G_3 = G_4 = 1$. 则 $c(G) \leq 2$. 矛盾. 因此 $G_3 \neq 1$. 由定理1.2.4得 $G_4 < G_3$. 又 G_3 循环, 则 $G_4 \leq \mho_1(G_3) \leq \Phi(G_3)$. 于是 $G_3 = \langle [a,b,b] \rangle$. 因为 G 是内类 2 群, 由定理 4.1.7可得, $o(a) = 2^{2+1}$. 也即 $n = 4$. 这样就得到本定理中的群 (1). 对于定理 1.3.3中的二面体群和半二面体群, 用相同的计算方法, 可以得到本定理中的群 (2), (3).

对于定理 1.3.4中的群(2), 计算可知:

$$[a,b,b] = [a^{2^r}, b] = a^{2^{2r}},$$

类似地可以得到 $G_3 = \langle [a,b,b] \rangle$. 因为 G 是内类2群, 由 $\exp(G_3) = p$ 可得, $o(a) = 2^{2r+1}$. 也即 $s + u = r + 1$. 由此可得本定理中的群 (4).

对于定理 1.3.4中的群(3), 则 $G_3 = \langle [a,b,a], [a,b,b], G_4 \rangle$. 因为 G 是亚循环的, G' 循环. 于是 G_3 循环. 计算易知: $[a,b,a] = 1$, 由此可得 $G_3 = \langle [a,b,b], G_4 \rangle = \langle [a,b,b] \rangle$. 计算可知:

$$[a,b,b] = [a^{-2+2^{r+v}}, b] = a^{(-2+2^{r+v})(-2+2^{r+v})} = a^{2^{2(r+v)}+2^2-2^{r+v+2}},$$

又

$$(a^{2^{2(r+v)}+2^2-2^{r+v+2}})^2 = a^{2^{2(r+v)+1}+2^3-2^{r+v+3}},$$

由 $\exp(G_3) = p$ 可得

$$2^{s+v+u+t'+r} | 2^{2(r+v)+1} + 2^3 - 2^{r+v+3}.$$

又

$$2^{2(r+v)+1} + 2^3 - 2^{r+v+3} = 2^3(2^{2(r+v)-2} + 1 - 2^{r+v}),$$

于是 $2^{s+v+u+t'+r} | 2^3$, 进而 $s + v + u + t' + r \leq 3$. 由 $r \geq 2$ 可知, $s + v + u + t' + r \geq 2$. 于是 $2 \leq s + v + u + t' + r \leq 3$. 若 $s + v + u + t' + r = 2$, 则 $o(a) = 2^2$. 于是 $[a,b,b] = 1$, 从而 G 不是内类 2 群. 若 $s + v + u + t' + r = 3$, 则得到本定理中的群 (5).

容易验证定理中的群都满足 $\exp(G_3) = p$ 且 $c(G) = 3$. $\qquad\square$

定理 4.3.2 设 G 是有限 2 群. 则 G 是非亚循环内类 2 群且 $G_3 \cong C_2$ 当且仅当 G 同构于下列群之一:

(A) $m \geq n \geq r \geq 1$.

(A1) $G = \langle a, b, c, x \mid a^{2^m} = 1, b^{2^n} = 1, c^{2^r} = 1, [a,b] = c, [c,a] = x, [c,b] = 1 \rangle$, 其中 $m \geq 2$;

(A2) $G = \langle a, b, c, x \mid a^{2^m} = 1, b^{2^n} = 1, c^{2^r} = 1, [a,b] = c, [c,a] = 1, [c,b] = x \rangle$, 其中

$m > n > r \geq 1$ 或者 $m > n = r > 1$;

(A3) $G = \langle a,b,c,x \mid a^{2^m} = 1, b^{2^n} = 1, c^{2^r} = 1, [a,b] = c, [c,a] = x, [c,b] = x\rangle$, 其中 $m = n = r > 1$;

(A4) $G = \langle a,b,c,x \mid a^{2^m} = 1, b^{2^n} = 1, c^{2^r} = x, [a,b] = c, [c,a] = x, [c,b] = 1\rangle$, 其中 $n > r$;

(A5) $G = \langle a,b,c,x \mid a^{2^m} = 1, b^{2^n} = 1, c^{2^r} = x, [a,b] = c, [c,a] = 1, [c,b] = x\rangle$, 其中 $m > n > r \geq 1$;

(A6) $G = \langle a,b,c,x \mid a^{2^m} = 1, b^{2^n} = 1, c^{2^r} = x, [a,b] = c, [c,a] = x, [c,b] = x\rangle$, 其中 $m = n = r = 1, m = n+1 = r+1 = 2 \geq 1$;

(A7) $G = \langle a,b,c,x \mid a^{2^m} = 1, b^{2^n} = x, c^{2^r} = 1, [a,b] = c, [c,a] = x, [c,b] = 1\rangle$, 其中 $m > n$;

(A8) $G = \langle a,b,c,x \mid a^{2^m} = 1, b^{2^n} = x, c^{2^r} = 1, [a,b] = c, [c,a] = 1, [c,b] = x\rangle$, 其中 $m > n > r \geq 1$ 或者 $m > n = r > 1$;

(A9) $G = \langle a,b,c,x \mid a^{2^m} = 1, b^{2^n} = x, c^{2^r} = x, [a,b] = c, [c,a] = x, [c,b] = 1\rangle$, 其中 $m > n > r \geq 1$;

(A10) $G = \langle a,b,c,x \mid a^{2^m} = 1, b^{2^n} = x, c^{2^r} = x, [a,b] = c, [c,a] = 1, [c,b] = x\rangle$, 其中 $m > n > r \geq 1$;

(A11) $G = \langle a,b,c,x \mid a^{2^m} = x, b^{2^n} = 1, c^{2^r} = 1, [a,b] = c, [c,a] = x, [c,b] = 1\rangle$, 其中 $m \geq 2$;

(A12) $G = \langle a,b,c,x \mid a^{2^m} = x, b^{2^n} = 1, c^{2^r} = 1, [a,b] = c, [c,a] = 1, [c,b] = x\rangle$, 其中 $n > r$ 或者 $n = r > 1$;

(A13) $G = \langle a,b,c,x \mid a^{2^m} = x, b^{2^n} = 1, c^{2^r} = 1, [a,b] = c, [c,a] = x, [c,b] = x\rangle$, 其中 $m = n = r > 1$;

(A14) $G = \langle a,b,c,x \mid a^{2^m} = x, b^{2^n} = 1, c^{2^r} = x, [a,b] = c, [c,a] = x, [c,b] = 1\rangle$, 其中 $n > r$;

(A15) $G = \langle a,b,c,x \mid a^{2^m} = x, b^{2^n} = 1, c^{2^r} = x, [a,b] = c, [c,a] = 1, [c,b] = x\rangle$, 其中 $n > r$ 或者 $m > n = r = 1$;

(A16) $G = \langle a,b,c,x \mid a^{2^m} = x, b^{2^n} = 1, c^{2^r} = x, [a,b] = c, [c,a] = x, [c,b] = x\rangle$, 其中 $m \leq 2, n = r = 1$;

(A17) $G = \langle a,b,c,x \mid a^{2^m} = x, b^{2^n} = x, c^{2^r} = 1, [a,b] = c, [c,a] = x, [c,b] = 1\rangle$, 其中 $m = n \geq 2$ 或者 $m = 2, n = r = 1$;

(A18) $G = \langle a,b,c,x \mid a^{2^m} = x, b^{2^n} = x, c^{2^r} = 1, [a,b] = c, [c,a] = x, [c,b] = 1\rangle$, 其中 $m = n > r \geq 1$ 或 $m = n \geq r > 1$;

(A19) $G = \langle a,b,c,x \mid a^{2^m} = x, b^{2^n} = x, c^{2^r} = x, [a,b] = c, [c,a] = x, [c,b] = 1\rangle$, 其中 $m = n > r > 1$;

(A20) $G = \langle a,b,c,x \mid a^{2^m} = x, b^{2^n} = x, c^{2^r} = x, [a,b] = c, [c,a] = 1, [c,b] = x\rangle$, 其中 $m = n > r+1$ 或者 $m = n \geq 3, r = 1$.

(B) $n \geq r > q \geq 1, m + q \geq 2r$.

(B1) $G = \langle a, b, c, x \mid a^{2^m} = 1, b^{2^n} = 1, c^{2^r} = 1, [a,b] = c, c^{2^q} = a^{2^{m-r+q}} x^k, [c,a] = x, [c,b] = 1 \rangle$, 其中 $k = 0, 1$;

(B2) $G = \langle a, b, c, x \mid a^{2^m} = 1, b^{2^n} = 1, c^{2^r} = 1, [a,b] = c, c^{2^q} = a^{2^{m-r+q}} x^k, [c,a] = 1, [c,b] = x \rangle$, 其中 $k = 0, 1$;

(B3) $G = \langle a, b, c, x \mid a^{2^m} = 1, b^{2^n} = 1, c^{2^r} = 1, [a,b] = c, c^{2^q} = a^{2^{m-r+q}} x^k, [c,a] = x, [c,b] = x \rangle$, 其中 $k = 0, 1, m > n > m - r + q$ 并且去掉 $m = n + 1 = r + 1 = q + 2$ 的情形;

(B4) $G = \langle a, b, c, x \mid a^{2^m} = 1, b^{2^n} = x, c^{2^r} = 1, [a,b] = c, c^{2^q} = a^{2^{m-r+q}}, [c,a] = x, [c,b] = 1 \rangle$;

(B5) $G = \langle a, b, c, x \mid a^{2^m} = 1, b^{2^n} = x, c^{2^r} = 1, [a,b] = c, c^{2^q} = a^{2^{m-r+q}}, [c,a] = 1, [c,b] = x \rangle$;

(B6) $G = \langle a, b, c, x \mid a^{2^m} = 1, b^{2^n} = x, c^{2^r} = 1, [a,b] = c, c^{2^q} = a^{2^{m-r+q}}, [c,a] = x, [c,b] = x \rangle$, 其中 $m > n \geq m - r + q$ 并且去掉 $m = n + 1 = r + 1 = q + 2$ 的情形;

(B7) $G = \langle a, b, c, x \mid a^{2^m} = 1, b^{2^n} = x, c^{2^r} = 1, [a,b] = c, c^{2^q} = a^{2^{m-r+q}} x, [c,a] = x, [c,b] = 1 \rangle$;

(B8) $G = \langle a, b, c, x \mid a^{2^m} = 1, b^{2^n} = x, c^{2^r} = 1, [a,b] = c, c^{2^q} = a^{2^{m-r+q}} x, [c,a] = 1, [c,b] = x \rangle$;

(B9) $G = \langle a, b, c, x \mid a^{2^m} = 1, b^{2^n} = x, c^{2^r} = 1, [a,b] = c, c^{2^q} = a^{2^{m-r+q}} x, [c,a] = x, [c,b] = x \rangle$, 其中 $m > n \geq m - r + q$;

(B10) $G = \langle a, b, c, x \mid a^{2^m} = x, b^{2^n} = 1, c^{2^r} = x, [a,b] = c, c^{2^q} = a^{2^{m-r+q}} x^k, [c,a] = x, [c,b] = 1 \rangle$, 其中 $m - r + q > r, n > r, k = 0, 1$;

(B11) $G = \langle a, b, c, x \mid a^{2^m} = x, b^{2^n} = 1, c^{2^r} = x, [a,b] = c, c^{2^q} = a^{2^{m-r+q}} x^k, [c,a] = 1, [c,b] = x \rangle$, 其中 $m - r + q > r, n > r, k = 0, 1$;

(B12) $G = \langle a, b, c, x \mid a^{2^m} = x, b^{2^n} = 1, c^{2^r} = x, [a,b] = c, c^{2^q} = a^{2^{m-r+q}} x^k, [c,a] = x, [c,b] = x \rangle$, 其中 $m \geq n > m - r + q, k = 0, 1$;

(B13) $G = \langle a, b, c, x \mid a^{2^m} = x, b^{2^n} = x, c^{2^r} = x, [a,b] = c, c^{2^q} = a^{2^{m-r+q}} x^k, [c,a] = x, [c,b] = 1 \rangle$, 其中 $n \geq m, m - r + q > r, k = 0, 1$;

(B14) $G = \langle a, b, c, x \mid a^{2^m} = x, b^{2^n} = x, c^{2^r} = x, [a,b] = c, c^{2^q} = a^{2^{m-r+q}} x^k, [c,a] = 1, [c,b] = x \rangle$, 其中 $n \geq m, m - r + q > r, k = 0, 1$;

(B15) $G = \langle a, b, c, x \mid a^{2^m} = x, b^{2^n} = x, c^{2^r} = x, [a,b] = c, c^{2^q} = a^{2^{m-r+q}} x^k, [c,a] = x, [c,b] = x \rangle$, 其中 $m = n, m - r + q > r, k = 0, 1$.

(C) $m \geq 1$.

(C1) $G = \langle a, b, c \mid a^{2^{m+1}} = b^{2^{m+1}} = c^{2^m} = 1, [a,b] = c, c^{2^{m-1}} = a^{2^m}, a^{2^m} = b^{2^m}, [c,a] = x, [c,b] = 1 \rangle$, 其中 $m \geq 2$;

(C2) $G = \langle a,b,c \mid a^{2^{m+1}} = b^{2^{m+1}} = c^{2^m} = 1, [a,b] = c, c^{2^{m-1}} = a^{2^m}, a^{2^m} = b^{2^m}x, [c,a] = x, [c,b] = 1 \rangle$, 其中 $m \geq 2$;

(C3) $G = \langle a,b,c \mid a^{2^{m+1}} = b^{2^{m+1}} = c^{2^m} = 1, [a,b] = c, c^{2^{m-1}} = a^{2^m}, a^{2^m} = b^{2^m}x, [c,a] = 1, [c,b] = x \rangle$, 其中 $m \geq 2$;

(C4) $G = \langle a,b,c \mid a^{2^{m+1}} = b^{2^{m+1}} = c^{2^m} = 1, [a,b] = c, c^{2^{m-1}} = a^{2^m}x, a^{2^m} = b^{2^m}, [c,a] = 1, [c,b] = x \rangle$, 其中 $m \geq 2$;

(C5) $G = \langle a,b,c \mid a^{2^{m+1}} = b^{2^{m+1}} = c^{2^m} = 1, [a,b] = c, c^{2^{m-1}} = a^{2^m}x, a^{2^m} = b^{2^m}, [c,a] = x, [c,b] = x \rangle$, 其中 $m \geq 2$;

(C6) $G = \langle a,b,c \mid a^{2^{m+1}} = b^{2^{m+1}} = c^{2^m} = 1, [a,b] = c, c^{2^{m-1}} = a^{2^m}x, a^{2^m} = b^{2^m}x, [c,a] = x, [c,b] = 1 \rangle$, 其中 $m \geq 2$;

(C7) $G = \langle a,b,c \mid a^{2^{m+1}} = b^{2^{m+1}} = c^{2^m} = 1, [a,b] = c, c^{2^{m-1}} = a^{2^m}x, a^{2^m} = b^{2^m}x, [c,a] = 1, [c,b] = x \rangle$, 其中 $m \geq 2$.

定理中的群的关系式中都省略了 $x^2 = [x,a] = [x,b] = 1$.

证明　由 G 非亚循环和定理 1.2.26 可知: $G/\Phi(G')G_3$ 也是非亚循环的. 因此 G/G_3 非亚循环. 设 $\overline{G} = G/G_3$. 由 $p = 2$ 和定理 4.1.9(1)(2) 可知: $d(\overline{G}) = 2$ 且 $c(\overline{G}) = 2$. 则 $\overline{G}$ 同构于定理 1.3.14中的群之一. 因为 $\overline{G}$ 非亚循环, 而定理 1.3.14中的群(A4) 是亚循环的, 故 $\overline{G}$ 同构于定理 1.3.14中的群(A1),(A2),(A3) 之一. 由定理 4.1.3 可知: $c(G) = 3$. 因此 $G_3 \leq Z(G)$. 因此 G 是 $\overline{G}$ 被 G_3 的中心扩张. 为方便, 设 $G_3 = \langle x \rangle$. 于是 $x^2 = [x,a] = [x,b] = [x,c] = 1$.

我们分三种情况来讨论.

(A) G/G_3 同构于引理 1.3.14 中的 (A1) 群.

此时不妨设

$$G/G_3 \cong \langle \bar{a}, \bar{b}, \bar{c} \mid \bar{a}^{2^m} = 1, \bar{b}^{2^n} = 1, \bar{c}^{2^r} = 1, [\bar{a}, \bar{b}] = \bar{c}, [\bar{c}, \bar{a}] = [\bar{c}, \bar{b}] = 1 \rangle,$$

其中 $m \geq n \geq r \geq 1$. 于是

$$G = \langle a,b,c \mid a^{2^m} = x^i, b^{2^n} = x^j, c^{2^r} = x^k, [a,b] = cx^l, [c,a] = x^u, [c,b] = x^v \rangle,$$

其中 $i,j,k,l,u,v = 0,1$.

替换 cx^l 为 c, 则有

$$G = \langle a,b,c \mid a^{2^m} = x^i, b^{2^n} = x^j, c^{2^r} = x^k, [a,b] = c, [c,a] = x^u, [c,b] = x^v \rangle.$$

其中 $i,j,k,u,v = 0,1$.

(1) $i = j = k = 0$

若 $v = 0$, 则必有 $u = 1$. 若 $m = 1$, 计算得

$$[a^2, b] = [a,b]^2[2a,b] = [2a,b] = [c,a] = x = 1.$$

矛盾. 故 $m \geq 2$. 得到本定理中的群 (A1).

若 $v = 1$, 则 $u = 0$ 或 1. 若 $v = 1, u = 0$ 且 $m = n$, 则替换 a 为 b, b 为 a, c^{-1} 为 c, 此时 G 同构于本定理中的群 (A1).

因为 $m \geq n \geq r \geq 1$, 于是可设 $m > n$. 若 $n = r = 1$, 计算得

$$[a, b^2] = [a, b]^2 [a, 2b] = [a, 2b] = [c, b] = x = 1.$$

矛盾. 所以 $m > n > r \geq 1$ 或 $m > n \geq r > 1$. 此时我们得到群 (A2).

若 $v = 1, u = 1$ 且 $m = n, n \geq r + 1$, 替换 ab 为 b, 此时 G 同构于群 (A1). 不妨设 $m > n > r \geq 1$ 或 $m \geq n = r > 1$. 若 $m \geq r + 1$, 替换 ba 为 a, 此时 G 同构于 群(A2). 若 $m = n = r > 1$, 得到群 (A3).

(2) $i = j = 0, k = 1$

若 $v = 0$, 则必有 $u = 1$. 若 $n = r$, 计算得

$$1 = [a, b^{2^n}] = [a, b]^{2^n} [a, 2b]^{\binom{2^n}{2}} = [a, b]^{2^n} = [a, b]^{2^r} = c^{2^r} = x.$$

矛盾. 故 $n > r$. 得到本定理中的群 (A4)

若 $v = 1$, 则 $u = 0$ 或 1. 若 $v = 1, u = 0$ 且 $m = 1$, 计算得

$$1 = [a^2, b] = [a, b]^2 [2a, b] = c^2 = x.$$

矛盾. 若 $v = 1, u = 0$ 且 $n = r > 1$, 计算得

$$[a, b^{2^n}] = [a, b]^{2^n} [a, 2b]^{\binom{2^n}{2}} = [a, b]^{2^n} = [a, b]^{2^r} = c^{2^r} = x = 1.$$

矛盾. 因为 $m \geq n \geq r \geq 1$, 故 $m \geq n > r \geq 1$ 或者 $m \geq n \geq r = 1, m \geq 2$, 得到群 (A5).

若 $v = 1, u = 1$, 不妨设 $m \geq n > r \geq 1$ 或者 $m \geq n \geq r = 1$. 若 $m = n, n \geq r + 2$, 替换 ab 为 b, 此时 G 同构与 (A4) 中的群. 若 $m \geq r + 2$, 替换 ba 为 a, 此时 G 同构于 (A5) 中的群. 若 $m = n = r + 1$ 或者 $m = n = r = 1$ 或者 $m = 2, n = r = 1$, 得到群 (A6).

(3) $i = 0, j = 1, m > n$

若 $i = 0, j = 1, m = n$, 可设

$$G = \langle a, b, c, x \mid a^{2^m} = 1, b^{2^n} = x, c^{2^r} = x^k, [a, b] = c, [c, a] = x^u, [c, b] = x^v \rangle.$$

替换 a 为 b, b 为 a, c^{-1} 为 c, 可将此类归于 $i = 1$ 的情形. 因此设 $m > n$. 下面我们分 $k = 0$ 和 1 两种情况讨论.

(3-1) $k = 0$

若 $v = 0$, 则必有 $u = 1$. 若 $m = n = r = 1$, 计算得

$$[a^2, b] = [a, b]^2 [2a, b] = [c, a] = x = 1.$$

矛盾. 所以 $m \geq 2$, 得到群 (A7).

若 $v = 1$, 则 $u = 0$ 或 1. 若 $v = 1, u = 0$ 且 $n = r = 1$, 计算得

$$[a, b^2] = [a, b]^2[a, 2b] = [c, b] = x = 1.$$

矛盾. 因为 $m \geq n \geq r \geq 1$, 故 $m > n > r \geq 1$ 或者 $m > n = r > 1$, 得到群 (A8).

若 $v = 1, u = 1$, 不妨设 $m > n > r \geq 1$ 或者 $m > n = r > 1$. 若 $m > n$, 替换 ba 为 a, b 为 b, 此时 G 同构于 (A8) 中的群.

(3-2) $k = 1$

若 $v = 0$, 则必有 $u = 1$. 若 $n = r$, 计算得

$$[a, b^{2^n}] = [a, b]^{2^n}[a, 2b]^{\binom{2^n}{2}} = [a, b]^{2^n} = [a, b]^{2^r} = c^{2^r} = x = 1.$$

矛盾. 所以 $m > n > r \geq 1$, 得到群 (A9).

若 $v = 1$, 则 $u = 0$ 或 1. 若 $v = 1, u = 0$ 且 $n = r > 1$, 计算得

$$[a, b^{2^n}] = [a, b]^{2^n}[a, 2b]^{\binom{2^n}{2}} = [a, b]^{2^n} = [a, b]^{2^r} = c^{2^r} = x = 1.$$

矛盾. 因为 $m \geq n \geq r \geq 1$, 故 $m > n > r \geq 1$ 或者 $m > n \geq r = 1$ 得到群 (A10).

若 $v = 1, u = 1$, 不妨设 $m > n > r \geq 1$ 或者 $m > n \geq r = 1$. 若 $m > n$, 替换 ba 为 a, b 为 b, c^{-1} 为 c, 此时 G 同构于 (A10) 中的群.

(4) $i = 1$

不失一般性

$$G = \langle a, b, c, x \mid a^{2^m} = x, b^{2^n} = x^j, c^{2^r} = x^k, [a, b] = c, [c, a] = x^u, [c, b] = x^v \rangle.$$

(4-1) $j = 0$

(4-1-1) $k = 0$

若 $v = 0$, 则必有 $u = 1$. 若 $m = n = r = 1$, 计算得

$$[a^2, b] = [a, b]^2[2a, b] = [c, a] = x = 1.$$

矛盾. 所以 $m \geq 2$, 得到群 (A11).

若 $v = 1$, 则 $u = 0$ 或 1. 若 $v = 1, u = 0$ 且 $n = r = 1$, 计算得

$$[a, b^2] = [a, b]^2[a, 2b] = [c, b] = x = 1.$$

矛盾. 因为 $m \geq n \geq r \geq 1$, 故 $m \geq n > r \geq 1$ 或者 $m \geq n \geq r = 1$. 得到群 (A12).

若 $v = 1, u = 1$, 不妨设 $m \geq n > r \geq 1$ 或者 $m \geq n \geq r = 1$. 若 $m > r$, 替换 ba 为 a, 此时群 G 同构于群 (A12). 故 $m = n = r > 1$ 得到群 (A13).

(4-1-2) $k = 1$

若 $v = 0$, 则必有 $u = 1$. 若 $n = r$, 计算得

$$[a, b^{2^n}] = [a, b]^{2^n} [a, 2b]^{\binom{2^n}{2}} = [a, b]^{2^n} = [a, b]^{2^r} = c^{2^r} = x = 1.$$

矛盾. 因为 $m \geq n \geq r \geq 1$, 故 $m \geq n > r \geq 1$. 得到群 (A14).

若 $v = 1$, 则 $u = 0$ 或 1. 若 $v = 1, u = 0$ 且 $m = n = r = 1$, 计算得

$$[a, b^2] = [a, b]^2 [a, 2b] = [c, b] = x = 1.$$

矛盾. 若 $v = 1, u = 0$ 且 $n = r > 1$, 计算得

$$[a, b^{2^n}] = [a, b]^{2^n} [a, 2b]^{\binom{2^n}{2}} = [a, b]^{2^n} = [a, b]^{2^r} = c^{2^r} = x = 1.$$

矛盾. 因为 $m \geq n \geq r \geq 1$, 故 $m \geq n > r \geq 1$ 或者 $m \geq n \geq r = 1, m \geq 2$, 得到群 (A15).

若 $v = 1, u = 1$, 不妨设 $m \geq n > r \geq 1$ 或者 $m \geq n \geq r = 1$. 若 $m = n = r + 1$, 替换 ab 为 b, 此时 G 同构于群 (A15). 若 $m > r + 1$, 替换 ba 为 a, 此时群 G 同构于群 (A15). 故 $m = 2, n = r = 1$ 和 $m = n = r = 1$ 两个群, 得到群 (A16).

(4-2) $j = 1$

(4-2-1) $k = 0$

若 $v = 0$, 则必有 $u = 1$. 若 $m = n = r = 1$, 计算得

$$[a^2, b] = [a, b]^2 [2a, b] = [c, a] = x = 1.$$

矛盾. 若 $m > n$ 并且除去 $m = 2, n = r = 1$, 替换 $a^{2^{m-n}} b$ 为 b, 此时 G 同构于 (A11) 中的群. 因为 $m \geq n \geq r \geq 1$, 故 $m = n > 1$ 或者 $m = 2, n = r = 1$, 得到群 (A17).

若 $v = 1$, 则 $u = 0$ 或 1. 若 $v = 1, u = 0$ 且 $n = r = 1$, 计算得

$$[a, b^2] = [a, b]^2 [a, 2b] = [c, b] = x = 1.$$

矛盾. 若 $v = 1, u = 0$ 且 $m > n$, 替换 $a^{2^{m-n}} b$ 为 b, 此时 G 同构于 (A12) 中的群. 若 $v = 1, u = 0$ 且 $m = n$, 替换 a 为 b, b 为 a, 此时 G 同构于群 (A17) 中的群.

若 $v = 1, u = 1$, 不妨设 $m \geq n > r \geq 1$ 或者 $m \geq n \geq r > 1$. 若 $m > n$, 替换 $a^{2^{m-n}} b$ 为 b, 此时 G 同构于 (A13) 中的群. 故 $m = n > r \geq 1$ 或者 $m = n \geq r > 1$. 得到群 (A18).

(4-2-2) $k = 1$

若 $v = 0$, 则必有 $u = 1$. 若 $n = r > 1$, 计算得

$$[a, b^{2^n}] = [a, b]^{2^n} [a, 2b]^{\binom{2^n}{2}} = x = 1.$$

矛盾. 若 $m > n$, 替换 $a^{2^{m-n}} b$ 为 b, 此时 G 同构于 (A14) 中的群. 若 $m = n = r > 1$, 替换 ab 为 b 此时 G 同构于 (A15) 中的群. 因为 $m \geq n \geq r \geq 1$, 故 $m = n > r > 1$, 得到群 (A19).

若 $v = 1$, 则 $u = 0$ 或 1. 若 $v = 1, u = 0$ 且 $m = n = r = 1$, 计算得

$$[a^2, b] = [a, b]^2 [2a, b] = x = 1.$$

矛盾. 若 $v = 1, u = 0$ 且 $n = r > 1$, 计算得

$$[a, b^{2^n}] = [a, b]^{2^n} [a, 2b]^{\binom{2^n}{2}} = c^{2^r} = x = 1.$$

矛盾. 若 $v = 1, u = 0, m > n$, 替换 $a^{2^{m-n}} b$ 为 b, 此时 G 同构于 (A15) 中的群. 若 $v = 1, u = 0, m = n$, 替换 a 为 b, b 为 a, 此时 G 同构于 (A19) 中的群.

若 $v = 1, u = 1$, 不妨设 $m \geq n > r \geq 1$ 或者 $m \geq n \geq r = 1$. 若 $m = n = r + 1$, 替换 ab 为 b, 此时 G 同构于 (A19) 中的群. 因为 $m \geq n \geq r \geq 1$, 故 $m = n > r + 1$ 或者 $m = n \geq 3, r = 1$, 得到群 (A20).

(B) G/G_3 同构于引理 1.3.14 中的 (A2) 中的一个群.

此时不妨设

$G/G_3 \cong \langle \bar{a}, \bar{b}, \bar{c} \mid \bar{a}^{2^m} = 1, \bar{b}^{2^n} = 1, \bar{c}^{2^q} = 1, [\bar{a}, \bar{b}] = \bar{a}^{2^{m-r}} \bar{c}, [\bar{a}, \bar{b}]^{2^r} = 1, [\bar{c}, \bar{a}] = 1,$
　　　　$[\bar{c}, \bar{b}] = \bar{a}^{-2^{2(m-r)}} \bar{c} \rangle$, 其中 $m + q \geq 2r, n \geq r > q \geq 1$.

替换 $\bar{a}^{2^{m-r}} \bar{c}$ 为 $\bar{c}$

$G/G_3 \cong \langle \bar{a}, \bar{b}, \bar{c} \mid \bar{a}^{2^m} = 1, \bar{b}^{2^n} = 1, \bar{c}^{2^r} = 1, [\bar{a}, \bar{b}] = \bar{c}, \bar{c}^{2^q} = \bar{a}^{2^{m-r+q}}, [\bar{c}, \bar{a}] =$
　　　　$[\bar{c}, \bar{b}] = 1 \rangle$.

于是

$G = \langle a, b, c \mid a^{2^m} = x^i, b^{2^n} = x^j, c^{2^r} = x^k, [a, b] = cx^l, c^{2^q} = a^{2^{m-r+q}} x^w,$
　　　　$[c, a] = x^u, [c, b] = x^v \rangle$, 其中 $i, j, k, l, w, u, v = 0, 1$.

替换 cx^l 为 c,

$G = \langle a, b, c \mid a^{2^m} = x^i, b^{2^n} = x^j, c^{2^r} = x^k, [a, b] = c, c^{2^q} = a^{2^{m-r+q}} x^l,$
　　　　$[c, a] = x^u, [c, b] = x^v \rangle$, 其中 $i, j, k, w, u, v = 0, 1$.

由 $c^{2^q} = a^{2^{m-r+q}} x^l, (c^{2^q})^{2^{r-q}} = (a^{2^{m-r+q}} x^l)^{2^{r-q}}$ 可知, $a^{2^m} = c^{2^r}$. 可设

$G = \langle a, b, c \mid a^{2^m} = c^{2^r} = x^i, b^{2^n} = x^j, [a, b] = c, c^{2^q} = a^{2^{m-r+q}} x^k, [c, a] = x^u,$
　　　　$[c, b] = x^v \rangle$.

其中 $m + q \geq 2r, n \geq r > q \geq 1, i, j, k, u, v = 0, 1$.

(1) $i = 0, j = 0$

若 $v = 0$, 则必有 $u = 1$. 由已知条件有 $m + q \geq 2r, n \geq r > q \geq 1$, 得到本定理中的群 (B1), 其中 $k = 0, 1$.

若 $v = 1$, 则 $u = 0$ 或 1. 若 $v = 1, u = 0$, 得到群 (B2), 其中 $k = 0, 1$.

若 $v = 1, u = 1$ 且 $n \geq m$, 替换 ab 为 b, 此时 G 同构于 (B1) 中的群. 其中 (B1) 包括 $k = 0$ 和 1 两个群. 若 $v = 1, u = 1$ 且 $m = n + 1 = r + 1 = q + 2$, 替换 ab 为 b, 此时 G 同构于 (B1) 中的群. 若 $v = 1, u = 1, m > n$ 且 $m - r + q \geq n$ 但不满足 $m = n + 1 = r + 1 = q + 2$, 替换 ba 为 a, 此时 G 同构于 (B2) 中的群. 因为

$m + q \geq 2r, n \geq r > q \geq 1$, 故 $m > n > m - r + q$ 并且除去 $m = n + 1 = r + 1 = q + 2$ 的情形时, 得到群 (B3), 其中 $k = 0, 1$.

(2) $i = 0, j = 1$

(2-1) $k = 0$

若 $v = 0$, 则必有 $u = 1$, 得到群 (B4).

若 $v = 1$, 则 $u = 0$ 或 1. 若 $v = 1, u = 0$, 得到群 (B5).

若 $v = 1, u = 1$ 且 $n \geq m$, 替换 ab 为 b, 此时 G 同构于 (B4) 中的群. 若 $v = 1, u = 1$ 且 $m = n + 1 = r + 1 = q + 2$, 替换 ab 为 b, 此时 G 同构于 (B4) 中的群. 若 $v = 1, u = 1$ 且 $m > n, m - r + q > n$ 但不满足 $m = n + 1 = r + 1 = q + 2$, ba 为 a, 此时 G 同构于 (B5) 中的群. 若 $v = 1, u = 1$ 且 $m > n \geq m - r + q$ 除去 $m = n + 1 = r + 1 = q + 2$, 得到本定理中的群 (B6).

(2-2) $k = 1$

若 $v = 0$, 则必有 $u = 1$. 得到群 (B7).

若 $v = 1$, 则 $u = 0$ 或 1. 若 $v = 1, u = 0$, 得到群 (B8).

若 $v = 1, u = 1$ 且 $n \geq m$, 替换 ab 为 b, 此时 G 同构于 (B7) 中的群. 若 $v = 1, u = 1$ 且 $m \geq n, m - r + q > n$, 替换 ba 为 a, 此时 G 同构于 (B8) 中的群. 若 $v = 1, u = 1$ 且 $m > n \geq m - r + q$, 得到群(B9).

(3) $i = 1, j = 0$.

若 $v = 0$, 则必有 $u = 1$. 若 $n = r$, 计算得

$$[a, b^{2^n}] = [a, b]^{2^n} = c^{2^n} = c^{2^r} = x = 1.$$

矛盾. 若 $m - r + q = r$, 计算得

$$[c^{2^q}, b] = [a^{2^{m-r+q}}, b] = [a^{2^r}, b] = [a, b]^{2^r} = c^{2^r} = x = 1.$$

矛盾. 因为 $m + q \geq 2r, n \geq r > q \geq 1$, 故 $n > r, m - r + q > r$. 得到群 (B10). 其中 $k = 0, 1$, 群 (B10) 包含了两个群.

若 $v = 1$, 则 $u = 0$ 或 1. 若 $v = 1, u = 0$, 不妨设 $n > r, m - r + q > r$. 得到群 (B11). 其中 $k = 0, 1$, 群 (B11) 包含了两个群.

若 $v = 1, u = 1$,不妨设 $n > r, m - r + q > r$. 若 $n > m$, 替换 ab 为 b, 此时 G 同构于 (B10) 中的群. 若 $m \geq n$ 且 $m - r + q > n$, 替换 ba 为 a, b 为 b, 此时 G 同构于 (B11) 中的群. 若 $m \geq n, m - r + q = n$ 且 $n > r + 1$, 替换 ba 为 a, b 为 b, 此时 G 同构于 (B11) 中的群. 若 $m \geq n, m - r + q = n$ 且 $n = r + 1$ 替换 ab 为 $a, b^{1 + 2^{m-n}}$ 为 b, 此时 G 同构于 (B11) 中的群. 故 $m \geq n > m - r + q$ 时, 得到群 (B12). 其中 $k = 0, 1$, 群 (B12) 包含了两个群.

(4) $i = 1, j = 1, m \leq n$

若 $m > n$, 替换 $ba^{2^{m-n}}$ 为 b, a 为 a, 可以归为情形 (3), 所以可设 $m \leq n$.

若 $v = 0$, 则必有 $u = 1$. 得到群 (B13). 其中 $k = 0, 1$, 群 (B13) 包含了两个群.

若 $v = 1$, 则 $u = 0$ 或 1. 若 $v = 1$ 且 $u = 0$, 得到群 (B14). 其中 $k = 0, 1$, 群 (B14) 包含了两个群.

若 $v = 1, u = 1$ 且 $n > m$, 替换 ab 为 b, 此时 G 同构于 (B13) 中的群. 故 $m = n$, 得到群 (B15). 其中 $k = 0, 1$, 群 (B15) 包含了两个群.

(C) G/G_3 同构于引理 1.3.14 中的 (A3) 中的一个群.

此时不妨设

$$G/G_3 \cong \langle \bar{a}, \bar{b}, \bar{c} \mid \bar{a}^{2^{m+1}} = 1, \bar{b}^{2^{m+1}} = 1, \bar{c}^{2^m} = 1, [\bar{a}, \bar{b}] = \bar{c}, \bar{c}^{2^{m-1}} = \bar{a}^{2^m}, \bar{a}^{2^m} = \bar{b}^{2^m},$$
$$[\bar{c}, \bar{a}] = 1, [\bar{c}, \bar{b}] = 1 \rangle. \text{ 其中 } m \geq 1.$$

于是

$$G = \langle a, b, c \mid a^{2^{m+1}} = x^i, b^{2^{m+1}} = x^j, [a, b] = cx^k, c^{2^m} = x^l, c^{2^{m-1}} = a^{2^m} x^{u1},$$
$$a^{2^m} = b^{2^m} x^{u2}, [c, a] = x^{v1}, [c, b] = x^{v2} \rangle. \text{ 其中 } i, j, k, l, u1, u2, v1, v2 = 0, 1.$$

替换 cx^k 为 c, 则有

$$G = \langle a, b, c \mid a^{2^{m+1}} = x^i, b^{2^{m+1}} = x^j, [a, b] = c, c^{2^m} = x^l, c^{2^{m-1}} = a^{2^m} x^{u1},$$
$$a^{2^m} = b^{2^m} x^{u2}, [c, a] = x^{v1}, [c, b] = x^{v2} \rangle.$$

由 $c^{2^{m-1}} = a^{2^m} x^{u1}$, 计算得

$$x^l = c^{2^m} = c^{2^{m-1} \cdot 2} = (a^{2^m} x^{u1})^2 = (a^{2^m})^2 = a^{2^{m+1}} = x^i.$$

同理可得 $x^j = x^l$. 故 $x^i = x^j = x^l$.

于是

$$G = \langle a, b, c \mid a^{2^{m+1}} = b^{2^{m+1}} = c^{2^m} = x^i, [a, b] = c, c^{2^{m-1}} = a^{2^m} x^j, a^{2^m} = b^{2^m} x^k,$$
$$[c, a] = x^u, [c, b] = x^v \rangle. \text{ 其中 } i, j, k, u, v = 0, 1$$

若 $a^{2^{m+1}} = b^{2^{m+1}} = c^{2^m} = x$, 计算得

$$c^{2^m} = [a^{2^m}, b] = [c^{2^{m-1}}, b] = [c, b]^{2^{m-1}} = 1 = x.$$

矛盾. 故 i 只能等于 0. 因此可设 $a^{2^{m+1}} . = b^{2^{m+1}} = c^{2^m} = 1$

不失一般性有

$$G = \langle a, b, c \mid a^{2^{m+1}} = b^{2^{m+1}} = c^{2^m} = 1, [a, b] = c, c^{2^{m-1}} = a^{2^m} x^j, a^{2^m} = b^{2^m} x^k,$$
$$[c, a] = x^u, [c, b] = x^v \rangle, \text{ 其中 } j, k, u, v = 0, 1.$$

(1) $j = 0$

(1-1) $k = 0$

若 $v = 0$, 则必有 $u = 1$. 若 $m = 1$, 计算得

$$[c, b] = [a^2, b] = [a, b]^2 [2a, b] = [c, a] = x = 1.$$

矛盾. 因为 $m \geq 1$, 故 $m \geq 2$. 得到本定理中的群 (C1).

若 $v = 1$, 则 $u = 0$ 或 1. 若 $v = 1$ 且 $u = 0$, 不妨设 $m \geq 2$. 替换 b 为 a, a 为 b, 此时 G 同构于 (C1) 中的群.

若 $v=1$ 且 $u=1$, 不妨设 $m \geq 2$. 替换 ab 为 b, 此时 G 同构于 (C1) 中的群.

(1-2) $k=1$

若 $v=0$, 则必有 $u=1$. 不妨设 $m \geq 2$, 得到群 (C2).

若 $v=1$, 则 $u=0$ 或 1. 若 $v=1, u=0$, 不妨设 $m \geq 2$. 得到群 (C3). 若 $v=1, u=1$, 不妨设 $m \geq 2$, 替换 ab 为 b, 此时 G 同构于 (C2) 中的群.

(2) $j=1$

(2-1) $k=0$

若 $v=0$, 则必有 $u=1$. 不妨设 $m \geq 2$. 替换 ab 为 a, 此时 G 同构于 (C2) 中的群.

若 $v=1$, 则 $u=0$ 或 1. 若 $v=1, u=0$, 不妨设 $m \geq 2$. 得到群 (C4). 若 $v=1, u=1$, 不妨设 $m \geq 2$. 得到群 (C5).

(2-2) $k=1$

若 $v=0$, 则必有 $u=1$. 不妨设 $m \geq 2$ 时, 得到群 (C6).

若 $v=1$, 则 $u=0$ 或 1. 若 $v=1, u=0$, 不妨设 $m \geq 2$. 得到群 (C7).

若 $v=1, u=1$, 不妨设 $m \geq 2$. 替换 ba 为 a, 此时 G 同构于 (C6) 中的群. □

定理 4.3.3 设 G 是一个有限 2 群. 则 G 是内类 2 群且 $G_3 \cong C_2 \times C_2$ 当且仅当 G 同构于下列群之一:

(A) $m \geq n \geq r \geq 1$.

(A1) $G = \langle a,b,c,x,y \mid a^{2^m}=1, b^{2^n}=1, c^{2^r}=1, [a,b]=c, [c,a]=x, [c,b]=y \rangle$,
其中 $n>r$ 或者 $r>1$;

(A2) $G = \langle a,b,c,x,y \mid a^{2^m}=1, b^{2^n}=1, c^{2^r}=x, [a,b]=c, [c,a]=x, [c,b]=y \rangle$,
其中 $n>r$;

(A3) $G = \langle a,b,c,x,y \mid a^{2^m}=1, b^{2^n}=1, c^{2^r}=y, [a,b]=c, [c,a]=x, [c,b]=y \rangle$,
其中 $m>n>r$ 或者 $m>n, r=1$;

(A4) $G = \langle a,b,c,x,y \mid a^{2^m}=1, b^{2^n}=1, c^{2^r}=xy, [a,b]=c, [c,a]=x, [c,b]=y \rangle$,
其中 $m=n=r+1$;

(A5) $G = \langle a,b,c,x,y \mid a^{2^m}=1, b^{2^n}=x, c^{2^r}=1, [a,b]=c, [c,a]=x, [c,b]=y \rangle$,
其中 $n>r$ 或者 $r>1$;

(A6) $G = \langle a,b,c,x,y \mid a^{2^m}=1, b^{2^n}=y, c^{2^r}=1, [a,b]=c, [c,a]=x, [c,b]=y \rangle$,
其中 $n>r$ 或者 $r>1$;

(A7) $G = \langle a,b,c,x,y \mid a^{2^m}=1, b^{2^n}=xy, c^{2^r}=1, [a,b]=c, [c,a]=x, [c,b]=y \rangle$,
其中 $m=n=r>1$;

(A8) $G = \langle a,b,c,x,y \mid a^{2^m}=1, b^{2^n}=x, c^{2^r}=x, [a,b]=c, [c,a]=x, [c,b]=y \rangle$,
其中 $n>r$;

(A9) $G = \langle a,b,c,x,y \mid a^{2^m}=1, b^{2^n}=y, c^{2^r}=x, [a,b]=c, [c,a]=x, [c,b]=y \rangle$,
其中 $n>r$;

(A10) $G = \langle a,b,c,x,y \mid a^{2^m}=1, b^{2^n}=xy, c^{2^r}=x, [a,b]=c, [c,a]=x, [c,b]=y \rangle$,

其中 $m > n > r$ 或者 $m = n = r+1$;

(A11) $G = \langle a,b,c,x,y \mid a^{2^m} = 1, b^{2^n} = x, c^{2^r} = y, [a,b] = c, [c,a] = x, [c,b] = y \rangle$,
　　　其中 $n > r$ 或者 $r = 1$;

(A12) $G = \langle a,b,c,x,y \mid a^{2^m} = 1, b^{2^n} = y, c^{2^r} = y, [a,b] = c, [c,a] = x, [c,b] = y \rangle$,
　　　其中 $n > r$ 或者 $m, n > 1, r = 1$;

(A13) $G = \langle a,b,c,x,y \mid a^{2^m} = 1, b^{2^n} = xy, c^{2^r} = y, [a,b] = c, [c,a] = x, [c,b] = y \rangle$,
　　　其中 $m = n > r$ 或者 $m = 2, n = r = 1$;

(A14) $G = \langle a,b,c,x,y \mid a^{2^m} = 1, b^{2^n} = x, c^{2^r} = xy, [a,b] = c, [c,a] = x, [c,b] = y \rangle$,
　　　其中 $n > r$;

(A15) $G = \langle a,b,c,x,y \mid a^{2^m} = 1, b^{2^n} = y, c^{2^r} = xy, [a,b] = c, [c,a] = x, [c,b] = y \rangle$,
　　　其中 $n > r$;

(A16) $G = \langle a,b,c,x,y \mid a^{2^m} = 1, b^{2^n} = xy, c^{2^r} = xy, [a,b] = c, [c,a] = x, [c,b] = y \rangle$,
　　　其中 $n > r$;

(A17) $G = \langle a,b,c,x,y \mid a^{2^m} = x, b^{2^n} = 1, c^{2^r} = 1, [a,b] = c, [c,a] = x, [c,b] = y \rangle$,
　　　其中 $n > r$ 或者 $r = 1$;

(A18) $G = \langle a,b,c,x,y \mid a^{2^m} = y, b^{2^n} = 1, c^{2^r} = 1, [a,b] = c, [c,a] = x, [c,b] = y \rangle$,
　　　其中 $n > r$ 或者 $r = 1$;

(A19) $G = \langle a,b,c,x,y \mid a^{2^m} = xy, b^{2^n} = 1, c^{2^r} = 1, [a,b] = c, [c,a] = x, [c,b] = y \rangle$,
　　　其中 $m = n = r > 1$;

(A20) $G = \langle a,b,c,x,y \mid a^{2^m} = x, b^{2^n} = 1, c^{2^r} = x, [a,b] = c, [c,a] = x, [c,b] = y \rangle$,
　　　其中 $n > r$;

(A21) $G = \langle a,b,c,x,y \mid a^{2^m} = y, b^{2^n} = 1, c^{2^r} = x, [a,b] = c, [c,a] = x, [c,b] = y \rangle$,
　　　其中 $n > r$;

(A22) $G = \langle a,b,c,x,y \mid a^{2^m} = xy, b^{2^n} = 1, c^{2^r} = x, [a,b] = c, [c,a] = x, [c,b] = y \rangle$,
　　　其中 $n > r$;

(A23) $G = \langle a,b,c,x,y \mid a^{2^m} = x, b^{2^n} = 1, c^{2^r} = y, [a,b] = c, [c,a] = x, [c,b] = y \rangle$,
　　　其中 $n > r$ 或者 $m > 1, r = 1$;

(A24) $G = \langle a,b,c,x,y \mid a^{2^m} = y, b^{2^n} = 1, c^{2^r} = y, [a,b] = c, [c,a] = x, [c,b] = y \rangle$,
　　　其中 $n > r$ 或者 $m > 1, r = 1$;

(A25) $G = \langle a,b,c,x,y \mid a^{2^m} = xy, b^{2^n} = 1, c^{2^r} = y, [a,b] = c, [c,a] = x, [c,b] = y \rangle$,
　　　其中 $m = n = r+1$ 或者　$m = 2, r = 1$;

(A26) $G = \langle a,b,c,x,y \mid a^{2^m} = x, b^{2^n} = 1, c^{2^r} = xy, [a,b] = c, [c,a] = x, [c,b] = y \rangle$,
　　　其中 $n > r$;

(A27) $G = \langle a,b,c,x,y \mid a^{2^m} = y, b^{2^n} = 1, c^{2^r} = xy, [a,b] = c, [c,a] = x, [c,b] = y \rangle$,
　　　其中 $n > r$;

(A28) $G = \langle a,b,c,x,y \mid a^{2^m} = xy, b^{2^n} = 1, c^{2^r} = xy, [a,b] = c, [c,a] = x, [c,b] = y \rangle$,
　　　其中 $n > r$;

(A29) $G = \langle a, b, c, x, y \mid a^{2^m} = x, b^{2^n} = x, c^{2^r} = 1, [a, b] = c, [c, a] = x, [c, b] = y \rangle$,
其中 $n > r$ 或者 $r > 1$;

(A30) $G = \langle a, b, c, x, y \mid a^{2^m} = y, b^{2^n} = x, c^{2^r} = 1, [a, b] = c, [c, a] = x, [c, b] = y \rangle$,
其中 $n > r$ 或者 $r > 1$;

(A31) $G = \langle a, b, c, x, y \mid a^{2^m} = xy, b^{2^n} = x, c^{2^r} = 1, [a, b] = c, [c, a] = x, [c, b] = y \rangle$,
其中 $n > r$ 或者 $r > 1$;

(A32) $G = \langle a, b, c, x, y \mid a^{2^m} = x, b^{2^n} = y, c^{2^r} = 1, [a, b] = c, [c, a] = x, [c, b] = y \rangle$,
其中 $n > r$ 或者 $r > 1$;

(A33) $G = \langle a, b, c, x, y \mid a^{2^m} = y, b^{2^n} = y, c^{2^r} = 1, [a, b] = c, [c, a] = x, [c, b] = y \rangle$,
其中 $n > r$ 或者 $r > 1$;

(A34) $G = \langle a, b, c, x, y \mid a^{2^m} = xy, b^{2^n} = y, c^{2^r} = 1, [a, b] = c, [c, a] = x, [c, b] = y \rangle$,
其中 $m = n > r$ 或者 $m = n, r > 1$;

(A35) $G = \langle a, b, c, x, y \mid a^{2^m} = x, b^{2^n} = xy, c^{2^r} = 1, [a, b] = c, [c, a] = x, [c, b] = y \rangle$,
其中 $n > r$ 或者 $r > 1$;

(A36) $G = \langle a, b, c, x, y \mid a^{2^m} = y, b^{2^n} = xy, c^{2^r} = 1, [a, b] = c, [c, a] = x, [c, b] = y \rangle$,
其中 $n > r$ 或者 $r > 1$;

(A37) $G = \langle a, b, c, x, y \mid a^{2^m} = xy, b^{2^n} = xy, c^{2^r} = 1, [a, b] = c, [c, a] = x, [c, b] = y \rangle$,
其中 $n > r$ 或者 $r > 1$;

(A38) $G = \langle a, b, c, x, y \mid a^{2^m} = x, b^{2^n} = x, c^{2^r} = x, [a, b] = c, [c, a] = x, [c, b] = y \rangle$,
其中 $n > r$;

(A39) $G = \langle a, b, c, x, y \mid a^{2^m} = y, b^{2^n} = x, c^{2^r} = x, [a, b] = c, [c, a] = x, [c, b] = y \rangle$,
其中 $n > r$;

(A40) $G = \langle a, b, c, x, y \mid a^{2^m} = xy, b^{2^n} = x, c^{2^r} = x, [a, b] = c, [c, a] = x, [c, b] = y \rangle$,
其中 $n > r$;

(A41) $G = \langle a, b, c, x, y \mid a^{2^m} = x, b^{2^n} = y, c^{2^r} = x, [a, b] = c, [c, a] = x, [c, b] = y \rangle$,
其中 $n > r$;

(A42) $G = \langle a, b, c, x, y \mid a^{2^m} = y, b^{2^n} = y, c^{2^r} = x, [a, b] = c, [c, a] = x, [c, b] = y \rangle$,
其中 $n > r$;

(A43) $G = \langle a, b, c, x, y \mid a^{2^m} = xy, b^{2^n} = y, c^{2^r} = x, [a, b] = c, [c, a] = x, [c, b] = y \rangle$,
其中 $n > r$;

(A44) $G = \langle a, b, c, x, y \mid a^{2^m} = x, b^{2^n} = xy, c^{2^r} = x, [a, b] = c, [c, a] = x, [c, b] = y \rangle$,
其中 $n > r$;

(A45) $G = \langle a, b, c, x, y \mid a^{2^m} = y, b^{2^n} = xy, c^{2^r} = x, [a, b] = c, [c, a] = x, [c, b] = y \rangle$,
其中 $n > r$;

(A46) $G = \langle a, b, c, x, y \mid a^{2^m} = xy, b^{2^n} = xy, c^{2^r} = x, [a, b] = c, [c, a] = x, [c, b] = y \rangle$,
其中 $n > r$;

(A47) $G = \langle a, b, c, x, y \mid a^{2^m} = x, b^{2^n} = x, c^{2^r} = y, [a, b] = c, [c, a] = x, [c, b] = y \rangle$,

其中 $n > r$ 或者 $m > r = 1$；

(A48) $G = \langle a, b, c, x, y \mid a^{2^m} = y, b^{2^n} = x, c^{2^r} = y, [a,b] = c, [c,a] = x, [c,b] = y \rangle$,
　　　　其中 $n > r$ 或者 $m > r = 1$；

(A49) $G = \langle a, b, c, x, y \mid a^{2^m} = xy, b^{2^n} = x, c^{2^r} = y, [a,b] = c, [c,a] = x, [c,b] = y \rangle$,
　　　　其中 $n > r$ 或者 $m > r = 1$；

(A50) $G = \langle a, b, c, x, y \mid a^{2^m} = x, b^{2^n} = x, c^{2^r} = y, [a,b] = c, [c,a] = x, [c,b] = y \rangle$,
　　　　其中 $n > r$ 或者 $m > r = 1$；

(A51) $G = \langle a, b, c, x, y \mid a^{2^m} = y, b^{2^n} = x, c^{2^r} = y, [a,b] = c, [c,a] = x, [c,b] = y \rangle$,
　　　　其中 $n > r$ 或者 $m > r = 1$；

(A52) $G = \langle a, b, c, x, y \mid a^{2^m} = xy, b^{2^n} = x, c^{2^r} = y, [a,b] = c, [c,a] = x, [c,b] = y \rangle$,
　　　　其中 $m = n > r + 1$ 或者 $m = 2, n = r = 1$；

(A53) $G = \langle a, b, c, x, y \mid a^{2^m} = x, b^{2^n} = x, c^{2^r} = y, [a,b] = c, [c,a] = x, [c,b] = y \rangle$,
　　　　其中 $n > r$ 或者 $m > r = 1$；

(A54) $G = \langle a, b, c, x, y \mid a^{2^m} = y, b^{2^n} = x, c^{2^r} = y, [a,b] = c, [c,a] = x, [c,b] = y \rangle$,
　　　　其中 $n > r$ 或者 $m > r = 1$；

(A55) $G = \langle a, b, c, x, y \mid a^{2^m} = xy, b^{2^n} = x, c^{2^r} = y, [a,b] = c, [c,a] = x, [c,b] = y \rangle$,
　　　　其中 $n > r$ 或者 $m > r = 1$；

(A56) $G = \langle a, b, c, x, y \mid a^{2^m} = x, b^{2^n} = x, c^{2^r} = xy, [a,b] = c, [c,a] = x, [c,b] = y \rangle$,
　　　　其中 $n > r$；

(A57) $G = \langle a, b, c, x, y \mid a^{2^m} = y, b^{2^n} = x, c^{2^r} = xy, [a,b] = c, [c,a] = x, [c,b] = y \rangle$,
　　　　其中 $n > r$；

(A58) $G = \langle a, b, c, x, y \mid a^{2^m} = xy, b^{2^n} = x, c^{2^r} = xy, [a,b] = c, [c,a] = x, [c,b] = y \rangle$,
　　　　其中 $n > r$；

(A59) $G = \langle a, b, c, x, y \mid a^{2^m} = x, b^{2^n} = y, c^{2^r} = xy, [a,b] = c, [c,a] = x, [c,b] = y \rangle$,
　　　　其中 $n > r$；

(A60) $G = \langle a, b, c, x, y \mid a^{2^m} = y, b^{2^n} = y, c^{2^r} = xy, [a,b] = c, [c,a] = x, [c,b] = y \rangle$,
　　　　其中 $n > r$；

(A61) $G = \langle a, b, c, x, y \mid a^{2^m} = xy, b^{2^n} = y, c^{2^r} = xy, [a,b] = c, [c,a] = x, [c,b] = y \rangle$,
　　　　其中 $n > r$；

(A62) $G = \langle a, b, c, x, y \mid a^{2^m} = x, b^{2^n} = xy, c^{2^r} = xy, [a,b] = c, [c,a] = x, [c,b] = y \rangle$,
　　　　其中 $n > r$；

(A63) $G = \langle a, b, c, x, y \mid a^{2^m} = y, b^{2^n} = xy, c^{2^r} = xy, [a,b] = c, [c,a] = x, [c,b] = y \rangle$,
　　　　其中 $n > r$；

(A64) $G = \langle a, b, c, x, y \mid a^{2^m} = xy, b^{2^n} = xy, c^{2^r} = xy, [a,b] = c, [c,a] = x, [c,b] = y \rangle$,
　　　　其中 $n > r$.

(B) $m + q \geqslant 2r, n \geqslant r > q \geqslant 1$.

(B1) $G = \langle a, b, c, x, y \mid a^{2^m} = c^{2^r} = 1, b^{2^n} = 1, c^{2^q} = a^{2^{m-r+q}}, [a,b] = c, [c,a] = x, [c,b] = y \rangle$;

(B2) $G = \langle a, b, c, x, y \mid a^{2^m} = c^{2^r} = 1, b^{2^n} = 1, c^{2^q} = a^{2^{m-r+q}}x, [a,b] = c, [c,a] = x, [c,b] = y \rangle$;

(B3) $G = \langle a, b, c, x, y \mid a^{2^m} = c^{2^r} = 1, b^{2^n} = 1, c^{2^q} = a^{2^{m-r+q}}y, [a,b] = c, [c,a] = x, [c,b] = y \rangle$;

(B4) $G = \langle a, b, c, x, y \mid a^{2^m} = c^{2^r} = 1, b^{2^n} = 1, c^{2^q} = a^{2^{m-r+q}}xy, [a,b] = c, [c,a] = x, [c,b] = y \rangle$, 其中 $m = n + 1 = r + 1 = q + 2$;

(B5) $G = \langle a, b, c, x, y \mid a^{2^m} = c^{2^r} = 1, b^{2^n} = x, c^{2^q} = a^{2^{m-r+q}}, [a,b] = c, [c,a] = x, [c,b] = y \rangle$;

(B6) $G = \langle a, b, c, x, y \mid a^{2^m} = c^{2^r} = 1, b^{2^n} = y, c^{2^q} = a^{2^{m-r+q}}, [a,b] = c, [c,a] = x, [c,b] = y \rangle$;

(B7) $G = \langle a, b, c, x, y \mid a^{2^m} = c^{2^r} = 1, b^{2^n} = xy, c^{2^q} = a^{2^{m-r+q}}, [a,b] = c, [c,a] = x, [c,b] = y \rangle$;

(B8) $G = \langle a, b, c, x, y \mid a^{2^m} = c^{2^r} = 1, b^{2^n} = x, c^{2^q} = a^{2^{m-r+q}}x, [a,b] = c, [c,a] = x, [c,b] = y \rangle$;

(B9) $G = \langle a, b, c, x, y \mid a^{2^m} = c^{2^r} = 1, b^{2^n} = y, c^{2^q} = a^{2^{m-r+q}}x, [a,b] = c, [c,a] = x, [c,b] = y \rangle$;

(B10) $G = \langle a, b, c, x, y \mid a^{2^m} = c^{2^r} = 1, b^{2^n} = xy, c^{2^q} = a^{2^{m-r+q}}x, [a,b] = c, [c,a] = x, [c,b] = y \rangle$; 其中 $n \leq q + 1$ 或者 $m > n$;

(B11) $G = \langle a, b, c, x, y \mid a^{2^m} = c^{2^r} = 1, b^{2^n} = x, c^{2^q} = a^{2^{m-r+q}}y, [a,b] = c, [c,a] = x, [c,b] = y \rangle$;

(B12) $G = \langle a, b, c, x, y \mid a^{2^m} = c^{2^r} = 1, b^{2^n} = y, c^{2^q} = a^{2^{m-r+q}}y, [a,b] = c, [c,a] = x, [c,b] = y \rangle$;

(B13) $G = \langle a, b, c, x, y \mid a^{2^m} = c^{2^r} = 1, b^{2^n} = xy, c^{2^q} = a^{2^{m-r+q}}y, [a,b] = c, [c,a] = x, [c,b] = y \rangle$, 其中 $m - r + q \leq n$;

(B14) $G = \langle a, b, c, x, y \mid a^{2^m} = c^{2^r} = 1, b^{2^n} = x, c^{2^q} = a^{2^{m-r+q}}xy, [a,b] = c, [c,a] = x, [c,b] = y \rangle$;

(B15) $G = \langle a, b, c, x, y \mid a^{2^m} = c^{2^r} = 1, b^{2^n} = y, c^{2^q} = a^{2^{m-r+q}}xy, [a,b] = c, [c,a] = x, [c,b] = y \rangle$;

(B16) $G = \langle a, b, c, x, y \mid a^{2^m} = c^{2^r} = 1, b^{2^n} = xy, c^{2^q} = a^{2^{m-r+q}}xy, [a,b] = c, [c,a] = x, [c,b] = y \rangle$;

(B17) $G = \langle a, b, c, x, y \mid a^{2^m} = c^{2^r} = x, b^{2^n} = 1, c^{2^q} = a^{2^{m-r+q}}, [a,b] = c, [c,a] = x, [c,b] = y \rangle$, 其中 $m - r + q > r, n > r$;

(B18) $G = \langle a, b, c, x, y \mid a^{2^m} = c^{2^r} = y, b^{2^n} = 1, c^{2^q} = a^{2^{m-r+q}}, [a,b] = c, [c,a] = x, [c,b] = y \rangle$, 其中 $m - r + q > r, n > r$;

(B19) $G = \langle a, b, c, x, y \mid a^{2^m} = c^{2^r} = xy, b^{2^n} = 1, c^{2^q} = a^{2^{m-r+q}}, [a,b] = c, [c,a] = $

$x, [c,b]=y\rangle$, 其中 $m=n>r, m-r+q>r$ 或者 $r<m-r+q<n\le m$;

(B20) $G=\langle a,b,c,x,y \mid a^{2^m}=c^{2^r}=x, b^{2^n}=1, c^{2^q}=a^{2^{m-r+q}}x, [a,b]=c, [c,a]=$
$x, [c,b]=y\rangle$, 其中 $m-r+q>r, n>r$;

(B21) $G=\langle a,b,c,x,y \mid a^{2^m}=c^{2^r}=y, b^{2^n}=1, c^{2^q}=a^{2^{m-r+q}}x, [a,b]=c, [c,a]=$
$x, [c,b]=y\rangle$, 其中 $m-r+q>r, n>r$;

(B22) $G=\langle a,b,c,x,y \mid a^{2^m}=c^{2^r}=xy, b^{2^n}=1, c^{2^q}=a^{2^{m-r+q}}x, [a,b]=c, [c,a]=$
$x, [c,b]=y\rangle$, 其中 $m-r+q>r, m\ge n>r$;

(B23) $G=\langle a,b,c,x,y \mid a^{2^m}=c^{2^r}=x, b^{2^n}=1, c^{2^q}=a^{2^{m-r+q}}y, [a,b]=c, [c,a]=$
$x, [c,b]=y\rangle$, 其中 $m-r+q>r, n>r$;

(B24) $G=\langle a,b,c,x,y \mid a^{2^m}=c^{2^r}=y, b^{2^n}=1, c^{2^q}=a^{2^{m-r+q}}y, [a,b]=c, [c,a]=$
$x, [c,b]=y\rangle$, 其中 $m-r+q>r, n>r$;

(B25) $G=\langle a,b,c,x,y \mid a^{2^m}=c^{2^r}=xy, b^{2^n}=1, c^{2^q}=a^{2^{m-r+q}}y, [a,b]=c, [c,a]=$
$x, [c,b]=y\rangle$, 其中 $m-r+q>r, n>r$;

(B23) $G=\langle a,b,c,x,y \mid a^{2^m}=c^{2^r}=x, b^{2^n}=1, c^{2^q}=a^{2^{m-r+q}}xy, [a,b]=c, [c,a]=$
$x, [c,b]=y\rangle$, 其中 $m-r+q>r, n>r$;

(B24) $G=\langle a,b,c,x,y \mid a^{2^m}=c^{2^r}=y, b^{2^n}=1, c^{2^q}=a^{2^{m-r+q}}xy, [a,b]=c, [c,a]=$
$x, [c,b]=y\rangle$, 其中 $m-r+q>r, n>r$;

(B25) $G=\langle a,b,c,x,y \mid a^{2^m}=c^{2^r}=xy, b^{2^n}=1, c^{2^q}=a^{2^{m-r+q}}xy, [a,b]=c, [c,a]=$
$x, [c,b]=y\rangle$, 其中 $n>m-r+q>r, n>r$;

(B26) $G=\langle a,b,c,x,y \mid a^{2^m}=c^{2^r}=x, b^{2^n}=x, c^{2^q}=a^{2^{m-r+q}}, [a,b]=c, [c,a]=$
$x, [c,b]=y\rangle$, 其中 $m-r+q>r, n>r$;

(B27) $G=\langle a,b,c,x,y \mid a^{2^m}=c^{2^r}=y, b^{2^n}=x, c^{2^q}=a^{2^{m-r+q}}, [a,b]=c, [c,a]=$
$x, [c,b]=y\rangle$, 其中 $m-r+q>r, n>r$;

(B28) $G=\langle a,b,c,x,y \mid a^{2^m}=c^{2^r}=xy, b^{2^n}=x, c^{2^q}=a^{2^{m-r+q}}, [a,b]=c, [c,a]=$
$x, [c,b]=y\rangle$, 其中 $m-r+q>r, m\ge n>r$;

(B29) $G=\langle a,b,c,x,y \mid a^{2^m}=c^{2^r}=x, b^{2^n}=y, c^{2^q}=a^{2^{m-r+q}}, [a,b]=c, [c,a]=$
$x, [c,b]=y\rangle$, 其中 $m-r+q>r, n>r$;

(B30) $G=\langle a,b,c,x,y \mid a^{2^m}=c^{2^r}=y, b^{2^n}=y, c^{2^q}=a^{2^{m-r+q}}, [a,b]=c, [c,a]=$
$x, [c,b]=y\rangle$, 其中 $m-r+q>r, n>r$;

(B31) $G=\langle a,b,c,x,y \mid a^{2^m}=c^{2^r}=xy, b^{2^n}=y, c^{2^q}=a^{2^{m-r+q}}, [a,b]=c, [c,a]=$
$x, [c,b]=y\rangle$, 其中 $m\ge n, m-r+q>r$;

(B32) $G=\langle a,b,c,x,y \mid a^{2^m}=c^{2^r}=x, b^{2^n}=xy, c^{2^q}=a^{2^{m-r+q}}, [a,b]=c, [c,a]=$
$x, [c,b]=y\rangle$, 其中 $m-r+q>r, n>r$;

(B33) $G=\langle a,b,c,x,y \mid a^{2^m}=c^{2^r}=y, b^{2^n}=xy, c^{2^q}=a^{2^{m-r+q}}, [a,b]=c, [c,a]=$
$x, [c,b]=y\rangle$, 其中 $m-r+q>r, n>r$;

(B34) $G=\langle a,b,c,x,y \mid a^{2^m}=c^{2^r}=xy, b^{2^n}=xy, c^{2^q}=a^{2^{m-r+q}}, [a,b]=c, [c,a]=$
$x, [c,b]=y\rangle$, 其中 $m-r+q>r, n>r$;

(B35) $G = \langle a,b,c,x,y \mid a^{2^m} = c^{2^r} = x, b^{2^n} = x, c^{2^q} = a^{2^{m-r+q}}x, [a,b] = c, [c,a] = x, [c,b] = y \rangle$, 其中 $m-r+q > r, n > r$;

(B36) $G = \langle a,b,c,x,y \mid a^{2^m} = c^{2^r} = y, b^{2^n} = x, c^{2^q} = a^{2^{m-r+q}}x, [a,b] = c, [c,a] = x, [c,b] = y \rangle$, 其中 $m-r+q > r, n > r$;

(B37) $G = \langle a,b,c,x,y \mid a^{2^m} = c^{2^r} = xy, b^{2^n} = x, c^{2^q} = a^{2^{m-r+q}}x, [a,b] = c, [c,a] = x, [c,b] = y \rangle$, 其中 $m-r+q > r, m \geq n > r$;

(B38) $G = \langle a,b,c,x,y \mid a^{2^m} = c^{2^r} = x, b^{2^n} = y, c^{2^q} = a^{2^{m-r+q}}x, [a,b] = c, [c,a] = x, [c,b] = y \rangle$, 其中 $m-r+q > r, n > r$;

(B39) $G = \langle a,b,c,x,y \mid a^{2^m} = c^{2^r} = y, b^{2^n} = y, c^{2^q} = a^{2^{m-r+q}}x, [a,b] = c, [c,a] = x, [c,b] = y \rangle$, 其中 $m-r+q > r, n > r$;

(B40) $G = \langle a,b,c,x,y \mid a^{2^m} = c^{2^r} = xy, b^{2^n} = y, c^{2^q} = a^{2^{m-r+q}}x, [a,b] = c, [c,a] = x, [c,b] = y \rangle$, 其中 $m-r+q > r, m \geq n > r$;

(B41) $G = \langle a,b,c,x,y \mid a^{2^m} = c^{2^r} = x, b^{2^n} = xy, c^{2^q} = a^{2^{m-r+q}}x, [a,b] = c, [c,a] = x, [c,b] = y \rangle$, 其中 $m-r+q > r, n > r$;

(B42) $G = \langle a,b,c,x,y \mid a^{2^m} = c^{2^r} = y, b^{2^n} = xy, c^{2^q} = a^{2^{m-r+q}}x, [a,b] = c, [c,a] = x, [c,b] = y \rangle$, 其中 $m-r+q > r, n > r$;

(B43) $G = \langle a,b,c,x,y \mid a^{2^m} = c^{2^r} = xy, b^{2^n} = xy, c^{2^q} = a^{2^{m-r+q}}x, [a,b] = c, [c,a] = x, [c,b] = y \rangle$, 其中 $m-r+q > r, n > r$;

(B44) $G = \langle a,b,c,x,y \mid a^{2^m} = c^{2^r} = x, b^{2^n} = x, c^{2^q} = a^{2^{m-r+q}}y, [a,b] = c, [c,a] = x, [c,b] = y \rangle$, 其中 $m-r+q > r, n > r$;

(B45) $G = \langle a,b,c,x,y \mid a^{2^m} = c^{2^r} = y, b^{2^n} = x, c^{2^q} = a^{2^{m-r+q}}y, [a,b] = c, [c,a] = x, [c,b] = y \rangle$, 其中 $m-r+q > r, n > r$;

(B46) $G = \langle a,b,c,x,y \mid a^{2^m} = c^{2^r} = xy, b^{2^n} = x, c^{2^q} = a^{2^{m-r+q}}y, [a,b] = c, [c,a] = x, [c,b] = y \rangle$, 其中 $m \geq n, m-r+q > r, n > r$;

(B47) $G = \langle a,b,c,x,y \mid a^{2^m} = c^{2^r} = x, b^{2^n} = y, c^{2^q} = a^{2^{m-r+q}}y, [a,b] = c, [c,a] = x, [c,b] = y \rangle$, 其中 $m-r+q > r, n > r$;

(B48) $G = \langle a,b,c,x,y \mid a^{2^m} = c^{2^r} = y, b^{2^n} = y, c^{2^q} = a^{2^{m-r+q}}y, [a,b] = c, [c,a] = x, [c,b] = y \rangle$, 其中 $m-r+q > r, n > r$;

(B49) $G = \langle a,b,c,x,y \mid a^{2^m} = c^{2^r} = xy, b^{2^n} = y, c^{2^q} = a^{2^{m-r+q}}y, [a,b] = c, [c,a] = x, [c,b] = y \rangle$, 其中 $n \geq m-r+q > r$;

(B50) $G = \langle a,b,c,x,y \mid a^{2^m} = c^{2^r} = x, b^{2^n} = xy, c^{2^q} = a^{2^{m-r+q}}y, [a,b] = c, [c,a] = x, [c,b] = y \rangle$, 其中 $m-r+q > r, n > r$;

(B51) $G = \langle a,b,c,x,y \mid a^{2^m} = c^{2^r} = y, b^{2^n} = xy, c^{2^q} = a^{2^{m-r+q}}y, [a,b] = c, [c,a] = x, [c,b] = y \rangle$, 其中 $m-r+q > r, n > r$;

(B52) $G = \langle a,b,c,x,y \mid a^{2^m} = c^{2^r} = xy, b^{2^n} = xy, c^{2^q} = a^{2^{m-r+q}}y, [a,b] = c, [c,a] = x, [c,b] = y \rangle$, 其中 $m-r+q > r, n > r$;

(B53) $G = \langle a,b,c,x,y \mid a^{2^m} = c^{2^r} = x, b^{2^n} = x, c^{2^q} = a^{2^{m-r+q}}xy, [a,b] = c, [c,a] = $

$x, [c,b] = y\rangle$，其中 $m - r + q > r, n > r$;

(B54) $G = \langle a,b,c,x,y \mid a^{2^m} = c^{2^r} = y, b^{2^n} = x, c^{2^q} = a^{2^{m-r+q}} xy, [a,b] = c, [c,a] = x, [c,b] = y\rangle$，其中 $m - r + q > r, n > r$;

(B55) $G = \langle a,b,c,x,y \mid a^{2^m} = c^{2^r} = xy, b^{2^n} = x, c^{2^q} = a^{2^{m-r+q}} xy, [a,b] = c, [c,a] = x, [c,b] = y\rangle$，其中 $m \geq n, m - r + q > r, n > r$;

(B56) $G = \langle a,b,c,x,y \mid a^{2^m} = c^{2^r} = x, b^{2^n} = y, c^{2^q} = a^{2^{m-r+q}} xy, [a,b] = c, [c,a] = x, [c,b] = y\rangle$，其中 $m - r + q > r, n > r$;

(B57) $G = \langle a,b,c,x,y \mid a^{2^m} = c^{2^r} = y, b^{2^n} = y, c^{2^q} = a^{2^{m-r+q}} xy, [a,b] = c, [c,a] = x, [c,b] = y\rangle$，其中 $m - r + q > r, n > r$;

(B58) $G = \langle a,b,c,x,y \mid a^{2^m} = c^{2^r} = xy, b^{2^n} = y, c^{2^q} = a^{2^{m-r+q}} xy, [a,b] = c, [c,a] = x, [c,b] = y\rangle$，其中 $m - r + q > r, n > r, m - r + q \neq n$;

(B59) $G = \langle a,b,c,x,y \mid a^{2^m} = c^{2^r} = x, b^{2^n} = xy, c^{2^q} = a^{2^{m-r+q}} xy, [a,b] = c, [c,a] = x, [c,b] = y\rangle$，其中 $m - r + q > r, n > r$;

(B60) $G = \langle a,b,c,x,y \mid a^{2^m} = c^{2^r} = y, b^{2^n} = xy, c^{2^q} = a^{2^{m-r+q}} xy, [a,b] = c, [c,a] = x, [c,b] = y\rangle$，其中 $m - r + q > r, n > r$;

(B61) $G = \langle a,b,c,x,y \mid a^{2^m} = c^{2^r} = xy, b^{2^n} = xy, c^{2^q} = a^{2^{m-r+q}} xy, [a,b] = c, [c,a] = x, [c,b] = y\rangle$，其中 $m - r + q > r, n > r$.

(C) $m \geq 2$.

(C1) $G = \langle a,b,c,x,y \mid a^{2^{m+1}} = b^{2^{m+1}} = c^{2^m} = 1, [a,b] = c, c^{2^{m-1}} = a^{2^m}, a^{2^m} = b^{2^m}, [c,a] = x, [c,b] = y\rangle$，其中 $m \geq 2$;

(C2) $G = \langle a,b,c,x,y \mid a^{2^{m+1}} = b^{2^{m+1}} = c^{2^m} = 1, [a,b] = c, c^{2^{m-1}} = a^{2^m}, a^{2^m} = b^{2^m}x, [c,a] = x, [c,b] = y\rangle$，其中 $m \geq 2$;

(C3) $G = \langle a,b,c,x,y \mid a^{2^{m+1}} = b^{2^{m+1}} = c^{2^m} = 1, [a,b] = c, c^{2^{m-1}} = a^{2^m}, a^{2^m} = b^{2^m}y, [c,a] = x, [c,b] = y\rangle$，其中 $m \geq 2$;

(C4) $G = \langle a,b,c,x,y \mid a^{2^{m+1}} = b^{2^{m+1}} = c^{2^m} = 1, [a,b] = c, c^{2^{m-1}} = a^{2^m}x, a^{2^m} = b^{2^m}y, [c,a] = x, [c,b] = y\rangle$，其中 $m \geq 2$;

(C5) $G = \langle a,b,c,x,y \mid a^{2^{m+1}} = b^{2^{m+1}} = c^{2^m} = 1, [a,b] = c, c^{2^{m-1}} = a^{2^m}x, a^{2^m} = b^{2^m}xy, [c,a] = x, [c,b] = y\rangle$，其中 $m \geq 2$;

(C6) $G = \langle a,b,c,x,y \mid a^{2^{m+1}} = b^{2^{m+1}} = c^{2^m} = 1, [a,b] = c, c^{2^{m-1}} = a^{2^m}y, a^{2^m} = b^{2^m}x, [c,a] = x, [c,b] = y\rangle$，其中 $m \geq 2$.

上述群的表现中都省略了关系式 $x^2 = y^2 = [x,a] = [x,b] = [x,c] = [y,a] = [y,b] = [y,c] = 1$.

证明　由 $G_3 \cong C_2 \times C_2$ 可知: G 非亚循环. 从而由定理 1.2.26 可知 $G/\Phi(G')G_3$ 也是非亚循环的. 所以 G/G_3 非亚循环. 设 $\overline{G} = G/G_3$. 由引理 4.1.9可知: $d(\overline{G}) = 2$ 且 $c(\overline{G}) = 2$. 则 $\overline{G}$ 同构于定理 1.3.14中群. 因为 G 是非亚循环的, 而定理 1.3.14 中 (A4) 是亚循环的, 故 $\overline{G}$ 同构于定理 1.3.14 中的群 (A1), (A2), (A3). 由定理 4.1.3 可

知: $c(G) = 3$. 所以 $G_3 \leq Z(G)$. 因此 G 是 $\overline{G}$ 被 G_3 的中心扩张. 为方便, 我们设 $G_3 = \langle x \rangle \times \langle y \rangle$. 于是 $x^2 = y^2 = [x,a] = [x,b] = [x,c] = [y,a] = [y,b] = [y,c] = 1$. 又 $G_3 \cong C_2 \times C_2$, 故可设 $[c,a] = x, [c,b] = y$. 我们分三种情况来讨论.

(A) G/G_3 同构于定理 1.3.14 中的 (A1) 中的一个群.

此时不妨设

$$G/G_3 \cong \langle \bar{a}, \bar{b}, \bar{c} \mid \bar{a}^{2^m} = 1, \bar{b}^{2^n} = 1, \bar{c}^{2^r} = 1, [\bar{a}, \bar{b}] = \bar{c}, [\bar{c}, \bar{a}] = [\bar{c}, \bar{b}] = 1 \rangle.$$

其中 $m \geq n \geq r \geq 1$. 于是

$$G = \langle a, b, c \mid a^{2^m} = x^{i_1} y^{i_2}, b^{2^n} = x^{j_1} y^{j_2}, c^{2^r} = x^{k_1} y^{k_2}, [a,b] = c x^{l_1} y^{l_2},$$
$$[c,a] = x, [c,b] = y \rangle. \ \text{其中} i_1, i_2, j_1, j_2, k_1, k_2, l_1, l_2 = 0, 1.$$

替换 $c x^{l_1} y^{l_2}$ 为 c

$$G = \langle a, b, c \mid a^{2^m} = x^{i_1} y^{i_2}, b^{2^n} = x^{j_1} y^{j_2}, c^{2^r} = x^{k_1} y^{k_2}, [a,b] = c,$$
$$[c,a] = x, [c,b] = y \rangle. \ \text{其中} i_1, i_2, j_1, j_2, k_1, k_2 = 0, 1.$$

若 $i_1 = i_2 = j_1 = j_2 = k_1 = k_2 = 0$ 且 $m = 1$, 计算得

$$[a^2, b] = c^2 [c,a] = x = 1.$$

矛盾. 若 $i_1 = i_2 = j_1 = j_2 = k_1 = k_2 = 0$ 且 $m \geq 2$, 得到本定理中的群 (A1).

所以下面设 $i_1, i_2, j_1, j_2, k_1, k_2$ 至少有一个不为 0. 下面分三种子情形来讨论.

(1) $i_1 = i_2 = j_1 = j_2 = 0$

若 $k_1 = 1, k_2 = 0$, 则有 $c^{2^r} = x$. 若 $n = r$ 且 $n > 1$ 时, 计算得

$$[a, b^{2^n}] = [a,b]^{2^n} = c^{2^n} = c^{2^r} = x = 1.$$

矛盾. 若 $n = r = 1$ 时, 计算得

$$[a, b^2] = [a,b]^2 [a, 2b] = c^2 [c,b] = xy = 1.$$

于是 $x = y$, 矛盾. 因为 $m \geq n \geq r \geq 1$, 故 $m \geq n > r \geq 1$, 得到本定理中的群 (A2).

若 $k_1 = 0, k_2 = 1$, 则有 $c^{2^r} = y$. 若 $n = r > 1$, 计算得

$$[a, b^{2^n}] = [a,b]^{2^n} = c^{2^n} = c^{2^r} = y = 1.$$

矛盾. 若 $m = n$, 替换 b 为 a, a 为 b, y 为 x, x 为 y, 此时 G 同构于 (A2) 中的群. 故 $m > n > r \geq 1$ 或者 $m > n \geq r = 1$, 得到群 (A3).

若 $k_1 = k_2 = 1$, 则有 $c^{2^r} = xy$. 若 $n = r > 1$, 计算得

$$[a, b^{2^n}] = [a,b]^{2^n} [a, 2b]^{\binom{2^n}{2}} = xy = 1.$$

于是 $x = y$, 矛盾. 若 $n = r = 1$, 计算得

$$[a, b^{2^n}] = [a,b]^{2^n} [a, 2b]^{\binom{2^n}{2}} = x = 1.$$

矛盾. 若 $m > n$, 替换 ba 为 a, xy 为 x, 此时 G 同构于 (A2) 中的群. 若 $m = n$, 当 $n > r+1$ 时, 替换 ba 为 a, xy 为 x, 此时 G 同构于 (A2) 中的群, 除了 $m = 2, n = r = 1$ 时不同构. 因为 $m \geq n \geq r \geq 1$, 故 $m = n = r+1$ 或者 $m = 2, n = r = 1$ 时, 得到群 (A4).

(2) $i_1 = i_2 = 0$; $j_1, j_2 = 0, 1$

若 $i_1 = i_2 = j_1 = j_2 = 0$, 归入情形 (1).

(2-1) $k_1 = k_2 = 0$

若 $j_1 = 1, j_2 = 0$, 则有 $b^{2^n} = x$. 若 $n = r = 1$, 计算得

$$[a, b^2] = [a, b]^2 [a, 2b] = y = 1.$$

矛盾. 故 $n > r$ 或者 $r > 1$, 得到群 (A5).

若 $j_1 = 0, j_2 = 1$, 则有 $b^{2^n} = y$. 不妨设 $n > r$ 或者 $r > 1$, 得到群 (A6).

若 $j_1 = j_2 = 1$, 则有 $b^{2^n} = xy$. 不妨设 $n > r$ 或者 $r > 1$. 若 $m > n$, 替换 ba 为 a, xy 为 x, 此时 G 同构于 (A5) 中的群. 若 $m = n$ 且 $n > r$, 替换 ab 为 b, xy 为 y, 此时 G 同构于 (A6) 中的群. 故 $m = n = r > 1$, 得到群 (A7).

(2-2) $k_1 = 1, k_2 = 0$

若 $j_1 = 1, j_2 = 0$, 则有 $b^{2^n} = x$. 若 $n = r > 1$, 计算得

$$[a, b^{2^n}] = [a, b]^{2^n} [a, 2b]^{\binom{2^n}{2}} = c^{2^r} [a, 2b]^{\binom{2^n}{2}} = x = 1.$$

矛盾. 若 $n = r = 1$, 计算得

$$[a, b^{2^n}] = [a, b]^{2^n} [a, 2b]^{\binom{2^n}{2}} = c^{2^r} [a, 2b]^{\binom{2^n}{2}} = xy = 1.$$

于是 $x = y$, 矛盾. 故 $n > r$, 得到群 (A8).

若 $j_1 = 0, j_2 = 1$, 则有 $b^{2^n} = y$. 不妨设 $n > r$, 得到群 (A9).

若 $j_1 = j_2 = 1$, 则有 $b^{2^n} = xy$. 不妨设 $n > r$. 若 $m = n$ 但不包括 $m = n = r+1$, 替换 ab 为 b, xy 为 y, 此时 G 同构于 (A9) 中的群. 故 $m > n > r \geq 1$ 或者 $m = n = r+1$, 得到群 (A10).

(2-3) $k_1 = 0, k_2 = 1$

若 $j_1 = 1, j_2 = 0$, 则有 $b^{2^n} = x$. 若 $n = r > 1$, 计算得

$$[a, b^{2^n}] = [a, b]^{2^n} [a, 2b]^{\binom{2^n}{2}} = x = 1.$$

矛盾. 若 $m = n = r = 1$, 计算得

$$[a^2, b] = [a, b]^2 [2a, b] = xy = 1.$$

于是 $x = y$, 矛盾. 故 $n > r$ 或者 $m \geq 2, r = 1$. 得到群 (A11).

若 $j_1 = 0, j_2 = 1$, 则有 $b^{2^n} = y$. 不妨设 $n > r$ 或者 $m \geq 2, r = 1$. 若 $m = 2, n = r = 1$, 此时 G 同构于 (A11) 中的群. 故 $n > r$ 或者 $m \geq 2, n \geq 2, r = 1$. 得到群 (A12).

若 $j_1 = j_2 = 1$, 则有 $b^{2^n} = xy$. 不妨设 $n > r$ 或者 $m \geq 2, r = 1$. 若 $m > n, m \geq r + 2$, 替换 ba 为 a, xy 为 x, 此时 G 同构于 (A11) 中的群. 故 $m = n > r$ 或者 $m = 2, n = r = 1$, 得到群 (A13).

(2-4) $k_1 = k_2 = 1$

若 $j_1 = 1, j_2 = 0$, 则有 $b^{2^n} = x$. 若 $n = r > 1$, 计算得

$$[a, b^{2^n}] = [a, b]^{2^n} [a, 2b]^{\binom{2^n}{2}} = xy = 1.$$

矛盾. 若 $n = r = 1$, 计算得

$$[a, b^{2^n}] = [a, b]^{2^n} [a, 2b]^{\binom{2^n}{2}} = xy = 1.$$

矛盾. 故 $n > r$. 得到群 (A14).

若 $j_1 = 0, j_2 = 1$, 则有 $b^{2^n} = y$. 不妨设 $n > r$. 得到群 (A15).

若 $j_1 = j_2 = 1$, 则有 $b^{2^n} = xy$. 不妨设 $n > r$. 得到群 (A16).

(3) $i_1, i_2 = 0, 1$

若 $i_1 = i_2 = j_1 = j_2 = 0$, 归入情形 (1). 若 $i_1 = i_2 = 0; j_1, j_2 = 0, 1$, 归入情形 (2).

(3-1) $j_1 = j_2 = k_1 = k_2 = 0$

若 $i_1 = 1, i_2 = 0$, 则 $a^{2^m} = x$. 若 $n = r = 1$, 计算得 $[a, b^2] = [a, b]^2 [a, 2b] = y = 1$, 矛盾. 故 $n > r$ 或者 $r > 1$. 得到群 (A17).

若 $i_1 = 0, i_2 = 1$, 则 $a^{2^m} = y$. 不妨设 $n > r$ 或 $r > 1$. 得到群 (A18).

若 $i_1 = i_2 = 1$, 则 $a^{2^m} = xy$. 不妨设 $n > r$ 或 $r > 1$. 若 $m > r$, 替换 ba 为 a, xy 为 x, 此时 G 同构于 (A17) 中的群. 故 $m = n = r > 1$, 得到群 (A19).

(3-2) $j_1 = j_2 = 0, k_1, k_2 = 0, 1$

(3-2-1) $k_1 = 1, k_2 = 0$

若 $i_1 = 1, i_2 = 0$, 则 $a^{2^m} = x$. 若 $n = r > 1$, 计算得

$$[a, b^{2^n}] = [a, b]^{2^n} [a, 2b]^{\binom{2^n}{2}} = x = 1.$$

矛盾. 若 $n = r > 1$, 计算得

$$[a, b^{2^n}] = [a, b]^{2^n} [a, 2b]^{\binom{2^n}{2}} = xy = 1.$$

于是 $x = y$ 矛盾. 故 $n > r$. 得到群 (A20).

若 $i_1 = 0, i_2 = 1$, 则 $a^{2^m} = y$. 不妨设 $n > r$. 得到群 (A21). 若 $i_1 = i_2 = 1$, 则 $a^{2^m} = xy$. 不妨设 $n > r$. 得到群 (A22).

(3-2-2) $k_1 = 0, k_2 = 1$

若 $i_1=1,i_2=0$, 则 $a^{2^m}=x$, 得到群 (A23). 若 $i_1=0,i_2=1$, 则 $a^{2^m}=y$. 得到群 (A24).

若 $i_1i_2=1$, 则 $a^{2^m}=xy$. 若 $m>r+1$ 时, 替换 ba 为 a,xy 为 x, 此时 G 同构于 (A23) 中的群. 故 $m=n=r+1$ 或 $m=2,r=1$. 得到群 (A25).

(3-2-3) $k_1=k_2=1$

若 $i_1=1,i_2=0$, 则 $a^{2^m}=x$. 不妨设 $n>r$. 得到群 (A26).

若 $i_1=0,i_2=1$, 则 $a^{2^m}=y$. 不妨设 $n>r$. 得到群 (A27).

若 $i_1=i_2=1$, 则 $a^{2^m}=xy$. 不妨设 $n>r$. 得到群 (A28).

(3-3) $j_1,j_2=0,1;k_1=k_2=0$

(3-3-1) $j_1=1,j_2=0$

若 $i_1=1,i_2=0$, 则 $a^{2^m}=x$. 若 $n=r=1$ 时, 计算得

$$[a,b^2]=[a,b]^2[a,2b]=y=1.$$

矛盾. 故 $n>r$ 或 $r>1$. 得到群 (A29).

若 $i_1=0,i_2=1$, 则 $a^{2^m}=y$. 不妨设 $n>r$ 或 $r>1$. 得到群 (A30).

若 $i_1=i_2=1$, 则 $a^{2^m}=xy$. 不妨设 $n>r$ 或 $r>1$. 得到群 (A31).

(3-3-2) $j_1=0,j_2=1$

若 $i_1=1,i_2=0$, 则 $a^{2^m}=x$. 不妨设 $n>r$ 或 $r>1$. 得到群 (A32).

若 $i_1=0,i_2=1$, 则 $a^{2^m}=y$. 不妨设 $n>r$ 或 $r>1$. 得到群 (A33).

若 $i_1=i_2=1$, 则 $a^{2^m}=xy$. 不妨设 $n>r$ 或 $r>1$. 若 $m>n$ 时, 替换 ba 为 a, xy 为 x,G 此时 G 同构于 (A32) 中的群. 故 $m=n>r$ 或 $m=n,r>1$. 得群 (A34).

(3-3-3) $j_1=j_2=1$

若 $i_1=1,i_2=0$, 则 $a^{2^m}=x$. 不妨设 $n>r$ 或 $r>1$. 得到群 (A35).

若 $i_1=0,i_2=1$, 则 $a^{2^m}=y$. 不妨设 $n>r$ 或 $r>1$. 得到群 (A36).

若 $i_1=i_2=1$, 则 $a^{2^m}=xy$. 不妨设 $n>r$ 或 $r>1$. 得到群 (A37).

(3-4) $j_1,j_2,k_1,k_2=0,1$

不失一般性

$G=\langle a,b,c \mid a^{2^m}=x^{i_1}y^{i_2},b^{2^n}=x^{j_1}y^{j_2},c^{2^r}=x^{k_1}y^{k_2},[a,b]=c,$
　　　$[c,a]=x,[c,b]=y\rangle$. 其中 $i_1,i_2,j_1,j_2,k_1,k_2=0,1$.

(3-4-1) $k_1=1,k_2=0$

(3-4-1-1) $j_1=1,j_2=0$

若 $i_1=1,i_2=0$, 则 $a^{2^m}=x$. 若 $n=r>1$, 计算得

$$[a,b^{2^n}]=[a,b]^{2^n}[a,2b]^{\binom{2^n}{2}}=x=1.$$

矛盾. 若 $n=r=1$, 计算得

$$[a,b^{2^n}]=[a,b]^{2^n}[a,2b]^{\binom{2^n}{2}}=xy=1.$$

于是 $x = y$. 矛盾. 故 $n > r$, 得到群 (A38).

若 $i_1 = 0, i_2 = 1$, 则 $a^{2^m} = y$. 不妨设 $n > r$. 得到群 (A39).

若 $i_1 = 1, i_2 = 1$, 则 $a^{2^m} = xy$. 不妨设 $n > r$. 得到群 (A40).

(3-4-1-2) $j_1 = 0, j_2 = 1$

若 $i_1 = 1, i_2 = 0$, 则 $a^{2^m} = x$. 不妨设 $n > r$. 得到群 (A41).

若 $i_1 = 0, i_2 = 1$, 则 $a^{2^m} = y$. 不妨设 $n > r$. 得到群 (A42).

若 $i_1 = 1, i_2 = 1$, 则 $a^{2^m} = xy$. 不妨设 $n > r$. 得到群 (A43).

(3-4-1-3) $b^{2^n} = xy$

若 $i_1 = 1, i_2 = 0$, 则 $a^{2^m} = x$. 不妨设 $n > r$. 得到群 (A44).

若 $i_1 = 0, i_2 = 1$, 则 $a^{2^m} = y$. 不妨设 $n > r$. 得到群 (A45).

若 $i_1 = 1, i_2 = 1$, 则 $a^{2^m} = xy$. 不妨设 $n > r$. 得到群 (A46).

(3-4-2) $k_1 = 0, k_2 = 1$

(3-4-2-1) $j_1 = 1, j_2 = 0$

若 $i_1 = 1, i_2 = 0$, 则 $a^{2^m} = x$. 若 $n = r > 1$, 计算得

$$[a, b^{2^n}] = [a, b]^{2^n}[a, 2b]^{\binom{2^n}{2}} = x = 1.$$

矛盾. 若 $m = 1$, 计算得

$$[a^2, b] = [a, b]^2[2a, b] = xy = 1.$$

于是 $x = y$. 故 $n > r$ 或 $m > r = 1$, 得到群 (A47). •

若 $i_1 = 0, i_2 = 1$, 则 $a^{2^m} = y$. 不妨设 $n > r$ 或 $m > r = 1$. 得到群 (A48).

若 $i_1 = 1, i_2 = 1$, 则 $a^{2^m} = xy$. 不妨设 $n > r$ 或 $m > r = 1$. 得到群 (A49).

(3-4-2-2) $j_1 = 0, j_2 = 1$

若 $i_1 = 1, i_2 = 0$, 则 $a^{2^m} = x$. 不妨设 $n > r$ 或 $m > r = 1$. 得到群 (A50).

若 $i_1 = 0, i_2 = 1$, 则 $a^{2^m} = y$. 不妨设 $n > r$ 或 $m > r = 1$. 得到群 (A51).

若 $i_1 = 1, i_2 = 1$, 则 $a^{2^m} = xy$. 不妨设 $n > r$ 或 $m > r = 1$. 若 $m > n, m > r+1$ 时, 替换 ba 为 a, xy 为 x, 此时 G 同构于 (A50) 中的群. 若 $m = n = r+1$ 时, 替换 ba 为 a, xy 为 x, 此时 G 同构于 (A50) 中的群. 故 $m = n > r+1$ 或者 $m = 2, n = r = 1$ 得到群 (A52).

(3-4-2-3) $j_1 = j_2 = 1$

若 $i_1 = 1, i_2 = 0$, 则 $a^{2^m} = x$. 不妨设 $n > r$ 或 $m > r = 1$. 得到群 (A53).

若 $i_1 = 0, i_2 = 1$, 则 $a^{2^m} = y$. 不妨设 $n > r$ 或 $m > r = 1$. 得到群 (A54).

若 $i_1 = 1, i_2 = 1$, 则 $a^{2^m} = xy$. 不妨设 $n > r$ 或 $m > r = 1$. 得到群 (A55).

(3-4-3) $k_1 = k_2 = 1$

若 $n = r$, 计算得 $1 = [a, b^{2^n}] = [a, b]^{2^n}[a, 2b]^{\binom{2^n}{2}}$. 当 $n > 1$ 时, 则 $x = y$, 矛盾; 当 $n = 1$ 时, 则 $x = 1$, 矛盾. 所以 $n > r$.

(3-4-2-1) $j_1 = 1, j_2 = 0$

若 $i_1 = 1, i_2 = 0$, 则 $a^{2^m} = x$. 若 $n = r > 1$, 计算得

$$[a, b^{2^n}] = [a, b]^{2^n} [a, 2b]^{\binom{2^n}{2}} = x = 1.$$

矛盾. 若 $n = r = 1$, 计算得

$$[a, b^{2^n}] = [a, b]^{2^n} [a, 2b]^{\binom{2^n}{2}} = xy = 1.$$

于是 $x = y$. 矛盾. 故 $n > r$, 得到群 (A56).

若 $i_1 = 0, i_2 = 1$, 则 $a^{2^m} = y$. 不妨设 $n > r$. 得到群 (A57).

若 $i_1 = 1, i_2 = 1$, 则 $a^{2^m} = xy$. 不妨设 $n > r$. 得到群 (A58).

(3-4-2-2) $b^{2^n} = y$

若 $i_1 = 1, i_2 = 0$, 则 $a^{2^m} = x$. 不妨设 $n > r$. 得到群 (A59).

若 $i_1 = 0, i_2 = 1$, 则 $a^{2^m} = y$. 不妨设 $n > r$. 得到群 (A60).

若 $i_1 = 1, i_2 = 1$, 则 $a^{2^m} = xy$. 不妨设 $n > r$. 得到群 (A61).

(3-4-2-3) $b^{2^n} = xy$

若 $i_1 = 1, i_2 = 0$, 则 $a^{2^m} = x$. 不妨设 $n > r$. 得到群 (A62).

若 $i_1 = 0, i_2 = 1$, 则 $a^{2^m} = y$. 不妨设 $n > r$. 得到群 (A63).

若 $i_1 = 1, i_2 = 1$, 则 $a^{2^m} = xy$. 不妨设 $n > r$. 得到群 (A64).

(B) G/G_3 同构于引理 1.3.14 中的 (A2) 中的一个群.

此时不妨设

$G/G_3 \cong \langle \bar{a}, \bar{b}, \bar{c} \mid \bar{a}^{2^m} = 1, \bar{b}^{2^n} = 1, \bar{c}^{2^q} = 1, [\bar{a}, \bar{b}] = \bar{a}^{2^{m-r}} \bar{c}, [\bar{a}, \bar{b}]^{2^r} = 1, [\bar{c}, \bar{a}] = 1,$
$\qquad [\bar{c}, \bar{b}] = \bar{a}^{-2^{2(m-r)}} \bar{c} \rangle.$ 其中 $m + q \geq 2r, n \geq r > q \geq 1$.

替换 $\bar{a}^{2^{m-r}} \bar{c}$ 为 $\bar{c}$, $[\bar{a}, \bar{b}]$ 为 $\bar{c}$

$G/G_3 \cong \langle \bar{a}, \bar{b}, \bar{c} \mid \bar{a}^{2^m} = 1, \bar{b}^{2^n} = 1, \bar{c}^{2^r} = 1, [\bar{a}, \bar{b}] = \bar{c}, [\bar{a}, \bar{b}]^{2^q} = \bar{a}^{2^{m-r+q}},$
$\qquad [\bar{c}, \bar{a}] = [\bar{c}, \bar{b}] = 1 \rangle.$ 其中 $m + q \geq 2r, n \geq r > q \geq 1$.

于是

$G = \langle a, b, c \mid a^{2^m} = x^{i_1} y^{i_2}, b^{2^n} = x^{j_1} y^{j_2}, c^{2^r} = x^{k_1} y^{k_2}, [a, b] = c x^{l_1} y^{l_2}, [c, a] = x,$
$\qquad [c, b] = y, c^{2^q} = a^{2^{m-r+q}} x^{w_1} y^{w_2} \rangle.$ 其中 $m + q \geq 2r, n \geq r > q \geq 1, i_1, i_2, j_1,$
$\qquad j_2, k_1, k_2, l_1, l_2, w_1, w_2, = 0, 1.$

替换 $c x^{l_1} y^{l_2}$ 为 c, 则可设

$G = \langle a, b, c \mid a^{2^m} = x^{i_1} y^{i_2}, b^{2^n} = x^{j_1} y^{j_2}, c^{2^r} = x^{k_1} y^{k_2}, [a, b] = c, c^{2^q} = a^{2^{m-r+q}} x^{w_1} y^{w_2},$
$\qquad [c, a] = x, [c, b] = y \rangle.$ 其中 $i_1, i_2, j_1, j_2, k_1, k_2, w_1, w_2, = 0, 1.$

由 $c^{2^q} = a^{2^{m-r+q}} x^{w_1} y^{w_2}$, 计算得 $a^{2^m} = c^{2^r}$. 故可设 $a^{2^m} = c^{2^r} = x^{i_1} y^{i_2}$. 于是

$G = \langle a, b, c \mid a^{2^m} = c^{2^r} = x^{i_1} y^{i_2}, b^{2^n} = x^{j_1} y^{j_2}, [a, b] = c, c^{2^q} = a^{2^{m-r+q}} x^{w_1} y^{w_2},$
$\qquad [c, a] = x, [c, b] = y \rangle.$ 其中 $m + q \geq 2r, n \geq r > q \geq 1$

(1) $i_1 = i_2 = j_1 = j_2 = 0$

若 $k_1 = k_2 = 0$, 则 $c^{2^q} = a^{2^{m-r+q}}$. 得到群 (B1).

若 $k_1 = 1, k_2 = 0$, 则 $c^{2^q} = a^{2^{m-r+q}}x$. 得到群 (B2).

若 $k_1 = 0, k_2 = 1$, 则 $c^{2^q} = a^{2^{m-r+q}}y$. 得到群 (B3).

若 $k_1 = k_2 = 1$, 则 $c^{2^q} = a^{2^{m-r+q}}xy$. 若 $m - r + q \geq n$, 替换 ba 为 a, xy 为 x, 此时 G 同构于 (B2) 中的群. 若 $n \geq m$, 替换 ab 为 b, xy 为 y, 此时 G 同构于 (B3) 中的群. 因为 $m + q \geq 2r, n \geq r > q \geq 1$, 故 $m = n + 1 = r + 1 = q + 2$. 得到群 (B4).

(2) $i_1 = i_2 = 0, j_1, j_2 = 0, 1$

若 $i_1 = i_2 = j_1 = j_2 = 0$, 归入情形 (1).

(2-1) $k_1 = k_2 = 0$

若 $j_1 = 1, j_2 = 0$, 则 $b^{2^n} = x$. 得到群 (B5).

若 $j_1 = 0, j_2 = 1$, 则 $b^{2^n} = y$. 得到群 (B6).

若 $j_1 = 1, j_2 = 1$, 则 $b^{2^n} = xy$. 得到群 (B7).

(2-2) $k_1 = 1, k_2 = 0$

若 $j_1 = 1, j_2 = 0$, 则 $b^{2^n} = x$. 得到群 (B8).

若 $j_1 = 0, j_2 = 1$, 则 $b^{2^n} = y$. 得到群 (B9).

若 $j_1 = 1, j_2 = 1$, 则 $b^{2^n} = xy$. 若 $n > q + 1, n \geq m$, 替换 ab 为 b, xy 为 y, 此时 G 同构于 (B9) 中的群. 故 $n \leq q + 1$ 或者 $m > n$, 得到群 (B10).

(2-3) $k_1 = 0, k_2 = 1$

若 $j_1 = 1, j_2 = 0$, 则 $b^{2^n} = x$. 得到群 (B11).

若 $j_1 = 0, j_2 = 1$, 则 $b^{2^n} = y$. 得到群 (B12).

若 $j_1 = 1, j_2 = 1$, 则 $b^{2^n} = xy$. 若 $m - r + q > n$, 替换 ba 为 a, xy 为 x, 此时 G 同构于 (B11) 中的群. 故 $m - r + q \leq n$, 得到群 (B13).

(2-3) $k_1 = k_2 = 1$

若 $j_1 = 1, j_2 = 0$, 则 $b^{2^n} = x$. 得到群 (B14).

若 $j_1 = 0, j_2 = 1$, 则 $b^{2^n} = y$. 得到群 (B15).

若 $j_1 = 1, j_2 = 1$, 则 $b^{2^n} = xy$. 得到群 (B16).

(3) $i_1, i_2 = 0, 1$

若 $i_1 = i_2 = j_1 = j_2 = 0$, 归入情形 (1). 若 $i_1 = i_2 = 0, j_1, j_2 = 0, 1$, 归入情形 (2).

对于这种情形, 当 $m - r + q = r$ 或者 $n = r$ 时, $G_3 \cong C_2$, 不满足 $G_3 \cong C_2 \times C_2$.

若 $m - r + q = r$, 可设 $c^{2^q} = a^{2^r}x^{k_1}y^{k_2}$. $[c^{2^q}, b] = [c, b]^{2^q} = 1$, $[a^{2^r}x^{k_1}y^{k_2}, b] = [a^{2^r}, b] = [a, b]^{2^r}[2a, b]^{\binom{2^r}{2}} = [a, b]^{2^r} \neq 1$. 从而 $x = 1$ 或 $y = 1$ 或 $x = y, G_3 \cong C_2$.

若 $n = r$, 计算得 $1 = [a, b^{2^n}] = [a, b]^{2^n}[a, 2b]^{\binom{2^n}{2}} = c^{2^n} = c^{2^r} \neq 1$, 从而 $x = 1$ 或 $y = 1$ 或 $x = y, G_3 \cong C_2$.

所以有 $m - r + q > r, n > r$.

(3-1) $j_1 = j_2 = 0$

(3-1-1) $k_1 = k_2 = 0$

若 $i_1 = 1, i_2 = 0$, 则 $a^{2^n} = x$. 若 $m - r + q = r$, 计算得

$$[c^{2^q}, b] = [a^{2^r}, b] = [a^{2^r}, b] = [a, b]^{2^r}[2a, b]^{\binom{2^r}{2}} = [a, b]^{2^r} = x = 1.$$

矛盾. 若 $n = r$, 计算得

$$[a, b^{2^n}] = [a, b]^{2^n}[a, 2b]^{\binom{2^n}{2}} = c^{2^n} = c^{2^r} = x = 1.$$

矛盾. 故 $m - r + q > r, n > r$. 得到群 (B17).

若 $i_1 = 0, i_2 = 1$, 则 $a^{2^n} = y$. 不妨设 $m - r + q > r, n > r$. 得到群 (B18).

若 $i_1 = 1, i_2 = 1$, 则 $a^{2^n} = xy$. 不妨设 $m - r + q > r, n > r$. 若 $m > n, m - r + q \geq n$, 替换 ba 为 a, 此时 G 同构于 (B17) 中的群. 若 $n > m$, 替换 ab 为 b, 此时 G 同构于 (B18) 中的群. 故 $m = n > r, m - r + q > r$ 或者 $r < m - r + q < n \leq m$. 得到群 (B19).

(3-1-2) $k_1 = 1, k_2 = 0$

若 $i_1 = 1, i_2 = 0$, 则 $a^{2^n} = x$. 不妨设 $m - r + q > r, n > r$. 得到群 (B20).

若 $i_1 = 0, i_2 = 1$, 则 $a^{2^n} = y$. 不妨设 $m - r + q > r, n > r$. 得到群 (B21).

若 $i_1 = 1, i_2 = 1$, 则 $a^{2^n} = xy$. 不妨设 $m - r + q > r, n > r$. 若 $n > m$ 时, 替换 ab 为 b, 此时 G 同构于 (B21) 中的群. 故 $m \geq n > r, m - r + q > r$. 得到群 (B22).

(3-1-3) $k_1 = 0, k_2 = 1$

若 $i_1 = 1, i_2 = 0$, 则 $a^{2^n} = x$. 不妨设 $m - r + q > r, n > r$. 得到群 (B23).

若 $i_1 = 0, i_2 = 1$, 则 $a^{2^n} = y$. 不妨设 $m - r + q > r, n > r$. 得到群 (B24).

若 $i_1 = 1, i_2 = 1$, 则 $a^{2^n} = xy$. 不妨设 $m - r + q > r, n > r$. 若 $m - r + q \geq n$ 时, 替换 ba 为 a, 此时 G 同构于 (B23) 中的群. 故 $r < m - r + q < n$. 得到群 (B25).

(3-1-4) $k_1 = k_2 = 1$

若 $i_1 = 1, i_2 = 0$, 则 $a^{2^n} = x$. 不妨设 $m - r + q > r, n > r$. 得到群 (B26).

若 $i_1 = 0, i_2 = 1$, 则 $a^{2^n} = y$. 不妨设 $m - r + q > r, n > r$. 得到群 (B27).

若 $i_1 = 1, i_2 = 1$, 则 $a^{2^n} = xy$. 不妨设 $m - r + q > r, n > r$. 得到群 (B28).

(3-2) $j_1, j_2 = 0, 1; k_1 = k_2 = 0$

(3-2-1) $j_1 = 1, j_2 = 0$

若 $i_1 = 1, i_2 = 0$, 则 $a^{2^n} = x$. 不妨设 $m - r + q > r, n > r$. 得到群 (B29).

若 $i_1 = 0, i_2 = 1$, 则 $a^{2^n} = y$. 不妨设 $m - r + q > r, n > r$. 得到群 (B30).

若 $i_1 = 1, i_2 = 1$, 则 $a^{2^n} = xy$. 不妨设 $m - r + q > r, n > r$. 若 $n > m$ 时, 替换 ab 为 b, xy 为 y, 此时 G 同构于 (B30) 中的群. 故 $m \geq n$. 得到群 (B31).

(3-2-2) $j_1 = 0, j_2 = 1$

若 $i_1 = 1, i_2 = 0$, 则 $a^{2^n} = x$. 不妨设 $m - r + q > r, n > r$. 得到群 (B32).

若 $i_1 = 0, i_2 = 1$, 则 $a^{2^n} = y$. 不妨设 $m - r + q > r, n > r$. 得到群 (B33).

若 $i_1 = 1, i_2 = 1$, 则 $a^{2^n} = xy$. 不妨设 $m - r + q > r, n > r$. 若 $m > n, m - r + q > n$, 替换 ba 为 a, xy 为 x, 此时 G 同构于 (B21) 中的群. 故 $n \geq m$ 或者 $m - r + q \leq n$. 得到群 (B34).

(3-2-3) $j_1 = j_2 = 1$

若 $i_1 = 1, i_2 = 0$, 则 $a^{2^n} = x$. 不妨设 $m - r + q > r, n > r$. 得到群 (B35).

若 $i_1 = 0, i_2 = 1$, 则 $a^{2^n} = y$. 不妨设 $m - r + q > r, n > r$. 得到群 (B36).

若 $i_1 = 1, i_2 = 1$, 则 $a^{2^n} = xy$. 不妨设 $m - r + q > r, n > r$. 得到群 (B37).

(3-3) $j_1, j_2 = 0, 1; k_1 = 1, k_2 = 0$

(3-3-1) $j_1 = 1, j_2 = 0$

若 $i_1 = 1, i_2 = 0$, 则 $a^{2^n} = x$. 不妨设 $m - r + q > r, n > r$. 得到群 (B38).

若 $i_1 = 0, i_2 = 1$, 则 $a^{2^n} = y$. 不妨设 $m - r + q > r, n > r$. 得到群 (B39).

若 $i_1 = 1, i_2 = 1$, 则 $a^{2^n} = xy$. 不妨设 $m - r + q > r, n > r$. 若 $n > m$, 替换 ab 为 b, xy 为 y, 此时 G 同构于 (B39) 中的群. 故 $m \geq n$. 得到群 (B40).

(3-3-2) $j_1 = 0, j_2 = 1$

若 $i_1 = 1, i_2 = 0$, 则 $a^{2^n} = x$. 不妨设 $m - r + q > r, n > r$. 得到群 (B41).

若 $i_1 = 0, i_2 = 1$, 则 $a^{2^n} = y$. 不妨设 $m - r + q > r, n > r$. 得到群 (B42).

若 $i_1 = 1, i_2 = 1$, 则 $a^{2^n} = xy$. 不妨设 $m - r + q > r, n > r$. 若 $m - r + q = n$, 替换 ba 为 a, xy 为 x, 此时 G 同构于 (B41) 中的群. 故 $m - r + q \neq n$, 得到群 (B43).

(3-3-3) $j_1 = j_2 = 1$

若 $i_1 = 1, i_2 = 0$, 则 $a^{2^n} = x$. 不妨设 $m - r + q > r, n > r$. 得到群 (B44).

若 $i_1 = 0, i_2 = 1$, 则 $a^{2^n} = y$. 不妨设 $m - r + q > r, n > r$. 得到群 (B45).

若 $i_1 = 1, i_2 = 1$, 则 $a^{2^n} = xy$. 不妨设 $m - r + q > r, n > r$. 得到群 (B46).

(3-4) $j_1, j_2 = 0, 1; k_1 = 0, k_2 = 1$

(3-4-1) $j_1 = 1, j_2 = 0$

若 $i_1 = 1, i_2 = 0$, 则 $a^{2^n} = x$. 不妨设 $m - r + q > r, n > r$. 得到群 (B47).

若 $i_1 = 0, i_2 = 1$, 则 $a^{2^n} = y$. 不妨设 $m - r + q > r, n > r$. 得到群 (B48).

若 $i_1 = 1, i_2 = 1$, 则 $a^{2^n} = xy$. 不妨设 $m - r + q > r, n > r$. 若 $n > m$ 时, 替换 ab 为 b, xy 为 y, 此时 G 同构于 (B48) 中的群. 故 $m \geq n$, 得到群 (B49).

(3-4-2) $j_1 = 0, j_2 = 1$

若 $i_1 = 1, i_2 = 0$, 则 $a^{2^n} = x$. 不妨设 $m - r + q > r, n > r$. 得到群 (B50).

若 $i_1 = 0, i_2 = 1$, 则 $a^{2^n} = y$. 不妨设 $m - r + q > r, n > r$. 得到群 (B51).

若 $i_1 = 1, i_2 = 1$, 则 $a^{2^n} = xy$. 不妨设 $m - r + q > r, n > r$. 若 $m - r + q > n$ 时, 替换 ba 为 a, xy 为 x, 此时 G 同构于 (B50) 中的群. 故 $m - r + q \leq n$. 得到群 (B52).

(3-4-3) $j_1 = j_2 = 1$

若 $i_1 = 1, i_2 = 0$, 则 $a^{2^n} = x$. 不妨设 $m - r + q > r, n > r$. 得到群 (B53).

若 $i_1 = 0, i_2 = 1$, 则 $a^{2^n} = y$. 不妨设 $m - r + q > r, n > r$. 得到群 (B54).

若 $i_1 = 1, i_2 = 1$, 则 $a^{2^n} = xy$. 不妨设 $m - r + q > r, n > r$. 得到群 (B55).

(3-5) $j_1, j_2 = 0, 1; k_1 = k_2 = 1$

(3-5-1) $j_1 = 1, j_2 = 0$

若 $i_1 = 1, i_2 = 0$, 则 $a^{2^n} = x$. 不妨设 $m - r + q > r, n > r$. 得到群 (B56).

若 $i_1=0,i_2=1$, 则 $a^{2^n}=y$. 不妨设 $m-r+q>r,n>r$. 得到群 (B57).

若 $i_1=1,i_2=1$, 则 $a^{2^n}=xy$. 不妨设 $m-r+q>r,n>r$. 若 $n>m$, 替换 ab 为 b, xy 为 y, 此时 G 同构于 (B57) 中的群. 故 $m\geq n$. 得到群 (B58).

(3-5-2) $j_1=0,j_2=1$

若 $i_1=1,i_2=0$, 则 $a^{2^n}=x$. 不妨设 $m-r+q>r,n>r$. 得到群 (B59).

若 $i_1=0,i_2=1$, 则 $a^{2^n}=y$. 不妨设 $m-r+q>r,n>r$. 得到群 (B60).

若 $i_1=1,i_2=1$, 则 $a^{2^n}=xy$. 不妨设 $m-r+q>r,n>r$. 若 $m-r+q=n$, 替换 ba 为 a, xy 为 x, 此时 G 同构于 (B59) 中的群. 故 $m-r+q\neq n$. 得到群 (B61).

(3-5-3) $j_1=j_2=1$

若 $i_1=1,i_2=0$, 则 $a^{2^n}=x$. 不妨设 $m-r+q>r,n>r$. 得到群 (B62).

若 $i_1=0,i_2=1$, 则 $a^{2^n}=y$. 不妨设 $m-r+q>r,n>r$. 得到群 (B63).

若 $i_1=1,i_2=1$, 则 $a^{2^n}=xy$. 不妨设 $m-r+q>r,n>r$. 得到群 (B64).

(C) G/G_3 同构于引理 1.3.14 中的 (A3) 中的一个群.

此时不妨设

$$G/G_3\cong\langle\bar{a},\bar{b},\bar{c}\mid \bar{a}^{2^{m+1}}=1,\bar{b}^{2^{m+1}}=1,\bar{c}^{2^m}=1,[\bar{a},\bar{b}]=\bar{c},\bar{c}^{2^{m-1}}=\bar{a}^{2^m},$$
$$\bar{a}^{2^m}=\bar{b}^{2^m},[\bar{c},\bar{a}]=1,[\bar{c},\bar{b}]=1\rangle.$$
其中 $m\geq 1$.

于是

$$G=\langle a,b,c\mid a^{2^{m+1}}=x^{i_1}y^{i_2},b^{2^{m+1}}=x^{j_1}y^{j_2},[a,b]=cx^{k_1}y^{k_2},c^{2^m}=x^{l_1}y^{l_2},$$
$$c^{2^{m-1}}=a^{2^m}x^{u_1}y^{u_2},a^{2^m}=b^{2^m}x^{v_1}y^{v_2},[c,a]=x,[c,b]=y\rangle.$$
其中 $i_1,i_2;m\geq 1$
$$j_1,j_2,k_1,k_2,u_1,u_2,v_1,v_2,=0,1.$$

由 $c^{2^{m-1}}=a^{2^m}x^{u_1}y^{u_2}$, 计算得

$$x^{l_1}y^{l_2}=c^{2^m}=(c^{2^{m-1}})^2=(a^{2^m}x^{u_1}y^{u_2})^2=(a^{2^m})^2=x^{i_1}y^{i_2}.$$

同理可得 $x^{j_1}y^{j_2}=x^{l_1}y^{l_2}$. 所以 $x^{i_1}y^{i_2}=x^{j_1}y^{j_2}=x^{l_1}y^{l_2}$.

替换 $cx^{k_1}y^{k_2}$ 为 c

$$G=\langle a,b,c\mid a^{2^{m+1}}=b^{2^{m+1}}=c^{2^m}=x^{i_1}y^{i_2},[a,b]=c,c^{2^{m-1}}=a^{2^m}x^{j_1}y^{j_2},$$
$$a^{2^m}=b^{2^m}x^{k_1}y^{k_2},[c,a]=x,[c,b]=y\rangle$$
其中 $i_1,i_2,j_1,j_2,k_1,k_2,=0,1.$

下面分 $a^{2^{m+1}}=b^{2^{m+1}}=c^{2^m}=1$ 和 $a^{2^{m+1}}=b^{2^{m+1}}=c^{2^m}\neq 1$ 两种情形讨论.

若 $m=1$, 此时有

$$G=\langle a,b,c\mid a^{2^2}=b^{2^2}=c^2=x^{i_1}y^{i_2},[a,b]=c,c=a^2x^{j_1}y^{j_2},$$
$$a^2=b^2x^{k_1}y^{k_2},[c,a]=x,[c,b]=y\rangle.$$

计算得 $x=[c,a]=[a^2x^{j_1}y^{j_2},a]=1$, 矛盾. 同理可得 $y=[c,b]=1$, 矛盾. 因此不妨设 $m\geq 2$.

(1) $i_1=i_2=0$

(1-1) $j_1=j_2=0$

若 $k_1=0,k_2=0$, 则 $a^{2^m}=b^{2^m}$. 得到群 (C1).

若 $k_1 = 1, k_2 = 0$, 则 $a^{2^m} = b^{2^m}x$. 得到群 (C2).

若 $k_1 = 0, k_2 = 1$, 则 $a^{2^m} = b^{2^m}y$. 得到群 (C3).

若 $k_1 = 1, k_2 = 1$, 则 $a^{2^m} = b^{2^m}xy$. 替换 ba 为 a, xy 为 x, 此时 G 同构于 (C3) 中的群.

(1-2) $j_1 = 1, j_2 = 0$

若 $k_1 = 0, k_2 = 0$, 则 $a^{2^m} = b^{2^m}$. 若 $m \geq 3$ 时, 替换 $ba^{2^{m+1}-1}$ 为 a, a 为 b, $c^{-1}x$ 为 c, xy 为 x, x 为 y, 此时 G 同构于 (C3) 中的群. 若 $m = 2$ 时, 替换 $ba^3c^{-2}x$ 为 a, a 为 b, 此时 G 同构于 (C3) 中的群.

若 $k_1 = 1, k_2 = 0$, 则 $a^{2^m} = b^{2^m}x$. 若 $m \geq 3$ 时, 替换 b 为 a, a 为 b, 此时 G 同构于 (C3) 中的群. 若 $m = 2$ 时, 替换 b^3c^{-2} 为 a, ab^3c^{-1} 为 b, 此时 G 同构于 (C3) 中的群.

若 $k_1 = 0, k_2 = 1$, 则 $a^{2^m} = b^{2^m}y$. 得到群 (C4).

若 $k_1 = 1, k_2 = 1$, 则 $a^{2^m} = b^{2^m}xy$. 得到群 (C5).

(1-3) $j_1 = 0, j_2 = 1$

若 $k_1 = 0, k_2 = 0$, 则 $a^{2^m} = b^{2^m}$. 若 $m \geq 3$ 时, 替换 $ab^{2^m-1}a^{2^m}$ 为 a, b 为 b, 此时 G 同构于 (C3) 中的群. 若 $m = 2$, 替换 $ab^3c^{-2}y$ 为 a, b 为 b, 此时 G 同构于 (C3) 中的群.

若 $k_1 = 1, k_2 = 0$, 则 $a^{2^m} = b^{2^m}x$. 得到群 (C6).

若 $k_1 = 0, k_2 = 1$, 则 $a^{2^m} = b^{2^m}y$. 替换 b 为 a, a 为 b, 此时 G 同构于 (C2) 中的群;

若 $k_1 = 1, k_2 = 1$, 则 $a^{2^m} = b^{2^m}xy$. 若 $m \geq 3$ 时, 替换 $ab^{2^{m+1}-1}$ 为 a, b 为 b, 此时 G 同构于 (C4) 中的群. 若 $m = 2$ 时, 替换 $ab^3c^{-2}x$ 为 a, b 为 b, 此时 G 同构于 (C4) 中的群.

(1-4) $j_1 = j_2 = 1$

若 $k_1 = 0, k_2 = 0$, 则 $a^{2^m} = b^{2^m}$. 若 $m = 2$, 替换 ab 为 a, b 为 b, 此时 G 同构于 (C2) 中的群. 若 $m \geq 3$ 时, 替换 $ab^{2^m-7}a^{2^m}$ 为 a, b 为 b, 此时 G 同构于 (C2) 中的群.

若 $k_1 = 1, k_2 = 0$, 则 $a^{2^m} = b^{2^m}x$. 替换 a 为 b, b 为 a, 此时 G 同构于 (C4) 中的群.

若 $k_1 = 0, k_2 = 1$, 则 $a^{2^m} = b^{2^m}y$. 若 $m = 2$, 替换 $ab^3c^{-2}x$ 为 a, b 为 b, 此时 G 同构于 (C6) 中的群. 若 $m \geq 3$, 替换 ab 为 a, b 为 b, 此时 G 同构于 (C6) 中的群.

若 $k_1 = 1, k_2 = 1$, 则 $a^{2^m} = b^{2^m}xy$. 若 $m = 2$, 替换 b^3c^{-2} 为 a, ba 为 b, 此时 G 同构于 (C3) 中的群. 若 $m \geq 3$ 且 m 为奇数, 可设 $m = 2k+1$, 其中 $k = 1, 2, 3, \cdots$. 替换 $ab^{2^{2k+1}}[b^{2^k}, a^{2^k}]$ 为 b, b 为 a, 此时 G 同构于 (C3) 中的群. 若 $m \geq 3$ 且 m 为偶数, 可设 $m = 2k$, 其中 $k = 1, 2, 3, \cdots$. 替换 $ab^{2^{2k}-7}[a^{2^k}, b^{2^{k-1}}]$ 为 b, b 为 a, 此时 G 同构于 (C3) 中的群.

(2) $i_1, i_2 = 0, 1$

若 $i_1 = 1, i_2 = 0$, 则 $a^{2^{m+1}} = b^{2^{m+1}} = c^{2^m} = x$. 若 $m \geq 2$, 可设 $c^{2^{m-1}} = a^{2^m} x^{j_1} y^{j_2}, a^{2^m} = b^{2^m} x^{k_1} y^{k_2}$. 计算得

$$[b^{2^m} x^{k_1} y^{k_2}, b] = [a^{2^m}, b] = [a, b]^{2^m} [c, a]^{\binom{2^m}{2}} = c^{2^m} = x = 1.$$

矛盾. 没有符合条件的群.

若 $i_1 = 0, i_2 = 1$, 则 $a^{2^{m+1}} = b^{2^{m+1}} = c^{2^m} = y$. 若 $m \geq 2$, 可设 $c^{2^{m-1}} = a^{2^m} x^{j_1} y^{j_2}$. 计算得

$$[c^{2^{m-1}}, b] = [c, b]^{2^{m-1}} = 1,$$

$$[a^{2^m} x^{j_1} y^{j_2}, b] = [a^{2^m}, b] = [a, b]^{2^m} = y.$$

于是 $y = 1$. 矛盾. 没有符合条件的群.

若 $i_1 = i_2 = 1$, 则 $a^{2^{m+1}} = b^{2^{m+1}} = c^{2^m} = xy$. 若 $m > 1$, 可设 $c^{2^{m-1}} = a^{2^m} x^{j_1} y^{j_2}$. 计算得

$$[c^{2^{m-1}}, b] = [c, b]^{2^{m-1}} = 1,$$

$$[a^{2^m} x^{j_1} y^{j_2}, b] = [a^{2^m}, b] = [a, b]^{2^m} = xy.$$

于是 $xy = 1$. 进而 $x = y$. 矛盾. 没有符合条件的群. □

§4.4　二元生成的内 $\mathcal{P}_2$ 的 3 群的分类

由定理4.1.1和定理4.1.10得, $p = 3$ 时, 内 $\mathcal{P}_2$ 群的生成元个数可以是 2 或 3; $p \neq 3$ 时, 内 $\mathcal{P}_2$ 群的生成元个数只能是 2. 另外, 当 $p \geq 5$ 时, 内 $\mathcal{P}_2$ 群一定是正则的, 利用此性质可比较容易地解决内 $\mathcal{P}_2$ 群的同构问题. 当 $p = 2$ 时, 内 $\mathcal{P}_2$ 群一定是不正则的. 然而, 当 $p = 3$ 时, 内 $\mathcal{P}_2$ 群可以是正则的, 也可以是不正则的. 于是分类 $p = 3$ 的内 $\mathcal{P}_2$ 群既与 $p \geq 5$ 的情形不同, 也与 $p = 2$ 的情形不同.

当 $p = 3$ 时, 内 $\mathcal{P}_2$ 群的分类梗概如下:

设 G 是内 $\mathcal{P}_2$ 群. 若 G 亚循环, 这样的内 $\mathcal{P}_2$ 群已由定理4.2.1给出分类. 因而只需考虑 G 是非亚循环的情形. 又由定理4.1.1可知: 分 $d(G) = 2$ 或 $d(G) = 3$ 两种情况.

若 $d(G) = 2$, 由定理 4.1.9 可知 G 是一个二元生成类 2 群被 G_3 的扩张, 其中 $G_3 \cong C_p$ 或 $C_p \times C_p$. 幸运的是, 二元生成类为 2 的 p 群已被分类. 因而只需对二元生成类 2 群做扩张即可. 对于 $p \geq 5$, 定理4.2.2和定理4.2.3完成了这样的扩张. 自然地, 我们要问: 对于 $p = 3$, 这个扩张过程与 $p \geq 5$ 有何不同呢? 通过仔细检查上述两个定理的扩张过程, 我们发现, 当 $G_3 \cong C_3$ 且 $|G| \geq 3^5$, $G_3 \cong C_3 \times C_3$ 且 $|G| \geq 3^6$ 时, $p = 3$ 与 $p \geq 5$ 得到的群表现完全相同且过程相同. 但是, 证明得到的群互不同构的方法与 $p \geq 5$ 的情形不同. 我们还需考虑下列两种情形: $|G| = 3^4$ 且 $G_3 \cong C_3$ 以及 $|G| = 3^5$ 且 $G_3 \cong C_3 \times C_3$. 当 $|G| = 3^4$ 且 $G_3 \cong C_3$ 时, 可证 G 是内 $\mathcal{P}_2$

群当且仅当 G 是极大类的. 当 $|G| = 3^5$ 且 $G_3 \cong C_3 \times C_3$ 时, 使用 Magma 检查小群库中的群可得内 $\mathcal{P}_2$ 群.

对 $d(G) = 3$ 的情形, 我们没有做同构分类, 而是给出了一个等价条件. 这是因为, 通过分析我们预测到 $d(G) = 3$ 的内 $\mathcal{P}_2$ 的 3 群的群类是异乎寻常的多. 设 G 为 $d(G) = 3$ 的内 $\mathcal{P}_2$ 的 3 群. 对商群 $\overline{G} = G/G_3\mho_1(G')$, 有 $d(\overline{G}) = 3$, $\Phi(\overline{G}) \leq Z(\overline{G})$, $\overline{G}' \cong C_3^3$. 而满足 $d(G) = 3$, $\Phi(G) \leq Z(G)$, 且 $G' \cong C_p^3$ 的有限 p 群已经在文 [52] 中给出了完全同构分类. 于是理论上我们只需对这样的群做中心扩张即可得到 $d(G) = 3$ 的内 $\mathcal{P}_2$ 的 3 群的完全同构分类. 但是稍作分析就会知道人工去做是相当复杂的. 由定理4.1.10知 $G' \cong C_{3^{m_1}} \times C_{3^{m_2}} \times C_{3^{m_3}}$ 或者 $C_{3^{m_1}} \times C_{3^{m_2}} \times C_{3^{m_3}} \times C_3$, 其中 m_i 是正整数. 从而我们知道 $G_3\mho_1(G') \cong C_{3^{m_1-1}} \times C_{3^{m_2-1}} \times C_{3^{m_3-1}}$ 或者 $C_{3^{m_1-1}} \times C_{3^{m_2-1}} \times C_{3^{m_3-1}} \times C_3$. 显然 $|G_3\mho_1(G')| \geq 3$. 而由文 [52] 中的分类结果, 我们知道满足 $d(G) = 3$, $\Phi(G) \leq Z(G)$, 且 $G' \cong C_3^3$ 的有限 3 群共有 96 大类. 扩张基础太大, 做 3 次中心扩张, 得到的群类就已经很多了. 并且我们要做的不止 3 次中心扩张, 得到的群类自然是异乎寻常的多. 既然可以预见群类如此之多, 那么不管采用什么方法去做同构分类, 复杂程度是可想而知的. 所以人工去做同构分类是很大的工程, 我们没有想到很好的方法来做同构分类. 因此, 我们在4.5节选择给出 $d(G) = 3$ 的内 $\mathcal{P}_2$ 的 3 群的一个等价条件, 而不是去做同构分类.

为书写方便起见, 本节中我们记**内 $\mathcal{P}_2(3)^2$ 群**为二元生成的内 $\mathcal{P}_2$ 的有限 3 群. 设 G 为非亚循环的内 $\mathcal{P}_2(3)^2$ 群. 由定理 4.1.9 可知 G 是二元生成类 2 群被 G_3 的扩张.

当 $|G| \geq 3^5$, $G_3 \cong C_3$ 或者 $|G| \geq 3^6$, $G_3 \cong C_3 \times C_3$ 时, 得到的内 $\mathcal{P}_2$ 群与 $p \geq 5$ 时得到的内 $\mathcal{P}_2$ 群有完全相同的群表现. 这是因为 $p \geq 5$ 时的扩张过程中只用到了亚交换群的相关计算公式, 而当 $p = 3$ 时, G 还是亚交换群, 并且在用到的公式中, $p = 3$ 与 $p \geq 5$ 是没有区别的. 所以由一致地扩张过程得到完全相同的群表现. 当 $p \geq 5$ 时, G 一定是正则群. 但是当 $p = 3$ 时, G 不一定正则. 正则的内 $\mathcal{P}_2$ 的 3 群的同构问题的讨论与 $p \geq 5$ 时完全一致. 所以本文中只讨论不正则的内 $\mathcal{P}_2$ 的 3 群的同构问题. 定理 4.4.3 讨论 $|G| \geq 3^5$, $G_3 \cong C_3$ 的情况. 定理 4.4.5 讨论 $|G| \geq 3^6$, $G_3 \cong C_3 \times C_3$ 的情况.

当 $|G| = 3^4$, $G_3 \cong C_3$ 或者 $|G| = 3^5$, $G_3 \cong C_3 \times C_3$ 时, 得到的群类与 $p \geq 5$ 时得到的群类有区别: 在 $|G| = 3^4$ 时会出现一个群, 它与 $p \geq 5$ 的内 $\mathcal{P}_2$ 群取 $p = 3$ 时的群均不同构; 有少数几个群在 $p \geq 5$ 时不同构, 但在 $p = 3$ 时同构; 有些群在 $p \geq 5$ 时的同构问题的研究方法在 $p = 3$ 时不再适用, 要重新证明. 定理 4.4.2 讨论 $|G| = 3^4$, $G_3 \cong C_3$ 的情况. 定理 4.4.4 讨论 $|G| = 3^5$, $G_3 \cong C_3 \times C_3$ 的情况.

定理 4.4.1 设 G 是一个二元生成非亚循环的内类 2 群, p 为奇素数, 则 $|G| \geq p^4$. 特别地, 若 $|G| = p^4$, 则 $G_3 \cong C_p$; 若 $G_3 \cong C_p \times C_p$, 则 $|G| \geq p^5$.

证明　由定理 1.3.13 与定理 4.1.9 显然得证. □

以下定理 4.4.2 与定理 4.4.3 合起来给出了 $G_3 \cong C_3$ 的非亚循环的内 $\mathcal{P}_2(3)^2$ 群的同构分类.

定理 4.4.2　设 $|G| = 3^4$, G 非亚循环. 则 $G_3 \cong C_3$ 且 G 为内 $\mathcal{P}_2(3)^2$ 群等价于 G 为极大类 3 群, 即 G 同构于下列互不同构的群之一:

(I) $\langle a, b \mid a^9 = b^3 = c^3 = 1, [a,b] = c, [c,a] = 1, [c,b] = a^3 \rangle$;

(II) $\langle a, b \mid a^9 = b^3 = c^3 = 1, [a,b] = c, [c,a] = 1, [c,b] = a^6 \rangle$;

(III) $\langle a, b \mid a^9 = b^3 = c^3 = 1, [a,b] = c, [c,a] = a^3, [c,b] = 1 \rangle$;

(IV) $\langle a, b \mid a^9 = c^3 = 1, b^3 = a^3, [a,b] = c, [c,a] = 1, [c,b] = a^{-3} \rangle$.

证明　($\Rightarrow$) 设 G 为内 $\mathcal{P}_2(3)^2$ 群, 则 $c(G) = 3$. 又因为 $|G| = 3^4$, 所以 G 为极大类 3 群. 由 [69] 的定理2.6.4可得群的表现.

($\Leftarrow$) 若 G 为极大类 3 群, 且 $|G| = 3^4$, 则 $c(G) = 3$. 设 M 为 G 的真子群, 则 $|M| \leq 3^3$. 于是 $c(M) \leq 2$. 从而 G 是一个内 $\mathcal{P}_2(3)^2$ 群. □

注 4.4.1　(i) 当 $p \geq 5$ 或 $p = 2$ 时, 内 $\mathcal{P}_2$ 群是二元生成的. 对于 $p \geq 5$, 定理4.2.2和定理4.2.3给出了非亚循环的内 $\mathcal{P}_2$ 群的分类. 令人惊讶的是, 在上述两定理中取 $p = 3$ 即得非亚循环的内 $\mathcal{P}_2$ 的 3 群的分类. 唯一的例外就是定理 4.4.2 中的 (IV) 型群.

(ii) 定理 4.4.2 中的 (I–III) 型群均同构于定理4.2.2中取 $p = 3$ 时的某个群. 具体来说,

(a) 定理 4.4.2 中的 (I) 型群与中的 A10 型群参数取 $m = n = r = 1, v_1 = 1$ 且令 $p = 3$ 时得到的群同构;

(b) 定理 4.4.2 中的 (II) 型群与定理4.2.2中的 A10 型群参数取 $m = n = r = 1, v_1 = 2$ 且令 $p = 3$ 时得到的群同构;

(c) 定理 4.4.2 中的 (III) 型群与定理4.2.2中的 A1 型和 A9 型群参数取 $m = n = r = 1$ 且令 $p = 3$ 时得到的群同构.

(iii) 定理4.2.2中的 A1 型群和 A9 型群不同构. 然而, 当参数取 $m = n = r = 1$ 且令 $p = 3$ 时, A1 型群和 A9 型群的阶是 3^4 且同构. 这就是我们为什么单独处理 3^4 阶群的原因.

证明　仅给出(iii)的证明. 设 G 为定理4.2.2中的 A9 型群, H 为定理4.2.2中的 A1 型群, 其中参数取 $m = n = r = 1$ 且令 $p = 3$. 下证 $G \cong H$.

在 G 中, 令 $a_1 = ab$, $b_1 = b$. 由亚交换 p 群的计算公式可得

$$
\begin{aligned}
a_1^3 &= (ab)^3 = a^3 [a, b^{-1}]^{\binom{3}{2}} [a, b^{-1}, a][a, b^{-1}, b^{-1}] b^3 \\
&= a^3 c^{-\binom{3}{2}} [c^{-1}, a][c^{-1}, b^{-1}] b^3 = 1, \\
[a_1, b_1] &= [ab, b] = [a, b]^b = c^b = c, \\
[c, a_1] &= [c, ab] = [c, b][c, a]^b = [c, a]^b = [c, a] = a^3.
\end{aligned}
$$

所以 $G = \langle a, b \rangle = \langle ab, b \rangle = \langle a_1, b_1 \rangle \cong H$. $\qquad\qquad\square$

定理 4.4.3 设 G 是一个有限非亚循环群, $|G| \geq 3^5$ 且 $G_3 \cong C_3$. 则 G 是内 $\mathcal{P}_2(3)^2$ 群当且仅当 G 同构于下列互不同构的群之一:

(A) $m \geq n \geq r \geq 1$.

(A1) $\langle a, b, c, x \mid a^{3^m} = 1, b^{3^n} = 1, [a, b] = c, c^{3^r} = 1, [c, a] = x, [c, b] = 1 \rangle$, 其中 m, n, r 不同时为 1.

(A2) $\langle a, b, c, x \mid a^{3^m} = 1, b^{3^n} = 1, [a, b] = c, c^{3^r} = 1, [c, a] = 1, [c, b] = x \rangle$, 其中 $m > n$.

(A3) $\langle a, b, c, x \mid a^{3^m} = 1, b^{3^n} = 1, [a, b] = c, c^{3^r} = x, [c, a] = x, [c, b] = 1 \rangle$, 其中 $n > r$.

(A4) $\langle a, b, c, x \mid a^{3^m} = 1, b^{3^n} = 1, [a, b] = c, c^{3^r} = x, [c, a] = 1, [c, b] = x \rangle$, 其中 $m > n > r$.

(A5) $\langle a, b, c, x \mid a^{3^m} = 1, b^{3^n} = x, [a, b] = c, c^{3^r} = 1, [c, a] = x^{u_1}, [c, b] = 1 \rangle$, 其中 $u_1 = 1$ 或 2, $m > n$.

(A6) $\langle a, b, c, x \mid a^{3^m} = 1, b^{3^n} = x, [a, b] = c, c^{3^r} = 1, [c, a] = 1, [c, b] = x \rangle$, 其中 $m > n$.

(A7) $\langle a, b, c, x \mid a^{3^m} = 1, b^{3^n} = x, [a, b] = c, c^{3^r} = x, [c, a] = x^{u_1}, [c, b] = 1 \rangle$, 其中 $u_1 = 1$ 或 2, $m > n > r$.

(A8) $\langle a, b, c, x \mid a^{3^m} = 1, b^{3^n} = x, [a, b] = c, c^{3^r} = x, [c, a] = 1, [c, b] = x \rangle$, 其中 $m > n > r$.

(A9) $\langle a, b, c, x \mid a^{3^m} = x, b^{3^n} = 1, [a, b] = c, c^{3^r} = 1, [c, a] = x, [c, b] = 1 \rangle$, 其中 m, n, r 不同时为 1.

(A10) $\langle a, b, c, x \mid a^{3^m} = x, b^{3^n} = 1, [a, b] = c, c^{3^r} = 1, [c, a] = 1, [c, b] = x^{v_1} \rangle$, 其中 $v_1 = 1$ 或 2 且 m, n, r 不同时为 1.

(A11) $\langle a, b, c, x \mid a^{3^m} = x, b^{3^n} = 1, [a, b] = c, c^{3^r} = x, [c, a] = x, [c, b] = 1 \rangle$, 其中 $n > r$.

(A12) $\langle a, b, c, x \mid a^{3^m} = x, b^{3^n} = 1, [a, b] = c, c^{3^r} = x, [c, a] = 1, [c, b] = x^{v_1} \rangle$, 其中 $v_1 = 1$ 或 2, $n > r$.

(B) $m \geq n > r \geq 1$, $n > t \geq (n+r)/2$.

(B1) $\langle a, b, c, x \mid a^{3^m} = 1, b^{3^n} = 1, [a, b] = c, c^{3^r} = b^{3^t}, [c, a] = x, [c, b] = 1 \rangle$.

(B2) $\langle a, b, c, x \mid a^{3^m} = 1, b^{3^n} = 1, [a, b] = c, c^{3^r} = b^{3^t}, [c, a] = 1, [c, b] = x \rangle$.

(B3) $\langle a, b, c, x \mid a^{3^m} = 1, b^{3^n} = 1, [a, b] = c, c^{3^r} = b^{3^t} x, [c, a] = x^u, [c, b] = 1 \rangle$, 其中 $u = 1$ 或 2.

(B4) $\langle a,b,c,x \mid a^{3^m}=1, b^{3^n}=1, [a,b]=c, c^{3^r}=b^{3^t}x, [c,a]=1, [c,b]=x\rangle$.

(B5) $\langle a,b,c,x \mid a^{3^m}=1, b^{3^n}=x, [a,b]=c, c^{3^r}=b^{3^t}, [c,a]=x^u, [c,b]=1\rangle$,
其中 $u=1$ 或 2, $t>(n+r)/2$.

(B6) $\langle a,b,c,x \mid a^{3^m}=1, b^{3^n}=x, [a,b]=c, c^{3^r}=b^{3^t}, [c,a]=1, [c,b]=x\rangle$,
其中 $t>(n+r)/2$.

(B7) $\langle a,b,c,x \mid a^{3^m}=1, b^{3^n}=x, [a,b]=c, c^{3^r}=b^{3^t}, [c,a]=x^u, [c,b]=x\rangle$,
其中 $u=1$ 或 2, $m=n$, $t>(n+r)/2$.

(B8) $\langle a,b,c,x \mid a^{3^m}=x, b^{3^n}=1, [a,b]=c, c^{3^r}=b^{3^t}, [c,a]=x, [c,b]=1\rangle$.

(B9) $\langle a,b,c,x \mid a^{3^m}=x, b^{3^n}=1, [a,b]=c, c^{3^r}=b^{3^t}, [c,a]=1, [c,b]=x^{v_1}\rangle$,
其中 $v_1=1$ 或 2.

(B10) $\langle a,b,c,x \mid a^{3^m}=x, b^{3^n}=x, [a,b]=c, c^{3^r}=b^{3^t}, [c,a]=x^{u_1}, [c,b]=1\rangle$,
其中 $u_1=1$ 或 2, $m>n$, $t>(n+r)/2$.

(B11) $\langle a,b,c,x \mid a^{3^m}=x, b^{3^n}=x, [a,b]=c, c^{3^r}=b^{3^t}, [c,a]=1, [c,b]=x^{v_1}\rangle$,
其中 $v_1=1$ 或 2, $m>n$, $t>(n+r)/2$.

(C)　$m>n>r\geq 1$, $m>s\geq (m+r)/2$, $n\geq m+r-s$.

(C1) $\langle a,b,c,x \mid a^{3^m}=1, b^{3^n}=1, [a,b]=c, c^{3^r}=a^{3^s}, [c,a]=x, [c,b]=1\rangle$.

(C2) $\langle a,b,c,x \mid a^{3^m}=1, b^{3^n}=1, [a,b]=c, c^{3^r}=a^{3^s}, [c,a]=1, [c,b]=x\rangle$.

(C3) $\langle a,b,c,x \mid a^{3^m}=1, b^{3^n}=1, [a,b]=c, c^{3^r}=a^{3^s}, [c,a]=x, [c,b]=x\rangle$,
其中 $s<n$.

(C4) $\langle a,b,c,x \mid a^{3^m}=1, b^{3^n}=1, [a,b]=c, c^{3^r}=a^{3^s}x, [c,a]=x, [c,b]=1\rangle$.

(C5) $\langle a,b,c,x \mid a^{3^m}=1, b^{3^n}=1, [a,b]=c, c^{3^r}=a^{3^s}x, [c,a]=1, [c,b]=x^v\rangle$,
其中 $v=1$ 或 2.

(C6) $\langle a,b,c,x \mid a^{3^m}=1, b^{3^n}=1, [a,b]=c, c^{3^r}=a^{3^s}x, [c,a]=x, [c,b]=x^v\rangle$,
其中 $v=1$ 或 2, $s<n$.

(C7) $\langle a,b,c,x \mid a^{3^m}=1, b^{3^n}=x, [a,b]=c, c^{3^r}=a^{3^s}, [c,a]=x^{u_2}, [c,b]=1\rangle$,
其中 $u_2=1$ 或 2.

(C8) $\langle a,b,c,x \mid a^{3^m}=1, b^{3^n}=x, [a,b]=c, c^{3^r}=a^{3^s}, [c,a]=x^{u_2}, [c,b]=x\rangle$,
其中 $u_2=0,1$ 或 2, $s\leq n$.

(C9) $\langle a,b,c,x \mid a^{3^m}=1, b^{3^n}=x, [a,b]=c, c^{3^r}=a^{3^s}x, [c,a]=x^{u_1}, [c,b]=1\rangle$,
其中 $u_1=1$ 或 2, $s>n$.

(C10) $\langle a,b,c,x \mid a^{3^m}=1, b^{3^n}=x, [a,b]=c, c^{3^r}=a^{3^s}x^{k_1}, [c,a]=1, [c,b]=x\rangle$,
其中 $k_1=0,1$ 或 2, $s>n$.

(C11) $\langle a,b,c,x \mid a^{3^m}=x, b^{3^n}=1, [a,b]=c, c^{3^r}=a^{3^s}, [c,a]=x, [c,b]=1\rangle$,
其中 $s>(m+r)/2$, $n>m+r-s$.

(C12) $\langle a,b,c,x \mid a^{3^m}=x, b^{3^n}=1, [a,b]=c, c^{3^r}=a^{3^s}, [c,a]=1, [c,b]=x^v\rangle$,
其中 $v=1$ 或 2, $s>(m+r)/2$, $n>m+r-s$.

(C13) $\langle a,b,c,x \mid a^{3^m}=x, b^{3^n}=1, [a,b]=c, c^{3^r}=a^{3^s}, [c,a]=x, [c,b]=x^v\rangle$,

其中 $v = 1$ 或 $2, s > (m + r)/2, n > m + r - s, s < n.$

(D) $m > n > r \geq 1, m > s > t > r, s + n < m + t, n > t \geq m - s + r.$

(D1) $\langle a, b, c, x \mid a^{3^m} = 1, b^{3^n} = 1, [a,b] = c, c^{3^r} = a^{3^s}b^{3^t}, [c,a] = x, [c,b] = 1 \rangle.$

(D2) $\langle a, b, c, x \mid a^{3^m} = 1, b^{3^n} = 1, [a,b] = c, c^{3^r} = a^{3^s}b^{3^t}, [c,a] = 1, [c,b] = x \rangle.$

(D3) $\langle a, b, c, x \mid a^{3^m} = 1, b^{3^n} = 1, [a,b] = c, c^{3^r} = a^{3^s}b^{3^t}x, [c,a] = x^u, [c,b] = 1 \rangle,$
其中 $u = 1$ 或 $2.$

(D4) $\langle a, b, c, x \mid a^{3^m} = 1, b^{3^n} = 1, [a,b] = c, c^{3^r} = a^{3^s}b^{3^t}x, [c,a] = 1, [c,b] = x^v \rangle,$
其中 $v = 1$ 或 $2.$

(D5) $\langle a, b, c, x \mid a^{3^m} = 1, b^{3^n} = x, [a,b] = c, c^{3^r} = a^{3^s}b^{3^t}, [c,a] = x^u, [c,b] = 1 \rangle,$
其中 $u = 1$ 或 $2.$

(D6) $\langle a, b, c \mid a^{3^m} = 1, b^{3^n} = x, [a,b] = c, c^{3^r} = a^{3^s}b^{3^t}, [c,a] = 1, [c,b] = x^v \rangle,$
其中 $v = 1$ 或 $2.$

(D7) $\langle a, b, c, x \mid a^{3^m} = x, b^{3^n} = 1, [a,b] = c, c^{3^r} = a^{3^s}b^{3^t}, [c,a] = x^u, [c,b] = 1 \rangle,$
其中 $u = 1$ 或 $2, t > m - s + r.$

(D8) $\langle a, b, c, x \mid a^{3^m} = x, b^{3^n} = 1, [a,b] = c, c^{3^r} = a^{3^s}b^{3^t}, [c,a] = 1, [c,b] = x^v \rangle,$
其中 $v = 1$ 或 $2, t > m - s + r.$

定理中的群的关系式中都省略了 $x^3 = [x,a] = [x,b] = 1$, 定理中的群的阶都是 $3^{m+n+r+1}$. 上述群的表现中, 不同参数给出的群互不同构.

证明 $\Longrightarrow$: 把定理4.2.2的必要性证明中的 p 改为3即得结果.

$\Longleftarrow$: 当内 $\mathcal{P}_2(3)^2$ 群正则时, 同构问题的证明与 $p \geq 5$ 时完全相同. 本文仅需要对不正则的内 $\mathcal{P}_2(3)^2$ 群之间的同构问题进行讨论. 由定理 1.2.30 可知, $d(G) = 2$ 的内类 2 的 3 群正则当且仅当 G' 循环. 所以只需对 G' 不循环的内 $\mathcal{P}_2(3)^2$ 群的同构问题进行讨论. 我们用特征子群或同构映射来证明群之间互不同构. 当用同构映射来证明群之间互不同构时, 用到了群中元的唯一表示. 因为群是不正则的, 所以群中元有唯一表示形式是需要证明的.

(A) A 中群的同构问题

首先断言: A 中元可以唯一表示成以下形式

$$a^i b^j c^k x^l,$$

其中 $1 \leq i \leq 3^m, 1 \leq j \leq 3^n, 1 \leq k \leq 3^r, 1 \leq l \leq 3.$

若 $i_1 \neq i_2$, 则

$$a^{i_1} b^{j_1} c^{k_1} x^{l_1} \neq a^{i_2} b^{j_2} c^{k_2} x^{l_2}.$$

若否, 则

$$a^{i_1} b^{j_1} c^{k_1} x^{l_1} = a^{i_2} b^{j_2} c^{k_2} x^{l_2}.$$

从而有

$$a^{i_1 - i_2} = b^{j_2} c^{k_2 - k_1} x^{l_2 - l_1} b^{-j_1}.$$

考虑 G/G_3, 有

$$\bar{a}^{i_1-i_2} = \bar{b}^{j_2-j_1}\bar{c}^{k_2-k_1}.$$

由 $\langle\bar{a}\rangle\bigcap\langle\bar{b},\bar{c}\rangle = 1$ 可知

$$\bar{a}^{i_1-i_2} = 1.$$

由 $1 \leq i \leq 3^m$ 可知 $0 \leq i_1 - i_2 \leq 3^m - 1$. 又因为 $o(\bar{a}) = 3^m$, 所以 $i_1 - i_2 = 0$, 即 $i_1 = i_2$. 矛盾. 同理可对 j, k 进行讨论. 所以, 若

$$a^{i_1}b^{j_1}c^{k_1}x^{l_1} = a^{i_2}b^{j_2}c^{k_2}x^{l_2},$$

则 $i_1 = i_2, j_1 = j_2, k_1 = k_2$. 从而得到

$$x^{l_1} = x^{l_2}.$$

又因为 $1 \leq l \leq 3$ 且 $o(x) = 3$, 所以 $l_1 = l_2$.

设 $I_1 = \{A1, A2, A5, A6, A9, A10\}$, $I_2 = \{A3, A4, A7, A8, A11, A12\}$. I_1 中群的导群非循环, I_2 中群的导群循环. 于是只需要讨论 I_1 中群的同构问题. 简单计算得到下表.

表 4.3

G	A1	A2$(m > n)$	A5$(m > n)$
$Z(G)$	(m-r,n-r,r-1,1)	(m-r,n-r,r-1,1)	(m-r,n+1-r,r-1)
$\exp(C_G(G'))$	$\max\{3^n, 3^{m-1}\}$	3^m	$\max\{3^{n+1}, 3^{m-1}\}$
G	A6$(m > n)$	A9	A10
$Z(G)$	(m-r,n+1-r,r-1)	(m+1-r,n-r,r-1)	(m+1-r,n-r,r-1)
$\exp(C_G(G'))$	3^m	$\max\{3^n, 3^{m-1}\}$	3^{m+1}

由 $Z(G)$ 知: $I_{11} = \{A1, A2\}$, $I_{12} = \{A5, A6\}$, $I_{13} = \{A9, A10\}$ 之间的群互不同构. 由 $\exp(C_G(G'))$ 知: $A1 \ncong A2$, $A9 \ncong A10$. 若 $A1 \cong A2$, 则 $\max(3^n, 3^{m-1}) = 3^m$, 从而有 $3^n = 3^m$. 这与 $m > n$ 矛盾. 若 $A9 \cong A10$, 则 $\max(3^n, 3^{m-1}) = 3^{m+1}$. 从而有 $3^n = 3^{m+1}$. 这与 $m \geq n$ 矛盾. $A5 \ncong A6$ 的证明与 $p \geq 5$ 时的证明完全一致.

(B) B 中群的同构问题

断言: B 中元可以唯一表示成以下形式

$$a^i b^j c^k x^l,$$

其中 $1 \leq i \leq 3^m, 1 \leq j \leq 3^n, 1 \leq k \leq 3^r, 1 \leq l \leq 3$.

对 i 的讨论与 (A) 中的证明方法完全相同.

若 $k_1 \neq k_2$, 则

$$a^{i_1}b^{j_1}c^{k_1}x^{l_1} \neq a^{i_2}b^{j_2}c^{k_2}x^{l_2}.$$

若否, 则

$$a^{i_1}b^{j_1}c^{k_1}x^{l_1} = a^{i_2}b^{j_2}c^{k_2}x^{l_2}, \ i_1 = i_2.$$

从而

$$b^{j_2}c^{k_2-k_1}x^{l_2-l_1}b^{-j_1} = 1.$$

考虑 G/G_3, 有

$$\bar{b}^{j_1-j_2} = \bar{c}^{k_2-k_1}.$$

由 $1 \le k \le 3^r$ 可知 $0 \le k_2 - k_1 \le 3^r - 1$. 又由 $\bar{c}^{3^r} = \bar{b}^{3^t}$, 有 $k_2 - k_1 = 0$, 即 $k_1 = k_2$. 矛盾. 所以, 若

$$a^{i_1}b^{j_1}c^{k_1}x^{l_1} = a^{i_2}b^{j_2}c^{k_2}x^{l_2},$$

则 $i_1 = i_2, k_1 = k_2$. 从而得到

$$b^{j_1}x^{l_1} = b^{j_2}x^{l_2}.$$

进而有

$$b^{j_1-j_2} = x^{l_2-l_1}.$$

考虑 G/G_3, 有

$$\bar{b}^{j_1-j_2} = 1.$$

由 $1 \le j \le 3^n$, 得 $0 \le j_1 - j_2 \le 3^n - 1$. 又 $o(\bar{b}) = 3^n$, 于是 $j_1 - j_2 = 0$, 即 $j_1 = j_2$. 对 l 的讨论与 (A) 中对 l 的讨论完全一致.

设 $I_1 = \{B1, B2, B3, B4, B8, B9\}$, $I_2 = \{B5, B6, B7, B10, B11\}$. I_1 中群导群非循环, I_2 中群导群循环. 于是只需要讨论 I_1 中群的同构问题. 计算得到下表.

表 4.4

G	B1	B2	B3	B4	B8	B9
$\exp(C_G(G'))$	$\max\{3^n, 3^{m-1}\}$	3^m	$\max\{3^n, 3^{m-1}\}$	3^m	3^m	3^{m+1}
$(G/\mho_t(G))'$	$C_{3^r} \times C_3$	$C_{3^r} \times C_3$	$C_{3^{r+1}}$	$C_{3^{r+1}}$	C_{3^r}	

由 $\exp(C_G(G'))$ 知: B9 与 $\{B1, B2, B3, B4, B8\}$ 中的群之间互不同构. 由 $(G/\mho_t(G))'$ 知: $I_{11} = \{B1, B2\}$, $I_{12} = \{B3, B4\}$ 与 $I_{13} = \{B8\}$ 之间的群互不同构. 由 $\exp(C_G(G'))$ 知: 当 $m > n$ 时, B1 $\not\cong$ B2, B3 $\not\cong$ B4. 当 $m = n$ 时的 B1 $\not\cong$ B2, B3 $\not\cong$ B4 的证明与 $p \ge 5$ 时的证明完全一致.

(C) C 中群的同构问题

断言: C 中元可以唯一表示成以下形式

$$a^i b^j c^k x^l,$$

其中 $1 \le i \le 3^m, 1 \le j \le 3^n, 1 \le k \le 3^r, 1 \le l \le 3$.

若 $j_1 \neq j_2$, 则

$$a^{i_1}b^{j_1}c^{k_1}x^{l_1} \neq a^{i_2}b^{j_2}c^{k_2}x^{l_2}.$$

若否, 则

$$a^{i_1}b^{j_1}c^{k_1}x^{l_1} = a^{i_2}b^{j_2}c^{k_2}x^{l_2}.$$

从而

$$a^{i_1-i_2} = b^{j_2}c^{k_2-k_1}x^{l_2-l_1}b^{-j_1}.$$

考虑 G/G_3, 有

$$\bar{b}^{j_1-j_2} = \bar{a}^{i_2-i_1}\bar{c}^{k_2-k_1}.$$

因为 $\langle \bar{b}\rangle \bigcap \langle \bar{a},\bar{c}\rangle = 1$, 所以

$$\bar{b}^{j_1-j_2} = 1.$$

由 $1 \leq j \leq 3^n$, 可知 $0 \leq j_1 - j_2 \leq 3^n - 1$. 又因为 $o(\bar{b}) = 3^n$, 所以 $j_1 - j_2 = 0$, 即 $j_1 = j_2$. 矛盾.

若 $k_1 \neq k_2$, 则

$$a^{i_1}b^{j_1}c^{k_1}x^{l_1} \neq a^{i_2}b^{j_2}c^{k_2}x^{l_2}.$$

若否, 则

$$a^{i_1}b^{j_1}c^{k_1}x^{l_1} = a^{i_2}b^{j_2}c^{k_2}x^{l_2}, \quad j_1 = j_2.$$

从而

$$a^{i_1-i_2} = b^{j_2}c^{k_2-k_1}x^{l_2-l_1}b^{-j_1}.$$

考虑 G/G_3, 有

$$\bar{a}^{i_2-i_1}\bar{c}^{k_2-k_1} = 1.$$

从而

$$\bar{a}^{i_1-i_2} = \bar{c}^{k_2-k_1}.$$

由 $1 \leq k \leq 3^r$ 可知 $0 \leq k_1 - k_2 \leq 3^r - 1$. 又由 $\bar{c}^{3^r} = \bar{a}^{3^s}$ 可知 $k_1 - k_2 = 0$, 即 $k_1 - k_2$. 矛盾. 所以, 若

$$a^{i_1}b^{j_1}c^{k_1}x^{l_1} = a^{i_2}b^{j_2}c^{k_2}x^{l_2},$$

则 $j_1 = j_2, k_1 = k_2$. 从而得到

$$a^{i_1}x^{l_1} = a^{i_2}x^{l_2}.$$

进而有

$$a^{i_1-i_2} = x^{l_2-l_1}.$$

考虑 G/G_3, 有

$$\bar{a}^{i_1-i_2} = 1.$$

由 $1 \leq a \leq 3^m$ 可知, $0 \leq i_1 - i_2 \leq 3^m - 1$. 又 $o(\bar{a}) = 3^m$, 于是 $a_1 - a_2 = 0$, 即 $a_1 = a_2$. 对 l 的讨论与 (A) 中对 l 的讨论完全一致.

同理可对 i 进行讨论. 对 l 的讨论与 (A) 中对 l 的讨论完全一致.

设 $I_1 = \{C1 - C10\}$, $I_2 = \{C11, C12, C13\}$. I_1 中群的导群非循环, I_2 中群的导群循环. 于是只需要讨论 I_1 中群的同构问题. 计算得到下表.

表 4.5

G	C1	C2	C3	C4	C5
$\exp(C_G(G'))$	3^{m-1}	3^m	3^{m-1}	3^{m-1}	3^m
$(G/\mho_s(G))'$	$C_{3^r} \times C_3$	$C_{3^r} \times C_3$	$C_{3^r} \times C_3$	$C_{3^{r+1}}$	$C_{3^{r+1}}$
$C_G(G') \le \Phi(G)$	F	F	T	F	F
$\mho_n(G)$	$C_{3^{m-n}}$			$C_{3^{m-n}}$	$C_{3^{m-n}}$
G	C6	C7	C8	C9$(m>n)$	C10$(m>n)$
$\exp(C_G(G'))$	3^{m-1}	$\max\{3^{m-1},3^{n+1}\}$	3^{m-1}	$\max\{3^{m-1},3^{n+1}\}$	3^m
$(G/\mho_s(G))'$	$C_{3^{r+1}}$	$C_{3^r} \times C_3 (n<s)$ / $C_{3^r} (n \ge s)$	$C_{3^r}(n \ge s)$	$C_{3^{r+1}}(n<s)$	$C_{3^{r+1}}(n<s)$
$(C_G(G')) \le \Phi(G)$	T	F	T	F	F
$\mho_n(G)$		$C_{3^{m-n}} \times C_3$		$C_{3^{m-n}} \times C_3$	$C_{3^{m-n}} \times C_3$

由 $C_G(G') \le \Phi(G)$ 是否成立可知 $I_{11} = \{C1, C2, C4, C5, C7, C9, C10\}$ 与 $I_{12} = \{C3, C6, C8\}$ 中的群之间互不同构. 由 $(G/\mho_s(G))'$ 知: I_{12} 中的群之间互不同构; $\{C4, C5\}$ 与 $\{C1, C2\}$ 中的群之间互不同构; C7 与 $\{C9, C10\}$ 中的群之间互不同构. 由 $\mho_n(G)$ 知 $\{C1, C2, C4, C5\}$ 与 $\{C7, C9, C10\}$ 中的群之间互不同构. 由 $\exp(C_G(G'))$ 知: C1 $\not\cong$ C2, C4 $\not\cong$ C5. C9 $\not\cong$ C10 的证明与 $p \ge 5$ 时的证明完全一致.

(D) D 中群的同构问题

断言: D 中元可以唯一表示成以下形式

$$a^i b^j c^k x^l,$$

其中 $1 \le i \le 3^m, 1 \le j \le 3^n, 1 \le k \le 3^r, 1 \le l \le 3$.

若 $k_1 \ne k_2$, 则

$$a^{i_1} b^{j_1} c^{k_1} x^{l_1} \ne a^{i_2} b^{j_2} c^{k_2} x^{l_2}.$$

若否, 则

$$a^{i_1} b^{j_1} c^{k_1} x^{l_1} = a^{i_2} b^{j_2} c^{k_2} x^{l_2}.$$

从而有

$$a^{i_1-i_2} = b^{j_2} c^{k_2-k_1} x^{l_2-l_1} b^{-j_1}.$$

考虑 G/G_3, 有

$$\bar{c}^{k_2-k_1} = \bar{a}^{i_1-i_2} \bar{b}^{j_1-j_2}.$$

由 $1 \le k \le 3^r$ 可知 $0 \le k \le 3^r - 1$. 又由 $\bar{c}^{p^r} = \bar{a}^{p^s} \bar{b}^{p^t}$ 有 $k_2 - k_1 = 0$, 即 $k_2 = k_1$. 矛盾. 于是, 若

$$a^{i_1} b^{j_1} c^{k_1} x^{l_1} = a^{i_2} b^{j_2} c^{k_2} x^{l_2},$$

有 $k_2 = k_1$. 从而

$$\overline{a}^{i_1-i_2}\overline{b}^{j_1-j_2} = 1.$$

又因为 $\langle\overline{a}\rangle \cap \langle\overline{b}\rangle = 1$, 所以 $i_1 = i_2$, $j_1 = j_2$. 对 l 的讨论与 (A) 中对 l 的讨论完全一致.

设 $I_1 = \{D1 - D6\}$, $I_2 = \{D7, D8\}$. I_1 中群导群非循环, I_2 中群导群循环. 于是只需要讨论 I_1 中群的同构问题. 计算得到下表.

表 4.6

G	D1	D2	D3	D4	D5	D6
$(G/\mho_t(G))'$	$C_{3^r} \times C_3$	$C_{3^r} \times C_3$	$C_{3^{r+1}}$	$C_{3^{r+1}}$	C_{3^r}	C_{3^r}

由 $(G/\mho_t(G))'$ 知: $\{D1, D2\}$, $\{D3, D4\}$ 与 $\{D5, D6\}$ 之间的群互不同构. $D1 \not\cong D2$, $D3 \not\cong D4$, $D5 \not\cong D6$ 的证明与 $p \geq 5$ 时的证明完全一致.

还要证 (Ai)、(Bi)、(Ci)、(Di) 中的群不同构. 证明过程与 $p \geq 5$ 时的证明过程完全一致. $\qquad\square$

注 4.4.2 定理 4.2.2 中群的群号与定理4.4.3 中群的群号完全一致.

注 4.4.3 由注 4.4.1 可知: 当 $|G| = 3^4$ 时会得到一个群

$$\langle a, b \mid a^9 = c^3 = 1, b^3 = a^3, [a, b] = c, [c, a] = 1, [c, b] = a^{-3}\rangle.$$

这个群与定理 4.2.2 中令 $p = 3$ 时得到的群均不同构. 但是当 $|G| \geq 3^5$ 时, 定理 4.4.3 得到的群与定理 4.2.2中令 $p = 3$ 时得到的群完全相同. 这是为什么呢? 以下给出一个具体的例子来说明这一点.

在定理 4.2.2 情形 (A)的证明过程可看出 $p \geq 5$ 与 $p = 3$ 的相同点与不同点.

证明　我们先来看一段定理 4.2.2的证明,

下边证明过程中群的关系式里都省略 $x^p = [x, a] = [x, b] = 1$.

情形 (A) G/G_3 同构于定理 4.2 中的 (A1) 中的一个群

设 $G/G_3 \cong \langle\overline{a}, \overline{b}, \overline{c} \mid \overline{a}^{p^m} = 1, \overline{b}^{p^n} = 1, [\overline{a}, \overline{b}] = \overline{c}, \overline{c}^{p^r} = 1, [\overline{c}, \overline{a}] = [\overline{c}, \overline{b}] = 1\rangle$, 其中 $m \geq n \geq r \geq 1$. 则我设 $G = \langle a, b, c, x \mid a^{p^m} = x^i, b^{p^n} = x^j, [a, b] = cx^k, c^{p^r} = x^l, [c, a] = x^u, [c, b] = x^v\rangle$, 其中 $i, j, k, l, u, v \in \{i \in \mathbb{Z} | 0 \leq i \leq p - 1\}$. 替换 cx^k 为 c, 则有 $G = \langle a, b, c, x \mid a^{p^m} = x^i, b^{p^n} = x^j, [a, b] = c, c^{p^r} = x^l, [c, a] = x^u, [c, b] = x^v\rangle$. 下边分五种子情况来讨论.

(1) $a^{p^m} = 1$, $b^{p^n} = 1$, $c^{p^r} = 1$

此时 $G = \langle a, b, c, x \mid a^{p^m} = 1, b^{p^n} = 1, [a, b] = c, c^{p^r} = 1, [c, a] = x^u, [c, b] = x^v\rangle$.

若 $[c,b] \neq 1$, 则不失一般性设 $G = \langle a,b,c,x \mid a^{p^m} = 1, b^{p^n} = 1, [a,b] = c, c^{p^r} = 1, [c,a] = x^u, [c,b] = x \rangle$. 替换 $b^{-u}a$ 为 a, 则 $G = \langle a,b,c,x \mid a^{p^m} = 1, b^{p^n} = 1, [a,b] = c, c^{p^r} = 1, [c,a] = 1, [c,b] = x \rangle$.

在以上证明过程中, 我们看看"替换 $b^{-u}a$ 为 a"产生的不同计算结果:

$$
\begin{aligned}
(b^{-u}a)^{p^m} &= b^{-up^m}[b^{-u},a^{-1}]^{\binom{p^m}{2}}[b^{-u},a^{-1},b^{-u}]^{\binom{p^m}{3}}[b^{-u},a^{-1},a^{-1}]^{\binom{p^m}{3}}a^{p^m}\\
&= [b^{-u},a^{-1}]^{\binom{p^m}{2}}[b^{-u},a^{-1},b^{-u}]^{\binom{p^m}{3}}[b^{-u},a^{-1},a^{-1}]^{\binom{p^m}{3}}\\
&= (c^{-u}g)^{\binom{p^m}{2}}[c^{-u}g,b^{-u}]^{\binom{p^m}{3}}[c^{-u}g,a^{-1}]^{\binom{p^m}{3}}, \quad (g = x^{2u^2}x^{-\binom{u}{2}})\\
&= c^{-u\binom{p^m}{2}}g^{\binom{p^m}{2}}x^{u^2\binom{p^m}{3}}x^{u^2\binom{p^m}{3}}\\
&= \begin{cases} 1 & p \geq 5,\\ 1 & p = 3, m > 1,\\ x^{2u^2} & p = 3, m = 1. \end{cases}
\end{aligned}
$$

由此可见, $p \geq 5$ 与 $p = 3$ 且 $m > 1$ 有相同的扩张过程, 从而对应的内 $\mathcal{P}_2$ 群结构相同. 而 $p = 3$ 且 $m > 1$ 对应的是阶不小于 3^5 的内 $\mathcal{P}_2$ 群. 而当 $m = n = r = 1$ 且 $p = 3$ 时, 对应的内 $\mathcal{P}_2$ 群是 3^4 阶. 这解释了"当 $|G| \geq 3^5$ 时, 定理 4.4.3 得到的群与定理 4.2.2 中令 $p = 3$ 时得到的群完全相同"的原因. □

至此, 满足 $G_3 \cong C_3$ 的内 $\mathcal{P}_2(3)^2$ 群的同构分类问题就完全解决了. 以下定理 4.4.4 与定理 4.4.5 合起来给出了 $G_3 \cong C_3 \times C_3$ 的内 $\mathcal{P}_2(3)^2$ 群的同构分类.

定理 4.4.4 设 G 是内 $\mathcal{P}_2(3)^2$ 群, $|G| = 3^5$, $G_3 \cong C_3 \times C_3$, 则 G 同构于下列互不同构的群之一:

(I) $\langle a,b,c,x,y \mid a^3 = 1, b^3 = 1, [a,b] = c, c^3 = 1, [c,a] = x, [c,b] = y \rangle$;

(II) $\langle a,b,c,x,y \mid a^3 = 1, b^3 = y, [a,b] = c, c^3 = 1, [c,a] = x, [c,b] = y \rangle$;

(III) $\langle a,b,c,x,y \mid a^3 = 1, b^3 = y, [a,b] = c, c^3 = 1, [c,a] = y, [c,b] = x \rangle$;

(IV) $\langle a,b,c,x,y \mid a^3 = x, b^3 = y, [a,b] = c, c^3 = 1, [c,a] = y^{-1}, [c,b] = x^u \rangle$, 其中 $u = 1$ 或 2;

(V) $\langle a,b,c,x,y \mid a^3 = x, b^3 = a^3, [a,b] = c, c^3 = 1, [c,a] = y, [c,b] = x \rangle$;

(VI) $\langle a,b,c,x,y \mid a^3 = x, b^3 = a^{-3}, [a,b] = c, c^3 = 1, [c,a] = x^{-1}, [c,b] = y \rangle$.

证明 我们用 Magma 在小群库中检验 3^5 阶群, 挑出满足条件的群如下:
[243,3], [243,4], [243,5], [243,6], [243,7], [243,8], [243,9].
使用的Magma 程序如下:

```
f := function(S, d);
P := SmallGroupProcess(S);
X := [];
K := Group⟨a,b|a^3, b^3, (a,b)⟩;
```

```
K1 := pQuotient(K, 3, 1000);
repeat G := Current(P);
if Ngens (G) eq d and NilpotencyClass(G) eq 3 then
M := MaximalSubgroups(G);
if forall{x : x in M | NilpotencyClass(x'subgroup) le 2}then
H := {(a, b, c) : a, b, c in G};
T := sub⟨G|H⟩;
if IsIsomorphic(T, K1) then
a, b := CurrentLabel(P);
Append( X, [a, b]);
end if;
end if;
end if;
Advance( P);
until IsEmpty(P);
return X;
end function;                                                  □
```

注 4.4.4 (i) 定理 4.4.4 中的群均与定理 4.2.3 中参数取 $m = n = r = 1$ 且令 $p = 3$ 时得到的某个群同构. 具体来说,

(a) 定理 4.4.4 中的 (I) 型群与定理 4.2.3 中的 A1 型群同构;

(b) 定理 4.4.4 中的 (II) 型群与定理 4.2.3中的 A4 型群和 A8 型群参数取 $j_3 = 2$ 时得到的群同构. 为方便, 参数取 $j_3 = 2$ 对应的 A8 型群记为 A8($j_3 = 2$). 以下采用相同的记法.

(c) 定理 4.4.4 中的 (III) 型群与定理 4.2.3中的 A8($j_3 = 1$) 型群和 A29($v_3 = 1$) 型群同构;

(d) 定理 4.4.4 中的 (IV)($u = 1$)型群与定理 4.2.3 中的 A28($v_3 = 0$) 型群同构;

(e) 定理 4.4.4 中的 (IV)($u = 2$)型群与定理 4.2.3 中的 A30 型群和 A29($v_3 = 0$)型群同构;

(f) 定理 4.4.4 中的 (V) 型群与定理 4.2.3中的 A28($v_3 = 1$)型群同构;

(g) 定理 4.4.4 中的 (VI) 型群与定理 4.2.3中的 A27 型群同构.

(ii) 在定理 4.2.3中, 群 A4, A8, A29, A30 互不同构. 然而, 当参数取 $m = n = r = 1$ 且令 $p = 3$ 时, 它们的阶是 3^5 且 A4 $\cong$ A8($j_3 = 2$), A8($j_3 = 1$) $\cong$ A29($v_3 = 1$), A30 $\cong$ A29($v_3 = 0$). 这就是我们为什么单独处理 3^5 阶群的原因.

证明 (ii) (1) A4 $\cong$ A8($j_3 = 2$)

设 G 为 A8 型群, H 为 A4 型群. 在 G 中, 令 $a_1 = a^2$, $b_1 = a^2b^2c$. 则由亚交换 p 群的计算公式可得

$$
\begin{aligned}
a_1^3 &= (a^2)^3 = 1, \\
b_1^3 &= (a^2b^2c)^3 = (a^2b^2)^3[a^2b^2, c^{-1}]^{\binom{3}{2}}[a^2b^2, c^{-1}, a^2b^2][a^2b^2c^{-1}]c^3 \\
&= (a^2b^2)^3 = (a^2)^3[a^2, b^{-2}]^{\binom{3}{2}}[a^2, b^{-2}, a^2][a^2, b^{-2}, b^{-2}](b^2)^3 \\
&= (c^2x)^{\binom{3}{2}}[c^2x, a^2][c^2x, b^{-2}]x = [c^2x, a^2][c^2x, b^{-2}]x \\
&= xy^{-1}x = y^2x^2, \\
[a_1, b_1] &= [a^2, a^2b^2c] = [a^2, b^2c] = [a^2, c][a^2, b^2]^c \\
&= [a, c]^2(cx^2y^2)^c = x^{-2}cx^2y^2 = cy^2 = c_1, \\
c_1^3 &= (cy^2)^3 = (c)^3 = 1, \\
[c_1, a_1] &= [cy^2, a^2] = [c, a^2] = x^2, \\
[c_1, b_1] &= [cy^2, a^2b^2c] = [c, a^2b^2c] = [c, a^2b^2]^c = ([c, a^2][c, b^2])^c = (y^2x^2)^c = y^2x^2.
\end{aligned}
$$

所以 $G = \langle a, b \rangle = \langle a^2, a^2b^2c \rangle = \langle a_1, b_1 \rangle \cong H$.

(2) A8($j_3 = 1$) $\cong$ A29($v_3 = 1$)

设 G 为 A29 型群, H 为 A8 型群. 在 G 中, 令 $a_1 = ab$, $b_1 = a$. 则由亚交换 p 群的计算公式可得

$$
\begin{aligned}
a_1^3 &= (ab)^3 = (a)^3[a, b^{-1}]^{\binom{3}{2}}[a, b^{-1}, a][a, b^{-1}, b^{-1}](b)^3 \\
&= (a)^3[c^{-1}x^2y, a][c^{-1}x^2y, b^{-1}](b)^3 = (a)^3[c^{-1}, a][c^{-1}, b^{-1}](b)^3 \\
&= (a)^3yx^2y(b)^3 = xyx^2yy = 1, \\
b_1^3 &= a^3 = x, \\
[a_1, b_1] &= [ab, a] = [b, a] = c^{-1} = c_1, \\
c_1^3 &= (c)^{-3} = 1, \\
[c_1, a_1] &= [c^{-1}, ab] = [c^{-1}, a][c^{-1}, b] = (x^2y)^{-1}y = x^{-2} = x, \\
[c_1, b_1] &= [c^{-1}, a] = y.
\end{aligned}
$$

所以 $G = \langle a, b \rangle = \langle ab, a \rangle = \langle a_1, b_1 \rangle \cong H$.

(3) A30 $\cong$ A29($v_3 = 0$)

设 G 为 A29 型群, H 为 A30 型群. 在 G 中, 令 $a_1 = a^2$, $b_1 = a^2b^2c$. 则由亚交换

p 群的计算公式可得

$$
\begin{aligned}
a_1^3 &= (a^2)^3 = x^2 = x_1, \\
b_1^3 &= (a^2b^2c)^3 = (a^2b^2)^3[a^2b^2,c^{-1}]^{\binom{3}{2}}[a^2b^2,c^{-1},a^2b^2][a^2b^2,c^{-1},c^{-1}]c^3 \\
&= (a^2b^2)^3 = (a^2)^3[a^2,b^{-2}]^{\binom{3}{2}}[a^2,b^{-2},a^2][a^2,b^{-2},b^{-2}](b^2)^3 \\
&= (a^2)^3[c^{-1},a^2][c^{-1},b^{-2}](b^2)^3 \\
&= x^2y^{-4}x^4y^2 = y^{-2} = y = y_1, \\
[a_1,b_1] &= [a^2,a^2b^2c] = [a^2,b^2c] = [a^2,b^2][a^2,c] = cx = c_1, \\
c_1^3 &= (cx)^3 = 1, \\
[c_1,a_1] &= [cx,a^2] = [c,a]^2 = y^4 = y = y_1, \\
[c_1,b_1] &= [cx,a^2b^2c] = [c,a^2b^2] = [c,a]^2[c,b]^2 = xy = x_1^2y_1.
\end{aligned}
$$

所以 $G = \langle a,b \rangle = \langle a^2,a^2b^2c \rangle = \langle a_1,b_1 \rangle \cong H$.　□

定理 4.4.5 设 $|G| \geq 3^6$. 则 G 是一个内 $\mathcal{P}_2(3)^2$ 群且 $G_3 \cong C_3 \times C_3$ 当且仅当 G 同构于下列互不同构的群之一:

(A)　$m \geq n \geq r \geq 1$. 若 $c^{3^r} \neq 1$, 则 $n > r$.

(A1)　$\langle a,b,c,x,y \mid a^{3^m} = 1, b^{3^n} = 1, [a,b] = c, c^{3^r} = 1, [c,a] = x, [c,b] = y \rangle$, 其中 m,n,r 不同时为 1.

(A2)　$\langle a,b,c,x,y \mid a^{3^m} = 1, b^{3^n} = 1, [a,b] = c, c^{3^r} = y, [c,a] = x, [c,b] = y \rangle$.

(A3)　$\langle a,b,c,x,y \mid a^{3^m} = 1, b^{3^n} = 1, [a,b] = c, c^{3^r} = x, [c,a] = x, [c,b] = y \rangle$, 其中 $m > n$.

(A4)　$\langle a,b,c,x,y \mid a^{3^m} = 1, b^{3^n} = y, [a,b] = c, c^{3^r} = 1, [c,a] = x, [c,b] = y \rangle$, 其中 m,n,r 不同时为 1.

(A5)　$\langle a,b,c,x,y \mid a^{3^m} = 1, b^{3^n} = y, [a,b] = c, c^{3^r} = y, [c,a] = x, [c,b] = y \rangle$.

(A6)　$\langle a,b,c,x,y \mid a^{3^m} = 1, b^{3^n} = y, [a,b] = c, c^{3^r} = x, [c,a] = x, [c,b] = y \rangle$, 其中 $m > n$.

(A7)　$\langle a,b,c,x,y \mid a^{3^m} = 1, b^{3^n} = y, [a,b] = c, c^{3^r} = xy^{k_4}, [c,a] = x, [c,b] = y \rangle$, 其中 $k_4 = 1$ 或 2, $m = n$.

(A8)　$\langle a,b,c,x,y \mid a^{3^m} = 1, b^{3^n} = x^{j_3}, [a,b] = c, c^{3^r} = 1, [c,a] = x, [c,b] = y \rangle$, 其中 $j_3 = 1$ 或 2 且 m,n,r 不同时为 1.

(A9)　$\langle a,b,c,x,y \mid a^{3^m} = 1, b^{3^n} = x^{j_3}, [a,b] = c, c^{3^r} = x, [c,a] = x, [c,b] = y \rangle$, 其中 $j_3 = 1$ 或 2.

(A10)　$\langle a,b,c,x,y \mid a^{3^m} = 1, b^{3^n} = x^{j_3}, [a,b] = c, c^{3^r} = xy, [c,a] = x, [c,b] = y \rangle$, 其中 $j_3 = 1$ 或 2.

(A11)　$\langle a,b,c,x,y \mid a^{3^m} = y^{i_3}, b^{3^n} = 1, [a,b] = c, c^{3^r} = 1, [c,a] = x, [c,b] = y \rangle$, 其中 $i_3 = 1$ 或 2, $m > n$.

(A12) $\langle a,b,c,x,y \mid a^{3^m} = y^{i_3}, b^{3^n} = 1, [a,b] = c, c^{3^r} = y, [c,a] = x, [c,b] = y \rangle$, 其中 $i_3 = 1$ 或 2, $m > n$.

(A13) $\langle a,b,c,x,y \mid a^{3^m} = y^{i_3}, b^{3^n} = 1, [a,b] = c, c^{3^r} = x, [c,a] = x, [c,b] = y \rangle$, 其中 $i_3 = 1$ 或 2, $m > n$.

(A14) $\langle a,b,c,x,y \mid a^{3^m} = x, b^{3^n} = 1, [a,b] = c, c^{3^r} = 1, [c,a] = x, [c,b] = y \rangle$, 其中 $m > n$.

(A15) $\langle a,b,c,x,y \mid a^{3^m} = x, b^{3^n} = 1, [a,b] = c, c^{3^r} = y, [c,a] = x, [c,b] = y \rangle$, 其中 $m > n$.

(A16) $\langle a,b,c,x,y \mid a^{3^m} = x, b^{3^n} = 1, [a,b] = c, c^{3^r} = xy^{k_5}, [c,a] = x, [c,b] = y \rangle$, 其中 $k_5 = 0, 1$ 或 2, $m > n$.

(A17) $\langle a,b,c,x,y \mid a^{3^m} = x, b^{3^n} = y, [a,b] = c, c^{3^r} = 1, [c,a] = y^{u_3}, [c,b] = x^{v_3} \rangle$, 其中 $u_3 = 1$ 或 2, $v_3 = 1$ 或 2, $m > n$.

(A18) $\langle a,b,c,x,y \mid a^{3^m} = x, b^{3^n} = y, [a,b] = c, c^{3^r} = x, [c,a] = y^{u_4}, [c,b] = x^{v_1} \rangle$, 其中 $u_4 = 1$ 或 2, $v_1 = 1$ 或 2, $m > n$.

(A19) $\langle a,b,c,x,y \mid a^{3^m} = x, b^{3^n} = y, [a,b] = c, c^{3^r} = y, [c,a] = y^{u_3}, [c,b] = x^{v_3} \rangle$, 其中 $u_3 = 1$ 或 2, $v_3 = 1$ 或 2, $m > n$.

(A20) $\langle a,b,c,x,y \mid a^{3^m} = x, b^{3^n} = y, [a,b] = c, c^{3^r} = 1, [c,a] = x, [c,b] = y^{v_3} \rangle$, 其中 $v_3 = 1$ 或 2, $m > n$.

(A21) $\langle a,b,c,x,y \mid a^{3^m} = x, b^{3^n} = y, [a,b] = c, c^{3^r} = y, [c,a] = x, [c,b] = y^{v_4} \rangle$, 其中 $v_4 = 1$ 或 2, $m > n$.

(A22) $\langle a,b,c,x,y \mid a^{3^m} = x, b^{3^n} = y, [a,b] = c, c^{3^r} = xy^{k_5}, [c,a] = x, [c,b] = y^{v_4} \rangle$, 其中 $k_5 = 0, 1$ 或 2, $v_4 = 1$ 或 2, $m > n$.

(A23) $\langle a,b,c,x,y \mid a^{3^m} = x, b^{3^n} = y, [a,b] = c, c^{3^r} = y, [c,a] = x, [c,b] = y^{v_3} \rangle$, 其中 $v_3 = 1$ 或 2, $m = n$.

(A24) $\langle a,b,c,x,y \mid a^{3^m} = x, b^{3^n} = y, [a,b] = c, c^{3^r} = y, [c,a] = xy^{u_4}, [c,b] = y \rangle$, 其中 $u_4 = 1$ 或 2, $m = n$.

(A25) $\langle a,b,c,x,y \mid a^{3^m} = x, b^{3^n} = y, [a,b] = c, c^{3^r} = y, [c,a] = y^{u_4}, [c,b] = x^{v_5} \rangle$, 其中 $u_4 = 1$ 或 2, $v_5 = 1$ 或 2, $m = n$.

(A26) $\langle a,b,c,x,y \mid a^{3^m} = x, b^{3^n} = y, [a,b] = c, c^{3^r} = y, [c,a] = y^{u_4}, [c,b] = x^{v_6}y \rangle$, 其中 $u_4 = 1$ 或 2, $v_6 = 1$ 或 2, $m = n$.

(A27) $\langle a,b,c,x,y \mid a^{3^m} = x, b^{3^n} = y, [a,b] = c, c^{3^r} = 1, [c,a] = x, [c,b] = y \rangle$, 其中 $m = n$ 且 m, n, r 不同时为 1.

(A28) $\langle a,b,c,x,y \mid a^{3^m} = x, b^{3^n} = y, [a,b] = c, c^{3^r} = 1, [c,a] = y^{-1}, [c,b] = xy^{v_3} \rangle$, 其中 $v_3 = 0$ 或 1, $m = n$ 且 m, n, r 不同时为 1.

(A29) $\langle a,b,c,x,y \mid a^{3^m} = x, b^{3^n} = y, [a,b] = c, c^{3^r} = 1, [c,a] = y^{-1}, [c,b] = x^2y^{v_3} \rangle$, 其中 $v_3 = 0$ 或 1, $m = n$ 且 m, n, r 不同时为 1.

(A30) $\langle a,b,c,x,y \mid a^{3^m} = x, b^{3^n} = y, [a,b] = c, c^{3^r} = 1, [c,a] = y, [c,b] = x^2 y\rangle$,
其中 $m = n$ 且 m, n, r 不同时为 1.

(B)　$m \geq n > r \geq 1$, $n > t \geq (n+r)/2$.

(B1) $\langle a,b,c,x,y \mid a^{3^m} = 1, b^{3^n} = 1, [a,b] = c, c^{3^r} = b^{3^t}, [c,a] = x, [c,b] = y\rangle$.

(B2) $\langle a,b,c,x,y \mid a^{3^m} = 1, b^{3^n} = 1, [a,b] = c, c^{3^r} = b^{3^t} y, [c,a] = x, [c,b] = y\rangle$.

(B3) $\langle a,b,c,x,y \mid a^{3^m} = 1, b^{3^n} = 1, [a,b] = c, c^{3^r} = b^{3^t} x^{k_1}, [c,a] = x, [c,b] = y\rangle$, 其中 $k_1 = 1$ 或 2.

(B4) $\langle a,b,c,x,y \mid a^{3^m} = 1, b^{3^n} = y, [a,b] = c, c^{3^r} = b^{3^t}, [c,a] = x, [c,b] = y\rangle$, 其中 $2t > n+r$.

(B5) $\langle a,b,c,x,y \mid a^{3^m} = 1, b^{3^n} = y, [a,b] = c, c^{3^r} = b^{3^t} x^{k_1}, [c,a] = x, [c,b] = y\rangle$, 其中 $k_1 = 1$ 或 2, $2t > n+r$.

(B6) $\langle a,b,c,x,y \mid a^{3^m} = 1, b^{3^n} = x^{j_1}, [a,b] = c, c^{3^r} = b^{3^t}, [c,a] = x, [c,b] = y\rangle$, 其中 $j_1 = 1$ 或 2, $2t > n+r$, $m > n$.

(B7) $\langle a,b,c,x,y \mid a^{3^m} = 1, b^{3^n} = x^{j_1}, [a,b] = c, c^{3^r} = b^{3^t} y, [c,a] = x, [c,b] = y\rangle$, 其中 $j_1 = 1$ 或 2, $2t > n+r$, $m > n$.

(B8) $\langle a,b,c,x,y \mid a^{3^m} = 1, b^{3^n} = x^{j_1}, [a,b] = c, c^{3^r} = b^{3^t}, [c,a] = x, [c,b] = y\rangle$, 其中 $j_1 = 1$ 或 2, $2t > n+r$, $m = n$.

(B9) $\langle a,b,c,x,y \mid a^{3^m} = 1, b^{3^n} = x^{j_1} y, [a,b] = c, c^{3^r} = b^{3^t}, [c,a] = x, [c,b] = y\rangle$, 其中 $j_1 = 1$ 或 2, $2t > n+r$, $m = n$.

(B10) $\langle a,b,c,x,y \mid a^{3^m} = 1, b^{3^n} = x^{j_1} y^{j_2}, [a,b] = c, c^{3^r} = b^{3^t} y, [c,a] = x, [c,b] = y\rangle$, 其中 $j_1 = 1$ 或 2, $j_2 = 0, 1$ 或 2, $2t > n+r$, $m = n$.

(B11) $\langle a,b,c,x,y \mid a^{3^m} = y^{i_3}, b^{3^n} = 1, [a,b] = c, c^{3^r} = b^{3^t}, [c,a] = x, [c,b] = y\rangle$, 其中 $i_3 = 1$ 或 2.

(B12) $\langle a,b,c,x,y \mid a^{3^m} = y^{i_3}, b^{3^n} = 1, [a,b] = c, c^{3^r} = b^{3^t} x^{k_1}, [c,a] = x, [c,b] = y\rangle$, 其中 $i_3 = 1$ 或 2, $k_1 = 1$ 或 2.

(B13) $\langle a,b,c,x,y \mid a^{3^m} = x, b^{3^n} = 1, [a,b] = c, c^{3^r} = b^{3^t}, [c,a] = x, [c,b] = y\rangle$.

(B14) $\langle a,b,c,x,y \mid a^{3^m} = x, b^{3^n} = 1, [a,b] = c, c^{3^r} = b^{3^t} y^{k_4}, [c,a] = x, [c,b] = y\rangle$, 其中 $k_4 = 1$ 或 2.

(B15) $\langle a,b,c,x,y \mid a^{3^m} = y^{i_3}, b^{3^n} = y, [a,b] = c, c^{3^r} = b^{3^t} x^{k_1}, [c,a] = x, [c,b] = y\rangle$, 其中 $i_3 = 1$ 或 2, $k_1 = 1$ 或 2, $2t > n+r$, $m > n$.

(B16) $\langle a,b,c,x,y \mid a^{3^m} = y^{i_3}, b^{3^n} = y, [a,b] = c, c^{3^r} = b^{3^t}, [c,a] = x, [c,b] = y\rangle$, 其中 $i_3 = 1$ 或 2, $2t > n+r$, $m > n$.

(B17) $\langle a,b,c,x,y \mid a^{3^m} = y^{i_3}, b^{3^n} = x^{j_1}, [a,b] = c, c^{3^r} = b^{3^t}, [c,a] = x, [c,b] = y\rangle$, 其中 $i_3 = 1$ 或 2, $j_1 = 1$ 或 2, $2t > n+r$, $m = n$.

(B18) $\langle a,b,c,x,y \mid a^{3^m} = y^{i_4}, b^{3^n} = x^{j_1} y, [a,b] = c, c^{3^r} = b^{3^t}, [c,a] = x, [c,b] = y\rangle$, 其中 $i_4 = 1$ 或 2, $j_1 = 1$ 或 2, $2t > n+r$, $m = n$.

(B19) $\langle a, b, c, x, y \mid a^{3^m} = y^{i_3}, b^{3^n} = x^{j_1}, [a,b] = c, c^{3^r} = b^{3^t}, [c,a] = x, [c,b] = y \rangle$,
其中 $i_3 = 1$ 或 2, $j_1 = 1$ 或 2, $2t > n + r$, $m > n$.

(B20) $\langle a, b, c, x, y \mid a^{3^m} = x, b^{3^n} = x^{j_1} y^{j_4}, [a,b] = c, c^{3^r} = b^{3^t}, [c,a] = x, [c,b] = y \rangle$,
其中 $j_1 = 0, 1$ 或 2, $j_4 = 1$ 或 2, $2t > n + r$, $m > n$.

(B21) $\langle a, b, c, x, y \mid a^{3^m} = x, b^{3^n} = x^{j_1}, [a,b] = c, c^{3^r} = b^{3^t}, [c,a] = x, [c,b] = y \rangle$,
其中 $j_1 = 1$ 或 2, $2t > n + r$, $m > n$.

(B22) $\langle a, b, c, x, y \mid a^{3^m} = x, b^{3^n} = x^{j_1}, [a,b] = c, c^{3^r} = b^{3^t} y^{k_4}, [c,a] = x, [c,b] = y \rangle$,
其中 $j_1 = 1$ 或 2, $k_4 = 1$ 或 2, $2t > n + r$, $m > n$.

(B23) $\langle a, b, c, x, y \mid a^{3^m} = x^{i_3}, b^{3^n} = y, [a,b] = c, c^{3^r} = b^{3^t}, [c,a] = x, [c,b] = y \rangle$, 其中 $i_3 = 1$ 或 2, $2t > n + r$, $m = n$.

(B24) $\langle a, b, c, x, y \mid a^{3^m} = xy^{i_3}, b^{3^n} = y, [a,b] = c, c^{3^r} = b^{3^t}, [c,a] = x, [c,b] = y \rangle$, 其中 $i_3 = 1$ 或 2, $2t > n + r$, $m = n$.

(C) $m > n > r \geq 1$, $m > s \geq (m+r)/2$, $n \geq m + r - s$.

(C1) $\langle a, b, c, x, y \mid a^{3^m} = 1, b^{3^n} = 1, [a,b] = c, c^{3^r} = a^{3^s}, [c,a] = x, [c,b] = y \rangle$.

(C2) $\langle a, b, c, x, y \mid a^{3^m} = 1, b^{3^n} = 1, [a,b] = c, c^{3^r} = a^{3^s} y^{k_2}, [c,a] = x, [c,b] = y \rangle$, 其中 $k_2 = 1$ 或 2.

(C3) $\langle a, b, c, x, y \mid a^{3^m} = 1, b^{3^n} = 1, [a,b] = c, c^{3^r} = a^{3^s} x, [c,a] = x, [c,b] = y \rangle$, 其中 $s \geq n$.

(C4) $\langle a, b, c, x, y \mid a^{3^m} = 1, b^{3^n} = 1, [a,b] = c, c^{3^r} = a^{3^s} xy^{k_2}, [c,a] = x, [c,b] = y \rangle$, 其中 $k_2 = 0, 1$ 或 2, $s < n$.

(C5) $\langle a, b, c, x, y \mid a^{3^m} = 1, b^{3^n} = y, [a,b] = c, c^{3^r} = a^{3^s}, [c,a] = x, [c,b] = y \rangle$, 其中 $s \leq n$.

(C6) $\langle a, b, c, x, y \mid a^{3^m} = 1, b^{3^n} = y, [a,b] = c, c^{3^r} = a^{3^s} y^{k_2}, [c,a] = x, [c,b] = y \rangle$, 其中 $k_2 = 0, 1$ 或 2, $s > n$.

(C7) $\langle a, b, c, x, y \mid a^{3^m} = 1, b^{3^n} = y, [a,b] = c, c^{3^r} = a^{3^s} x^{k_3}, [c,a] = x, [c,b] = y \rangle$, 其中 $k_3 = 1$ 或 2.

(C8) $\langle a, b, c, x, y \mid a^{3^m} = 1, b^{3^n} = x^{j_3}, [a,b] = c, c^{3^r} = a^{3^s}, [c,a] = x, [c,b] = y \rangle$, 其中 $j_3 = 1$ 或 2.

(C9) $\langle a, b, c, x, y \mid a^{3^m} = 1, b^{3^n} = x^{j_3}, [a,b] = c, c^{3^r} = a^{3^s} y^{k_3}, [c,a] = x, [c,b] = y \rangle$, 其中 $j_3 = 1$ 或 2, $k_3 = 1$ 或 2.

(C10) $\langle a, b, c, x, y \mid a^{3^m} = 1, b^{3^n} = x^{j_3} y, [a,b] = c, c^{3^r} = a^{3^s}, [c,a] = x, [c,b] = y \rangle$, 其中 $j_3 = 1$ 或 2, $s \leq n$.

(C11) $\langle a, b, c, x, y \mid a^{3^m} = 1, b^{3^n} = x^{j_3} y, [a,b] = c, c^{3^r} = a^{3^s} y^{k_3}, [c,a] = x, [c,b] = y \rangle$, 其中 $j_3 = 1$ 或 2, $k_3 = 1$ 或 2, $s \leq n$.

(C12) $\langle a, b, c, x, y \mid a^{3^m} = 1, b^{3^n} = x^{j_4}, [a,b] = c, c^{3^r} = a^{3^s} x, [c,a] = x, [c,b] = y \rangle$, 其中 $j_4 = 1$ 或 2, $s > n$.

(C13) $\langle a,b,c,x,y \mid a^{3^m} = 1, b^{3^n} = x^{j_4}, [a,b] = c, c^{3^r} = a^{3^s}xy^{k_3}, [c,a] = x, [c,b] = y \rangle$, 其中 $j_4 = 1$ 或 2, $k_3 = 1$ 或 2, $s > n$.

(C14) $\langle a,b,c,x,y \mid a^{3^m} = y^{i_2}, b^{3^n} = 1, [a,b] = c, c^{3^r} = a^{3^s}, [c,a] = x, [c,b] = y \rangle$, 其中 $i_2 = 1$ 或 2, $s > m+r-s$, $n > m+r-s$.

(C15) $\langle a,b,c,x,y \mid a^{3^m} = y^{i_2}, b^{3^n} = x^{j_3}, [a,b] = c, c^{3^r} = a^{3^s}, [c,a] = x, [c,b] = y \rangle$, 其中 $i_2 = 1$ 或 2,, $j_3 = 1$ 或 2, $s > m+r-s$, $n > m+r-s$.

(C16) $\langle a,b,c,x,y \mid a^{3^m} = y^{i_2}, b^{3^n} = 1, [a,b] = c, c^{3^r} = a^{3^s}x, [c,a] = x, [c,b] = y \rangle$, 其中 $i_2 = 1$ 或 2, $s > m+r-s$, $n > m+r-s$.

(C17) $\langle a,b,c,x,y \mid a^{3^m} = y^{i_2}, b^{3^n} = x^{j_3}, [a,b] = c, c^{3^r} = a^{3^s}x, [c,a] = x, [c,b] = y \rangle$, 其中 $i_2 = 1$ 或 2, $j_3 = 1$ 或 2, $n < s$, $s > m+r-s$, $n > m+r-s$.

(C18) $\langle a,b,c,x,y \mid a^{3^m} = x, b^{3^n} = 1, [a,b] = c, c^{3^r} = a^{3^s}, [c,a] = x, [c,b] = y \rangle$, 其中 $s > m+r-s$, $n > m+r-s$.

(C19) $\langle a,b,c,x,y \mid a^{3^m} = xy^{i_2}, b^{3^n} = 1, [a,b] = c, c^{3^r} = a^{3^s}, [c,a] = x, [c,b] = y \rangle$, 其中 $i_2 = 1$ 或 2, $s < n$, $s > m+r-s$, $n > m+r-s$.

(C20) $\langle a,b,c,x,y \mid a^{3^m} = x, b^{3^n} = 1, [a,b] = c, c^{3^r} = a^{3^s}y^{k_3}, [c,a] = x, [c,b] = y \rangle$, 其中 $k_3 = 1$ 或 2, $s > m+r-s$, $n > m+r-s$.

(C21) $\langle a,b,c,x,y \mid a^{3^m} = xy^{i_2}, b^{3^n} = 1, [a,b] = c, c^{3^r} = a^{3^s}y^{k_3}, [c,a] = x, [c,b] = y \rangle$, 其中 $i_2 = 1$ 或 2, $k_3 = 1$ 或 2, $s < n$, $s > m+r-s$, $n > m+r-s$.

(C22) $\langle a,b,c,x,y \mid a^{3^m} = xy^{i_2}, b^{3^n} = y^{j_4}, [a,b] = c, c^{3^r} = a^{3^s}, [c,a] = x, [c,b] = y \rangle$, 其中 $i_2 = 0, 1$ 或 2, $j_4 = 1$ 或 2, $n \geq s$, $s > m+r-s$, $n > m+r-s$.

(C23) $\langle a,b,c,x,y \mid a^{3^m} = x, b^{3^n} = y^{j_4}, [a,b] = c, c^{3^r} = a^{3^s}y^{k_3}, [c,a] = x, [c,b] = y \rangle$, 其中 $k_3 = 0, 1$ 或 2, $j_4 = 1$ 或 2, $n < s$, $s > m+r-s$, $n > m+r-s$.

(D)　$m > n > r \geq 1$, $m > s > t > r$, $s+n < m+t$, $n > t \geq m-s+r$.

(D1) $\langle a,b,c,x,y \mid a^{3^m} = 1, b^{3^n} = 1, [a,b] = c, c^{3^r} = a^{3^s}b^{3^t}, [c,a] = x, [c,b] = y \rangle$.

(D2) $\langle a,b,c,x,y \mid a^{3^m} = 1, b^{3^n} = 1, [a,b] = c, c^{3^r} = a^{3^s}b^{3^t}y^{k_2}, [c,a] = x, [c,b] = y \rangle$, 其中 $k_2 = 1$ 或 2.

(D3) $\langle a,b,c,x,y \mid a^{3^m} = 1, b^{3^n} = 1, [a,b] = c, c^{3^r} = a^{3^s}b^{3^t}x^{k_1}, [c,a] = x, [c,b] = y \rangle$, 其中 $k_1 = 1$ 或 2.

(D4) $\langle a,b,c,x,y \mid a^{3^m} = 1, b^{3^n} = y^{j_2}, [a,b] = c, c^{3^r} = a^{3^s}b^{3^t}, [c,a] = x, [c,b] = y \rangle$, 其中 $j_2 = 1$ 或 2.

(D5) $\langle a,b,c,x,y \mid a^{3^m} = 1, b^{3^n} = y^{j_2}, [a,b] = c, c^{3^r} = a^{3^s}b^{3^t}x^{k_1}, [c,a] = x, [c,b] = y \rangle$, 其中 $j_2 = 1$ 或 2, $k_1 = 1$ 或 2.

(D6) $\langle a,b,c,x,y \mid a^{3^m} = 1, b^{3^n} = x^{j_1}, [a,b] = c, c^{3^r} = a^{3^s}b^{3^t}, [c,a] = x, [c,b] = y \rangle$, 其中 $j_1 = 1$ 或 2.

(D7) $\langle a,b,c,x,y \mid a^{3^m} = 1, b^{3^n} = x^{j_1}, [a,b] = c, c^{3^r} = a^{3^s}b^{3^t}y^{k_3}, [c,a] = x, [c,b] = y \rangle$, 其中 $j_1 = 1$ 或 2, $k_3 = 1$ 或 2.

(D8) $\langle a,b,c,x,y \mid a^{3^m} = y^{i_2}, b^{3^n} = 1, [a,b] = c, c^{3^r} = a^{3^s}b^{3^t}, [c,a] = x, [c,b] = y \rangle$,
其中 $i_2 = 1$ 或 $2, t > m-s+r$.

(D9) $\langle a,b,c,x,y \mid a^{3^m} = y^{i_2}, b^{3^n} = 1, [a,b] = c, c^{3^r} = a^{3^s}b^{3^t}x^{k_1}, [c,a] = x, [c,b] = y \rangle$, 其中 $i_2 = 1$ 或 $2, k_1 = 1$ 或 $2, t > m-s+r$.

(D10) $\langle a,b,c,x,y \mid a^{3^m} = y^{i_2}, b^{3^n} = x^{j_1}, [a,b] = c, c^{3^r} = a^{3^s}b^{3^t}, [c,a] = x, [c,b] = y \rangle$,
其中 $i_2 = 1$ 或 $2, j_1 = 1$ 或 $2, t > m-s+r$.

(D11) $\langle a,b,c,x,y \mid a^{3^m} = x^{i_1}, b^{3^n} = 1, [a,b] = c, c^{3^r} = a^{3^s}b^{3^t}, [c,a] = x, [c,b] = y \rangle$,
其中 $i_1 = 1$ 或 $2, t > m-s+r$.

(D12) $\langle a,b,c,x,y \mid a^{3^m} = x^{i_1}, b^{3^n} = 1, [a,b] = c, c^{3^r} = a^{3^s}b^{3^t}y^{k_4}, [c,a] = x, [c,b] = y \rangle$, 其中 $i_1 = 1$ 或 $2, k_4 = 1$ 或 $2, t > m-s+r$.

(D13) $\langle a,b,c,x,y \mid a^{3^m} = x^{i_1}, b^{3^n} = y^{j_3}, [a,b] = c, c^{3^r} = a^{3^s}b^{3^t}, [c,a] = x, [c,b] = y \rangle$,
其中 $i_1 = 1$ 或 $2, j_3 = 1$ 或 $2, t > m-s+r$.

定理中群的关系式中都省略了 $x^3 = y^3 = [x,a] = [x,b] = [y,a] = [y,b] = 1$, 定理中的群的阶都是 $3^{m+n+r+2}$. 上述群的表现中, 不同参数给出的群互不同构.

证明 $\Longrightarrow$: 把定理4.2.3的必要性证明中的p改为3即得结果.

$\Longleftarrow$: 当 $p \geq 5$ 时, 有限内类 p 群是正则的. 但是当 $p = 3$ 且 $G_3 \cong C_3 \times C_3$ 时, 由定理 1.2.30 知内 $\mathcal{P}_2(3)^2$ 群都不正则. 因此不能再用正则群的型不变量来判断群之间的互不同构. 本定理中是用同构映射来证的. 在用同构映射证明的过程中, 会用到元的唯一表示, 这是需要证的. 证明方法与定理 4.4.3 中元的唯一表示完全类似, 在此不再重复. 总之, 同构问题的证明与定理4.4.3中类似, 过程省略. □

注 4.4.5 定理 4.4.5 中群的群号与定理 4.2.3 中群的群号完全一致.

注 4.4.6 对定理 4.2.3中的群取 $p = 3$, 就得到了二元生成且 $G_3 \cong C_3 \times C_3$ 的所有内 $\mathcal{P}_2$ 的 3 群, 即本文定理 4.4.4 与定理 4.4.5 中的群. 在这种情形下, 无新的群出现.

注 4.4.7 当 $|G| = 3^5$ 时, $p = 3$ 与 $p \geq 5$ 的扩张过程有区别. 此时有一些群在 $p \geq 5$ 时不同构, 然而取其 $p = 3$ 时同构. 具体见注 4.4.4. 但是当 $|G| \geq 3^6$ 时, $p = 3$ 与 $p \geq 5$ 有完全一致的扩张过程, 从而得的群有完全相同的群表现. 理由同注 4.4.3.

§4.5 三元生成的内 $\mathcal{P}_2$ 的 3 群的充要条件

为书写方便起见, 本节中我们记内 $\mathcal{P}_2(3)^3$ 群为三元生成的内 $\mathcal{P}_2$ 的有限 3 群. 本章研究内 $\mathcal{P}_2(3)^3$ 群的分类. 主要结果是给出了内 $\mathcal{P}_2(3)^3$ 群的等价条件. 定理 4.5.1 给出了内 $\mathcal{P}_2(3)^3$ 群的一个结构刻画. 引理 4.5.1 给出了一类特殊的内 $\mathcal{P}_2(3)^3$ 群. 定理 4.5.2 给出了内 $\mathcal{P}_2(3)^3$ 群的一个等价条件. 用定理 4.5.1 中给出的等价条件的形式, 我们可以很方便的判断一个群是否为内 $\mathcal{P}_2(3)^3$ 群. 而定理 4.5.2 中给出的等价条件的形式则让我们对内 $\mathcal{P}_2(3)^3$ 群的结构有一个直观的印象.

定理 4.5.1 设 $G = \langle a, b, c \rangle$ 是一个有限 3 群且 $d(G) = 3$. 则 G 是一个内 $\mathcal{P}_2$ 群当且仅当 $[a, b, c] = [b, c, a] = [c, a, b] = d, o(d) = 3, d \in \mathrm{Z}(G)$ 并且满足 $[s, t, t] = 1$, 其中 $s, t \in \{a, b, c\}$.

证明　由定理 4.1.3, 定理 4.1.6(3) 与定理 4.1.8 可知必要性是显然的. 下证充分性. 由引理 4.1.8 可知, 只需证明: 任给 $g_1, g_2 \in G$, 有 $[g_1, g_2, g_2] = 1$.

因为 $G = \langle a, b, c \rangle$, 不妨设 $[a, b] = x, [b, c] = y, [c, a] = z$. 从而可设 $g_1 = a^{i_1} b^{i_2} c^{i_3} x^{i_4} y^{i_5} z^{i_6} d^{i_7}, g_2 = a^{j_1} b^{j_2} c^{j_3} x^{j_4} y^{j_5} z^{j_6} d^{j_7}$. 易知 $G_3 = \langle d \rangle \le \mathrm{Z}(G)$.

由 $[s, t, t] = 1$ 有

$$[t, s, t] = [[s, t]^{-1}, t] = [[s, t], t]^{-[s,t]^{-1}} = [s, t, t]^{-1} = 1.$$

由定理 4.1.6(4) 得 G' 交换. 因此 $[x, y] = [x, z] = [y, z] = 1$. 于是

$$
\begin{aligned}
[g_1, g_2] &= [a^{i_1} b^{i_2} c^{i_3} x^{i_4} y^{i_5} z^{i_6} d^{i_7}, a^{j_1} b^{j_2} c^{j_3} x^{j_4} y^{j_5} z^{j_6} d^{j_7}] \\
&\equiv [a, b]^{i_1 j_2 - i_2 j_1} [b, c]^{i_2 j_3 - i_3 j_2} [c, a]^{i_3 j_1 - i_1 j_3} \pmod{G_3}.
\end{aligned}
$$

从而有

$$
\begin{aligned}
[g_1, g_2, g_2] &= [[a, b]^{i_1 j_2 - i_2 j_1} [b, c]^{i_2 j_3 - i_3 j_2} [c, a]^{i_3 j_1 - i_1 j_3}, a^{j_1} b^{j_2} c^{j_3} x^{j_4} y^{j_5} z^{j_6} d^{j_7}] \\
&= [[a, b]^{i_1 j_2 - i_2 j_1} [b, c]^{i_2 j_3 - i_3 j_2} [c, a]^{i_3 j_1 - i_1 j_3}, a^{j_1} b^{j_2} c^{j_3}] \\
&= [[a, b]^{i_1 j_2 - i_2 j_1}, c^{j_3}][[b, c]^{i_2 j_3 - i_3 j_2}, a^{j_1}][[c, a]^{i_3 j_1 - i_1 j_3}, b^{j_2}] \\
&= d^{(i_1 j_2 - i_2 j_1) j_3} d^{(i_2 j_3 - i_3 j_2) j_1} d^{(i_3 j_1 - i_1 j_3) j_2} \\
&= 1.
\end{aligned}
$$

引理 4.5.1 设 $F = F(e_1, e_2, e_3, f_1, f_2, f_3) = \langle a, b, c, x, y, z, d | a^{3^{e_1}} = b^{3^{e_2}} = c^{3^{e_3}} = x^{3^{f_1}} = y^{3^{f_2}} = z^{3^{f_3}} = d^3 = 1, [a, b] = x, [b, c] = y, [c, a] = z, [x, c] = [y, a] = [z, b] = d, [d, a] = [d, b] = [d, c] = 1, [x, a] = [x, b] = [y, b] = [y, c] = [z, a] = [z, c] = 1, [x, y] = [x, z] = [y, z] = 1 \rangle$, 其中 $e_1 \ge e_2 \ge e_3$. 再令 $F_1 = F(e_1', e_2', e_3', f_1', f_2', f_3')$. 则

(1) F 是内 $\mathcal{P}_2(3)^3$ 群;

(2) 当 $e_1 = e_2 = e_3$ 时, $F \cong F_1$ 当且仅当 $e_1 = e_1', e_2 = e_2', e_3 = e_3', \{f_1, f_2, f_3\} = \{f_1', f_2', f_3'\}$;

(3) 当 $e_1 = e_2 > e_3$ 时, $F \cong F_1$ 当且仅当 $e_1 = e_1', e_2 = e_2', e_3 = e_3', f_1 = f_1', \{f_2, f_3\} = \{f_2', f_3'\}$;

(4) 当 $e_1 > e_2 = e_3$ 时, $F \cong F_1$ 当且仅当 $e_1 = e_1'$, $e_2 = e_2'$, $e_3 = e_3'$, $f_2 = f_2'$, $\{f_1, f_3\} = \{f_1', f_3'\}$;

(5) 当 $e_1 > e_2 > e_3$ 时, $F \cong F_1$ 当且仅当 $e_1 = e_1'$, $e_2 = e_2'$, $e_3 = e_3'$, $f_1 = f_1'$, $f_2 = f_2'$, $f_3 = f_3'$.

证明 (1) 由定理 4.5.1, F 是内 $\mathcal{P}_2(3)^3$ 群是显然的.

以下对参数进行讨论. 首先易证 $F/F' \cong C_{3^{e_1}} \times C_{3^{e_2}} \times C_{3^{e_3}}$. 因此 $(3^{e_1}, 3^{e_2}, 3^{e_3})$ 为 F/F' 的型不变量. 从而 e_1, e_2, e_3 为 F 的同构不变量. 这就证明了: $F \cong F_1$ 当且仅当 $e_1 = e_1'$, $e_2 = e_2'$, $e_3 = e_3'$. 由 $F' = \langle x, y, z, d \rangle = \langle x \rangle \times \langle y \rangle \times \langle z \rangle \times \langle d \rangle \cong C_{3^{f_1}} \times C_{3^{f_2}} \times C_{3^{f_3}} \times C_3$ 可知 $\{f_1, f_2, f_3\}$ 是 F 的同构不变量. 所以, 若 $F_1 \cong F$, 则

$$A = \{f_1, f_2, f_3\} = \{f_1', f_2', f_3'\} = A'.$$

当 $f_1 = f_2 = f_3$ 时, (2) – (5) 的结论显然成立. 所以以下只讨论至少有一个等号不成立的情形.

(2) $e_1 = e_2 = e_3$

由 a, b, c 的对称性, 显然得证.

(3) $e_1 = e_2 > e_3$

先证 f_2 与 f_3 具有对称性. 令 $a^\sigma = b$, $b^\sigma = a$, $c^\sigma = c$. 易证 σ 为 F 的一个自同构映射. 于是得到 $F(e_1, e_2, e_3, f_1, f_2, f_3) \cong F(e_1, e_2, e_3, f_1, f_3, f_2)$. 所以 f_2 与 f_3 是对称的. 从而以下可假设 $f_2 \geq f_3$, $f_2' \geq f_3'$.

下证 f_1 是 F 的同构不变量. 令 $H = \Omega_{e_1-1}(F)F'$. 则 $H = \langle a^3, b^3, c \rangle F'$ 且 H char F. 又因为 $H' = \langle [a^3, b^3], [a^3, c], [b^3, c], [c, F'], H_3 \rangle = \langle x^9 \rangle \times \langle y^3 \rangle \times \langle z^3 \rangle \times \langle d \rangle \cong C_{3^{f_1-2}} \times C_{3^{f_2-1}} \times C_{3^{f_3-1}} \times C_3$, 所以 $\{f_1 - 2, f_2 - 1, f_3 - 1\}$ 是 F 的同构不变量. 从而, 若 $F \cong F_1$, 有

$$B = \{f_1 - 2, f_2 - 1, f_3 - 1\} = \{f_1' - 2, f_2' - 1, f_3' - 1\} = B'.$$

由于已经假设 $f_2 \geq f_3$, 只需讨论以下三种情形:

情形 1 $f_1 \geq f_2 \geq f_3$

当 $f_1 > f_2 \geq f_3$ 时, 有 $\max B = \max A - 2$. 若 $f_1 \neq f_1'$, 则 $\max A' = f_2'$ 或者 f_3'. 于是 $\max B' = \max A' - 1$. 与 $A = A'$ 且 $B = B'$ 矛盾. 所以 $f_1 = f_1'$.

当 $f_1 = f_2 > f_3$ 时, 有 $f_2 - 1 > f_1 - 2 \geq f_3 - 1$. 若 $f_1 \neq f_1'$, 则 $f_2' = f_3' > f_1'$. 于是 $f_2' - 1 = f_3' - 1 > f_1' - 2$. 显然有 $B \neq B'$. 矛盾. 所以 $f_1 = f_1'$.

情形 2 $f_2 \geq f_1 \geq f_3$

当 $f_2 = f_1 > f_3$ 时, 有 $f_2 - 1 > f_1 - 2 \geq f_3 - 1$. 若 $f_1 \neq f_1'$, 则 $f_2' = f_3' > f_1'$. 于是 $f_2' - 1 = f_3' - 1 > f_1' - 2$. 显然有 $B \neq B'$. 矛盾. 所以 $f_1 = f_1'$.

当 $f_2 > f_1 = f_3$ 时, 有 $f_2 - 1 > f_3 - 1 > f_1 - 2$. 若 $f_1 \neq f_1'$, 则 $f_1' > f_2' = f_3'$. 于是 $f_1' - 2 \geq f_2' - 1 = f_3' - 1$. 显然有 $B \neq B'$. 矛盾. 所以 $f_1 = f_1'$.

当 $f_2 > f_1 > f_3$ 时, 有 $f_2 - 1 > f_1 - 2 \geq f_3 - 1$. 从而 $\mathrm{maxB} = \mathrm{maxA} - 1$, $\mathrm{minB} = \mathrm{minA} - 1$. 若 $f_1 \neq f_1'$, 则 ① $f_1' > f_2' > f_3'$ 或 ② $f_2' > f_3' > f_1'$. 于是 ① $f_1' - 2 \geq f_2' - 1 > f_3' - 1$ 或 ② $f_2' - 1 > f_3' - 1 > f_1' - 2$. 对 ① 有 $\mathrm{maxB}' = \mathrm{maxA}' - 2$. 对 ② 有 $\mathrm{minB}' = \mathrm{minA}' - 2$. 均与 $\mathrm{maxA} = \mathrm{maxA}'$ 且 $\mathrm{maxB} = \mathrm{maxB}'$ 矛盾. 所以 $f_1 = f_1'$.

情形 3　$f_2 \geq f_3 \geq f_1$

易得 $\mathrm{minA} = f_1$ 且 $\mathrm{minB} = \mathrm{minA} - 1$. 若 $\mathrm{minA}' \neq f_1'$, 则 $\mathrm{minB}' = \mathrm{minA}' - 1$. 与 $\mathrm{A} = \mathrm{A}'$ 且 $\mathrm{B} \neq \mathrm{B}'$ 矛盾. 于是 $\mathrm{minA}' = f_1'$. 从而 $f_1 = f_1'$. 至此即证得 f_1 为 F 的同构不变量.

(4) $e_1 > e_2 = e_3$

先证 f_1 与 f_3 的对称性. 令 $a^\sigma = a, b^\sigma = c, c^\sigma = b$. 易证 σ 为 F 的一个自同构. 于是得到 $F(e_1, e_2, e_3, f_1, f_2, f_3) \cong F(e_1, e_2, e_3, f_3, f_2, f_1)$. 所以 f_1 与 f_3 是对称的. 从而以下可假设 $f_1 \geq f_3$, $f_1' \geq f_3'$.

下证 f_2 是 F 的同构不变量.

令 $H = \Omega_{e_1 - 1}(F)F'$. 则 $H = \langle a^3, b, c \rangle F'$ 且 H char F. 又因为 $H' = \langle [a^3, b], [a^3, c], [b, c], [F', b], [F', c] \rangle = \langle x^3 \rangle \times \langle y \rangle \times \langle z^3 \rangle \times \langle d \rangle \cong \mathrm{C}_{3^{f_1-1}} \times \mathrm{C}_{3^{f_2}} \times \mathrm{C}_{3^{f_3-1}} \times \mathrm{C}_3$, 所以 $\{f_1 - 1, f_2, f_3 - 1\}$ 是 F 的同构不变量. 从而, 若 $F \cong F_1$, 有

$$\mathrm{C} = \{f_1 - 1, f_2, f_3 - 1\} = \{f_1' - 1, f_2', f_3' - 1\} = \mathrm{C}'.$$

由于已经假设 $f_1 \geq f_3$, 只需讨论以下三种情形:

情形 1　$f_2 \geq f_1 \geq f_3$

当 $f_2 > f_1 = f_3$ 时, 有 $f_2 > f_1 - 1 = f_3 - 1$. 若 $f_2 \neq f_2'$, 则 $f_1' > f_2' = f_3'$. 于是 $f_1' - 1 \geq f_2' > f_3' - 1$. 显然有 $\mathrm{C} \neq \mathrm{C}'$. 矛盾. 所以 $f_2 = f_2'$.

当 $f_2 = f_1 > f_3$ 时, 有 $f_2 > f_1 - 1 > f_3 - 1$. 若 $f_2 \neq f_2'$, 则 $f_1' = f_3' > f_2'$. 于是 $f_1' - 1 = f_3' - 1 \geq f_2'$. 显然有 $\mathrm{C} \neq \mathrm{C}'$. 矛盾. 所以 $f_2 = f_2'$.

当 $f_2 > f_1 > f_3$ 时, 有 $f_2 > f_1 - 1 > f_3 - 1$. 从而 $\mathrm{maxC} = \mathrm{maxA}$. 若 $f_2 \neq f_2'$, 则 $f_1' > f_2' > f_3'$ 或 $f_1' > f_3' > f_2'$. 均有 $\mathrm{maxC}' = \mathrm{maxA}' - 1$. 与 $\mathrm{maxA} = \mathrm{maxA}'$ 且 $\mathrm{maxC} = \mathrm{maxC}'$ 矛盾. 所以 $f_2 = f_2'$.

情形 2　$f_1 \geq f_2 \geq f_3$

当 $f_1 > f_2 = f_3$ 时, 有 $f_1 - 1 \geq f_2 > f_3 - 1$. 若 $f_2 \neq f_2'$, 则 $f_2' > f_1' = f_3'$. 于是 $f_2' > f_1' - 1 = f_3' - 1$. 显然有 $\mathrm{C} \neq \mathrm{C}'$. 矛盾. 所以 $f_2 = f_2'$.

当 $f_1 = f_2 > f_3$ 时, 有 $f_2 > f_1 - 1 > f_3 - 1$. 若 $f_2 \neq f_2'$, 则 $f_1' = f_3' > f_2'$. 于是 $f_1' - 1 = f_3' - 1 \geq f_2'$. 显然有 $\mathrm{C} \neq \mathrm{C}'$. 矛盾. 所以 $f_2 = f_2'$.

当 $f_1 > f_2 > f_3$ 时, 有 $f_1 - 1 \geq f_2 > f_3 - 1$. 从而 $\mathrm{maxC} = \mathrm{maxA} - 1$, $\mathrm{minC} = \mathrm{minA} - 1$. 若 $f_2 \neq f_2'$, 则 ① $f_2' > f_1' > f_3'$ 或 ② $f_1' > f_3' > f_2'$. 于是 ① $f_2' > f_1' - 1 > f_3' - 1$ 或 ② $f_1' - 1 > f_3' - 1 \geq f_2'$. 对 ① 有 $\mathrm{maxC}' = \mathrm{maxA}'$. 对 ② 有 $\mathrm{minC}' = \mathrm{minA}'$. 均与 $\mathrm{maxA} = \mathrm{maxA}'$ 且 $\mathrm{maxC} = \mathrm{maxC}'$ 矛盾. 所以 $f_2 = f_2'$.

情形 3　$f_1 \geq f_3 \geq f_2$

当 $f_1 > f_3 = f_2$ 时, 有 $f_1 - 1 \geq f_2 > f_3 - 1$. 若 $f_2 \neq f_2'$, 则 $f_2' > f_1' = f_3'$. 于是 $f_2' > f_1' - 1 = f_3' - 1$. 显然有 C $\neq$ C'. 矛盾. 所以 $f_2 = f_2'$.

当 $f_1 = f_3 > f_2$ 时, 有 $f_1 - 1 = f_3 - 1 \geq f_2$. 若 $f_2 \neq f_2'$, 则 $f_2' = f_1' > f_3'$. 于是 $f_2' > f_1' - 1 > f_3' - 1$. 显然有 C $\neq$ C'. 矛盾. 所以 $f_2 = f_2'$.

当 $f_1 > f_3 > f_2$ 时, 有 $f_1 - 1 > f_3 - 1 \geq f_2$. 从而 $\max C = \max A - 1$, $\min C = \min A$. 若 $f_2 \neq f_2'$, 则 ① $f_1' > f_2' > f_3'$ 或 ② $f_2' > f_1' > f_3'$. 于是 ① $f_1' - 1 \geq f_2' > f_3' - 1$ 或 ② $f_2' > f_1' - 1 > f_3' - 1$. 对 ① 有 $\min C' = \min A' - 1$. 对 ② 有 $\max C' = \max A'$. 均与 $\max A = \max A'$ 且 $\max C = \max C'$ 矛盾. 所以 $f_2 = f_2'$. 至此即证得 f_2 为 F 的同构不变量.

(5) $e_1 > e_2 > e_3$

令 $H = \Omega_{e_1 - 1}(F)F'$. 则 $H = \langle a^3, b, c \rangle F'$ 且 H char F. 又因为 $H' = \langle [a^3, b], [a^3, c], [b, c], [F', b], [F', c] \rangle = \langle x^3 \rangle \times \langle y \rangle \times \langle z^3 \rangle \times \langle d \rangle \cong C_{3^{f_1-1}} \times C_{3^{f_2}} \times C_{3^{f_3-1}} \times C_3$. 于是有 $\{f_1 - 1, f_2, f_3 - 1\}$ 是 F 的同构不变量.

要证 f_2 是 F 的同构不变量, 需要考虑六种情形: 情形 1, $f_2 \geq f_1 \geq f_3$; 情形 2, $f_1 \geq f_2 \geq f_3$; 情形 3, $f_1 \geq f_3 \geq f_2$; 情形 4, $f_2 \geq f_3 \geq f_1$; 情形 5, $f_3 \geq f_2 \geq f_1$; 情形 6, $f_3 \geq f_1 \geq f_2$. 显然对情形 1 与情形 4、情形 2 与情形 5、情形 3 与情形 6的讨论完全一致, 所以只需要讨论情形 1、情形 2 与情形 3. 与 (3) $e_1 > e_2 = e_3$ 中完全一致的讨论得到 f_2 是 F 的同构不变量. 又因为 $\{f_1, f_2, f_3\}$ 是 F 的同构不变量, 所以 $\{f_1, f_3\}$ 是 F 的同构不变量.

下证 f_1 是 F 的同构不变量. 设 σ 为 F 到 F_1 的一个同构映射, 其中

$$a^\sigma \equiv a_1^{i_1} b_1^{i_2} c_1^{i_3} \pmod{F_1'}, \qquad b^\sigma \equiv a_1^{j_1} b_1^{j_2} c_1^{j_3} \pmod{F_1'}, \qquad c^\sigma \equiv a_1^{k_1} b_1^{k_2} c_1^{k_3} \pmod{F_1'}.$$

于是, 由亚交换群的计算公式有

$$x^\sigma = [a^\sigma, b^\sigma] \equiv x_1^{i_1 j_2 - i_2 j_1} y_1^{i_2 j_3 - i_3 j_2} z_1^{i_3 j_1 - i_1 j_3} \pmod{(F_1)_3},$$

$$y^\sigma = [b^\sigma, c^\sigma] \equiv x_1^{j_1 k_2 - j_2 k_1} y_1^{j_2 k_3 - j_3 k_2} z_1^{j_3 k_1 - j_1 k_3} \pmod{(F_1)_3},$$

$$z^\sigma = [c^\sigma, a^\sigma] \equiv x_1^{k_1 i_2 - k_2 i_1} y_1^{k_2 i_3 - k_3 i_2} z_1^{k_3 i_1 - k_1 i_3} \pmod{(F_1)_3},$$

且 $o(x^\sigma) = o(x) = 3^{f_1}$, $o(y^\sigma) = o(y) = 3^{f_2}$, $o(z^\sigma) = o(z) = 3^{f_3}$.

因为 $o(b) = 3^{e_2}$, $o(x) = 3^{f_1}$, $[a, b] = x$, $[x, a] = 1$, 所以 $f_1 \leq e_2$. 因为 $o(c) = 3^{e_3}$, $o(y) = 3^{f_2}$, $o(z) = 3^{f_3}$, $[b, c] = y$, $[c, a] = z$, $[y, c] = 1$, $[z, c] = 1$, 所以 $f_2 \leq e_3$ 且 $f_3 \leq e_3$. 从而 $\exp(F) \leq e_2$. 由定理 4.1.6 知 F 正则. 又由定理 1.2.32 知 F 必 3^{e_2} 交换. 又因为 $e_1 > e_2 > e_3$ 且 $\{a^\sigma, b^\sigma, c^\sigma\}$ 为 F_1 的一组极小生成系, 所以 $3 \nmid i_1$, $3 | j_1$, $3 \nmid j_2$, $3 | k_1$, $3 | k_2$, $3 \nmid k_3$. 从而 $3 \nmid (i_1 j_2 - i_2 j_1)$, $3 \nmid (k_3 i_1 - k_1 i_3)$. 只需考虑 $f_1 \neq f_3$ 的情形. 当 $f_1 > f_3$ 时, 若 $f_1 \neq f_1'$, 则 $f_3' > f_1'$. 由 $\{f_1, f_3\} = \{f_1', f_3'\}$ 有 $f_3' = f_1 > f_1' = f_3$. 又因为 $3 \nmid k_3 i_1 - k_1 i_3$, 所以 $o(z^\sigma) \geq o(z_1) = 3^{f_3'} > 3^{f_3} = o(z)$. 矛盾. 当 $f_3 > f_1$ 时, 若 $f_1 \neq f_1'$, 则 $f_1' > f_3'$. 由 $\{f_1, f_3\} = \{f_1', f_3'\}$ 有 $f_1' = f_3 > f_3' = f_1$. 又因为 $3 \nmid i_1 j_2 - i_2 j_1$, 所以 $o(x^\sigma) \geq o(x_1) = 3^{f_1'} > 3^{f_1} = o(x)$. 矛盾. 至此即证得: f_1 是 F 的同构不变量. 进而可知 f_3 是 F 的同构不变量. $\qquad \square$

引理 4.5.1 给出了一类特殊的内 $\mathcal{P}_2(3)^3$ 群. 该类群的特殊性体现在

定理 4.5.2 G 是内 $\mathcal{P}_2(3)^3$ 群当且仅当存在 $e_1, e_2, e_3, f_1, f_2, f_3$ 使得

$$G \cong F(e_1, e_2, e_3, f_1, f_2, f_3)/N,$$

其中 N 满足 $F_3 \nleq N$ 且 $N \leq \Phi(F)$.

证明 充分性 因为 $N \leq \Phi(F)$, 所以 $d(F/N) = 3$. 因为 $F_3 \nleq N$, 所以 $(F/N)_3 \neq 1$. 又由引理 4.5.1 易得 F/N 为内 $\mathcal{P}_2(3)^3$ 群.

必要性 由定理 4.5.1 知: 若 G 是内 $\mathcal{P}_2(3)^3$ 群, 则 G 必有如定理 4.5.1 中所设的群表现. 则存在 $e_1, e_2, e_3, f_1, f_2, f_3$ 使得

$$G \cong F(e_1, e_2, e_3, f_1, f_2, f_3)/N.$$

因为 $d(F/N) = 3$, 所以 $N \leq \Phi(F)$. 因为 $(F/N)_3 \neq 1$, 所以 $F_3 \nleq N$. $\square$

接下来我们举例说明: 确实存在内 $\mathcal{P}_2(3)^3$ 群不能同构于特例所示的群. 设 $G = \langle a, b, c, x, y, z, d | a^{3^{e_1}} = b^{3^{e_2}} = c^{3^{e_3}} = x^{3^{f_1}} = y^{3^{f_2}} = z^{3^{f_3}} = 1, d = a^{3^{e_1-1}}, [a, b] = x, [b, c] = y, [c, a] = z, [x, c] = [y, a] = [z, b] = d, [d, a] = [d, b] = [d, c] = 1, [x, a] = [x, b] = [y, b] = [y, c] = [z, a] = [z, c] = 1, [x, y] = [x, z] = [y, z] = 1 \rangle$, 其中 $e_1 \geq e_2 \geq e_3$. 由定理 4.5.1 易知 G 为内 $\mathcal{P}_2(3)^3$ 群. 显然 $G_3 \leq \mho_1(G)$. 但是对特例所示的群来说, 一定有 $F_3 \nleq \mho_1(F)$. 这就说明 G 一定不会同构于特例所示的群.

第五章 极大子群都同构且类 2 的有限群

　　一个群的极大子群在确定群的结构中起着极其重要的作用. 许多群论学者在利用具有某种性质的极大子群确定群的结构方面获得了丰富的结果. 对于有限 p 群, 几个经典和基本的结果是: 群论大师 Burnside 在文献 [66] 中给出了具有一个极大子群是循环的有限 p 群的分类. 我国著名群论学家段学复在文献 [64] 中给出了具有交换极大子群的有限 p 群 G 的一个刻画, 该刻画揭示了该 p 群的阶与其导群和中心的阶的关系, 即 $|G| = p|Z(G)||G'|$. Rédei 在文献 [58] 中给出了内交换 p 群的分类. 他们的结果被 p 群学者广泛应用, 成为研究 p 群结构的基础. 最近, 张勤海等在文献 [79] 中给出了所有极大子群是内交换的有限 p 群的分类. 而安立坚和曲海鹏等在其长篇系列论文 [2,3,52,53,56] 给出了具有一个极大子群是内交换的有限 p 群的分类. 他们的结果也已被 p 群学者广泛应用.

　　利用一个群的极大子群之间的关系研究群的结构是群论学者关注的重要研究内容. Berkovich 在文献 [71] 中最早提出研究极大子群都同构的有限群的结构问题. 极大子群都同构的有限群在历史上被称为 MI 群. 由著名的 Sylow 定理可知, MI 群只能是有限 p 群. 著名群论学家 Hermann、Mann 等的论文 [16-18,46] 曾对 MI 群做过深入研究. 宋蔷薇等在文献 [61] 中分类了亚循环和超特殊的 MI 群. 然而到目前为止, 人们只获得了 MI 群的某些性质以及某些特定 p 群类的 MI 群. 而分类 MI 群仍是一个未解决的困难问题. 这个问题也被 Berkovich 在其 p 群专著 [6] 提出, 即下列的

　　[6, Problem 77(d)] Classify the p-groups all of whose maximal subgroups are isomorphic.

　　为深入研究 MI 群, 张勤海在文献 [82] 中研究了一类比 MI 群更广的 p 群, 即 p^k 阶子群都同构的 p^n 阶群, 其中 k 为给定的正整数. 他称这样的 p 群为 I_k 群. 显然, I_{n-1} 群即为 MI 群. 赵立博等在文献 [84] 中研究了 p^k 阶子群都同构且交换的 p 群 (称之为 AI_k) 并给出了其分类. 张勤海在文献 [82] 中研究了 p^k 阶子群都同构且内交换的 p 群 (称之为 NSI_k 群) 并给出了其分类. 有趣的是, NSI_k 群只能是 MI 群.

　　引入定义, p^n 阶群 G 被称为 C_2I_k 群, 如果 G 的所有 p^k 阶子群均同构且类 2, 其中 $3 \le k \le n-1$. 我们注意到, 内交换 p 群是幂零类为 2 的群. 反之, 幂零类为 2 的 p 群不一定是内交换 p 群. 以 C_2I_k 群的术语, 张勤海在文献 [82] 中分类的是一类特殊的 C_2I_{n-1} 群. 本章对一般的 C_2I_{n-1} 群 (极大子群都同构且幂零类为 2 的有限群) 进行了研究. 完全分类了 2 元生成的 C_2I_{n-1} 群. 本章结果取自文献 [14,59].

§5.1　C_2I_{n-1} 群的性质

　　回忆一下, p^n 阶群 G 被称为 C_2I_k 群, 如果 G 的所有 p^k 阶子群均同构且类 2, 其中 $3 \le k \le n-1$. 显然 C_2I_{n-1} 群就是极大子群都同构且幂零类为 2 的有限群. 本

节给出一些 C_2I_{n-1} 群的性质.

定理 5.1.1 设 G 是 C_2I_{n-1} 群, $\exp(G) = p^e$. 则下列结论成立.

(1) 若 $c(G) > 2$, 则 G 是内类 2 群且 $c(G) = 3$.

(2) $c(G) \leq 3$ 且 $Z(G) \leq \Phi(G)$.

(3) G' 交换.

(4) $\exp(G_3) \leq p$.

(5) 若 $\Omega_{e-1}(G) \nleq \Phi(G)$, 则 $\Omega_{e-1}(G) = G$.

(6) 若 $\exp(G') = p^m$, 则 G 是 p^{m+1} 交换的.

(7) 若 $\exp(G') = p^f$, $e - f > 1$, 则 $\Omega_{e-1}(G) \leq \Phi(G)$.

(8) 若 G 是有限 2 群, 则 $\exp(G') < \exp(G)$.

(9) 若 G 正则, 则 $\forall g \in G - \Phi(G)$, $o(g) = p^e$. 特别地, G 的生成元的阶均相等.

(10) 若 $c(G) = 2$, $d(G) = m$, 则 $d(G') \leq \frac{m(m-1)}{2}$.

(11) 若 $c(G) = 2$, $d(G) = 3$, $G = \langle a_1, a_2, a_3 \rangle$, 则 $d(G') = 3$, G' 的生成元的阶均相等, $\langle [a_2, a_3] \rangle \cap \langle [a_1, a_2], [a_1, a_3] \rangle = 1$.

(12) 若 $d(G) \leqslant 3$, 则 G 的生成元的阶均相等.

(13) 若 $c(G) = 2$, $d(G) = m$ 且 $p > 2$, $G = \langle a_1, a_2, \cdots, a_m \rangle$, 则 $\langle a_i \rangle \cap \langle a_j \rangle = 1$, 其中 $i \neq j$.

(14) G 不是亚循环群.

证明 (1) 设 $H < G$, $c(G) > 2$. 则存在 $M < G$ 使得 $H \leq M$. 由 G 为 C_2I_{n-1} 群可知 $c(M) = 2$, 即 $[M', M] = 1$. 又 $[H', H] \leq [M', M] = 1$, 故 $c(H) \leq 2$. 于是, G 是内类 2 群. 又由定理 4.1.3 得 $c(G) = 3$.

(2) 由 (1) 可知 $c(G) \leq 3$. 下证 $Z(G) \leq \Phi(G)$. 若否, 存在 $g \in Z(G)$, $M_1 < G$ 满足 $G = \langle M_1, g \rangle$, 则 $Z(M_1) < Z(G)$. 取 $M_2 < G$ 满足 $Z(G) \leq M_2$, 则 $Z(G) \leq Z(M_2)$. 即得 $Z(M_1) < Z(M_2)$. 这与 G 是 C_2I_{n-1} 群矛盾. 故 $Z(G) \leq \Phi(G)$.

(3) 由 (2) 可知, $c(G) \leq 3$. 若 $c(G) = 2$, 则 $G' \leq Z(G)$. 得 G' 交换. 由 $c(G) = 3$ 可知 $G_4 = 1$. 任取 $g_1, g_2, g_3, g_4 \in G$, 有 $[[g_1, g_2], [g_3, g_4]] \in [G_2, G_2]$. 再由文 [69, 定理 1.7.14] 可知 $[G_2, G_2] \leq G_4 = 1$. 即得 $[[g_1, g_2], [g_3, g_4]] = 1$. 于是 G' 交换.

(4) 由 (1) 可知若 $c(G) > 2$, 则 G 是内类 2 群. 再由定理 4.1.6(4) 得 $\exp(G_3) = p$. 若 $c(G) = 2$, 则 $\exp(G_3) = 1$. 因此 $\exp(G_3) \leq p$.

(5) 若否, 由 $\Omega_{e-1}(G) < G$ 可知, 存在 $M_1 < G$ 使得 $\Omega_{e-1}(G) \leq M_1$. 从而 M_1 中阶小于 p^e 的元素个数等于 G 中阶小于 p^e 的元素个数. 由 $\Omega_{e-1}(G) \nleq \Phi(G)$ 可知, 存在 $M_2 < G$ 使得 $G \backslash M_2$ 中存在阶小于 p^e 的元. 从而 M_2 中阶小于 p^e 的元素个数小于 G 中阶小于 p^e 的元素个数. 因此 $M_1 \ncong M_2$. 这与 G 为 C_2I_{n-1} 群矛盾.

(6) 由 (2),(4) 可知 $c(G) \leq 3$ 且 $\exp(G_3) \leq p$. 由 (3) 可知 G' 交换. 于是 G 亚交换. 任取 $g_1, g_2 \in G$, 由定理 1.2.15 计算可知,

$$(g_1 g_2)^{p^{m+1}} = g_1^{p^{m+1}} [g_1, g_2^{-1}]^{\binom{p^{m+1}}{2}} [g_1, g_2^{-1}, g_1]^{\binom{p^{m+1}}{3}} [g_1, g_2^{-1}, g_2^{-1}]^{\binom{p^{m+1}}{3}} g_2^{p^{m+1}} = g_1^{p^{m+1}} g_2^{p^{m+1}}$$

因此 G 是 p^{m+1} 交换的.

(7) 由(6) 可知, G 是 p^{f+1} 交换的, 因而是 p^{e-1} 交换的. 于是 $\Omega_{e-1}(G) = \Omega_{\{e-1\}}(G) < G$. 由(5)可知, $\Omega_{e-1}(G) \leq \Phi(G)$.

(8) 由(2),(3) 和 (4) 可知 $c(G) \leq 3$, $\exp(G_3) \leq p$ 且 G' 交换. 于是存在 $a, b \in G$ 使得 $o([a,b]) = \exp(G')$. 若 $\exp(G') = \exp(G) = 2^e$, 由定理 1.2.15计算可知,

$$1 = (ab)^{2^e} = a^{2^e}[a,b^{-1}]^{\binom{2^e}{2}}[a,b^{-1},a]^{\binom{2^e}{3}}[a,b^{-1},b^{-1}]^{\binom{2^e}{3}}b^{2^e} = [a,b^{-1}]^{2^{e-1}(2^e-1)} \neq 1.$$

矛盾. 故 $\exp(G') < \exp(G)$.

(9) 若 G 正则, 由定理1.2.31可知, $\Omega_{e-1}(G) = \Omega_{\{e-1\}}(G)$. 因此$\Omega_{e-1}(G) < G$. 由(5) 可知, $\Omega_{e-1}(G) \leq \Phi(G)$. 即证.

(10) 由于 $d(G) = m$, 故存在 $a_1, a_2, \cdots, a_m$ 满足 $G = \langle a_1, a_2, \cdots, a_m \rangle$. 由定理 1.2.5 可知, $G' = \langle [a_1,a_2], [a_1,a_3], \cdots, [a_{m-1},a_m], G_3 \rangle$. 由 $c(G) = 2$ 可知 $G_3 = 1$. 于是 $G' = \langle [a_1,a_2], [a_1,a_3], \cdots, [a_{m-1},a_m] \rangle$. 即得 $d(G') \leq \frac{m(m-1)}{2}$.

(11) 因为 $d(G) = 3$, 故存在 a_1, a_2, a_3 满足 $G = \langle a_1, a_2, a_3 \rangle$. 设

$$M_1 = \langle a_1, a_2, \Phi(G) \rangle, \ M_2 = \langle a_1, a_3, \Phi(G) \rangle, \ M_3 = \langle a_2, a_3, \Phi(G) \rangle.$$

由引理 1.2.33 可知, M_1, M_2 和 M_3 是 G 的极大子群. 首先计算 $o([a_i, x])$, 其中 $x \in \Phi(G)$, $i = 1,2,3$. 因为 $x \in \Phi(G)$, 故存在 $g_1 \in \mho_1(G)$, $g_2 \in G'$ 使得 $x = g_1 g_2$. 又 $c(G) = 2$, 故 $G' \leq Z(G)$. 由定理 1.2.15计算可知,

$$[a_i, x] = [a_i, g_1 g_2] = [a_i, g_1][a_i, g_2] = [a_i, g_1], \ i = 1, 2, 3.$$

易知 $o([a_i, x]) < \exp(G')$.

(a) 证明: $d(G') = 3$. 由(10) 可知 $d(G') \leq 3$.

若 $d(G') = 1$, 不妨令 $[a_1,a_2] = x$, $[a_1,a_3] = x^\mu$, $[a_2,a_3] = x^\nu$. 计算可得 $\exp(M_1') = o([a_1,a_2]) = o(x)$. 由 G 是 C_2I_{n-1} 群可知 $\exp(M_2') = \exp(M_3') = o(x)$. 即得 $p \nmid \mu\nu$. 由于 $G \cong \langle a_1, a_2, a_3 a_1^\nu \rangle$, 计算可得 $[a_2, a_3 a_1^\nu] = 1$. 于是 $1 = o([a_2, a_3 a_1^\nu]) = o([a_1,a_2]) = o(x)$. 这与 $o(x) = \exp(M_1') \neq 1$ 矛盾. 故 $d(G') \geq 2$.

若 $d(G') = 2$, 不妨令 $[a_1,a_2] = x$, $[a_1,a_3] = y$, $[a_2,a_3] = x^\mu y^\nu$. 计算可得 $\exp(M_1') = o([a_1,a_2]) = o(x)$. 由 G 是 C_2I_{n-1} 群可知 $\exp(M_2') = \exp(M_3') = o(x)$. 即得 $o(y) = o(x^\mu y^\nu) = o(x)$ 且 $p \nmid \mu$ 或者 $p \nmid \nu$. 不妨令 $p \nmid \mu$. 由于 $G \cong \langle a_1^\mu a_3, a_2 a_3^{\mu^{-1}\nu}, a_3 \rangle$, 计算可得 $[a_1^\mu a_3, a_2 a_3^{\mu^{-1}\nu}] = 1$. 于是 $1 = o([a_1^\mu a_3, a_2 a_3^{\mu^{-1}\nu}]) = o([a_2 a_3^{\mu^{-1}\nu}, a_3]) = o(x^\mu y^\nu)$. 这与 $o(x^\mu y^\nu) = \exp(M_1') \neq 1$ 矛盾. 故 $d(G') = 3$.

(b) 证明: G' 的生成元的阶均相等.

由 (1) 可知, $d(G') = 3$. 不妨令 $[a_1,a_2] = x$, $[a_1,a_3] = y$, $[a_2,a_3] = z$ 且令 $\exp(G') = o(x)$.

先来证明: $o(x) = o(y) = o(z)$.

计算可得 $\exp(M_1') = o([a_1, a_2]) = o(x)$, $M_2' = \langle x^p, y, z^p \rangle$. 由 G 是 C_2I_{n-1} 群可知 $\exp(M_2') = o(y) = o(x)$. 同理可得 $o(z) = o(x)$.

(c)证明 $\langle z \rangle \cap \langle x, y \rangle = 1$.

若 $\langle z \rangle \cap \langle x, y \rangle \neq 1$, 则由 $o(x) = o(y) = o(z) = p^m$ 可设 $z^{kp^t} = (x^i y^j)^{p^t}$, 其中 $t < m$, $p \nmid k$, i, j 中至少有一个与 p 互素. 不妨令 $p \nmid i$. 于是 $(z(xy^{ji^{-1}})^{-ik^{-1}})^{kp^t} = z^{kp^t} x^{-ip^t} y^{-jp^t} = 1$. 即 $o(z(xy^{ji^{-1}})^{-ik^{-1}}) = p^t < p^m$. 若 $j \neq 0$, 则 $G \cong \langle a_1^{-k^{-1}} a_2^{j^{-1}}, a_2^i a_3^j, a_3 \rangle$ 此时 $o([a_1^{-k^{-1}} a_2^{j^{-1}}, a_2^i a_3^j]) = o([a_2^i a_3^j, a_3]) = p^m$. 即 $o(z(xy^{ji^{-1}})^{-ik^{-1}}) = p^m$. 这与 $o(z(xy^{ji^{-1}})^{-ik^{-1}}) < p^m$ 矛盾. 若 $j = 0$, 则 $z^{kp^t} = x^{ip^t}$. 因为 $G \cong \langle a_1, a_2, a_3 a_1^{ik^{-1}} \rangle$, 故 $o([a_2, a_3 a_1^{ik^{-1}}]) = o([a_1, a_2]) = p^m$. 即 $o(zx^{-ik^{-1}}) = p^m$. 这与 $o(zx^{-ik^{-1}}) < p^m$ 矛盾. 故 $\langle z \rangle \cap \langle x, y \rangle = 1$.

(12) 由(9)得不妨设 G 非正则. 由定理 1.2.29得 $c(G) \geqslant p$. 由(2)得 $c(G) \leqslant 3$. 因此 $p \leqslant 3$. 显然只需考虑 $e \geq 2$ 的情形.

我们分 $p = 3$ 和 $p = 2$ 两种情形讨论.

情形1 $p = 3$

显然 $c(G) = 3$. 由(1)得 G 是内类2群. 由定理 4.1.6(3)可知 $d(G) = 2$.

当 $\exp(G') \leq 3^{e-2}$ 时, 由(7) 可知 $\Omega_{e-1}(G) \leq \Phi(G)$. 因此 G 的生成元的阶均相等.

当 $\exp(G') = 3^{e-1}$ 时, 假设 G 的生成元的阶不相等, 由(5)可知 $\Omega_{e-1}(G) = G$. 因此存在 a, b 满足 $G = \langle a, b \rangle$ 且 $o(a) < 3^e, o(b) < 3^e$. 设 $h \in G'$. 因为 $c(G) = 3$, 由 (4) 可知 $\exp(G_3) = 3$. 由定理 1.2.15计算可知,

$$
\begin{aligned}
(a^i b^j h)^{3^{e-1}} &= (a^i b^j)^{3^{e-1}} [a^i b^j, h^{-1}]^{\binom{3^{e-1}}{2}} h^{3^{e-1}} = (a^i b^j)^{3^{e-1}} \\
&= a^{3^{e-1}i} [a^i, b^{-j}]^{\binom{3^{e-1}}{2}} [a^i, b^{-j}, a^i]^{\binom{3^{e-1}}{3}} [a^i, b^{-j}, b^{-j}]^{\binom{3^{e-1}}{3}} b^{3^{e-1}j},
\end{aligned}
$$

其中 $3 \nmid ijk$.

当 $e > 2$ 时, $(a^i b^j h^k)^{3^{e-1}} = 1$. 此时, $\Omega_{e-1}(G) = \Omega_{\{e-1\}}(G) < G$. 这与 $\Omega_{e-1}(G) = G$ 矛盾.

当 $e = 2$ 时, $\exp(G) = 9$, $\exp(G') = 3$, $o(a) = 3$, $o(b) = 3$. 显然 $G/G' \cong \langle \overline{a} \rangle \times \langle \overline{b} \rangle \cong C_3 \times C_3$. 则 $\Phi(G) = G'$. 由 $\exp(G) = 9$ 得, $o(ab) = 9$ 或者 $o(ab^2) = 9$. 不妨设 $o(ab) = 9$. 由于 $G \cong \langle ab, b \rangle$, 令 $M_1 = \langle ab, \Phi(G) \rangle = \langle ab, G' \rangle$, $M_2 = \langle b, G' \rangle$. 由引理 1.2.33 可知, M_1 和 M_2 是 G 的极大子群. 显然 $\Omega_1(M_2) = M_2$, 而 $\Omega_1(M_1) = \Omega_{\{1\}}(M_1) < M_1$. 因此 $M_1 \not\cong M_2$. 这与 G 为 C_2I_{n-1} 群矛盾.

当 $\exp(G') = 3^e$ 时, 若 G 的所有的生成元的阶均为 3^e, 显然结论成立. 若存在 $g \in G \backslash \Phi(G)$ 且 $o(g) < 3^e$. 则存在 $h \in G$ 使得 $G = \langle g, h \rangle$. 由定理 1.2.15计算可知,

$$
1 = [g^{3^{e-1}}, h] = [g, h]^{3^{e-1}} [g, h, g]^{\binom{3^{e-1}}{2}} = [g, h]^{3^{e-1}} \neq 1.
$$

矛盾.

情形2 $p = 2$

① 若 $c(G) = 2$ 且 $d(G) = 3$，则存在 a, b, c 满足 $G = \langle a, b, c \rangle$. 令 $[a, b] = x, [b, c] = y, [c, a] = z$. 由 (8) 可知，$\exp(G') < \exp(G)$. 再由 (11) 可知，$o(x) = o(y) = o(z)$. 设 $e > 2$. 若 $e = 2$，则方法与 $e > 2$ 时完全相同，下文不再重复.

当 $\exp(G') \le 2^{e-2}$ 时，由 (7) 可知 $\Omega_{e-1}(G) \le \Phi(G)$. 即得 G 的生成元的阶均相等.

当 $\exp(G') = 2^{e-1}$ 时，任取 $g_1, g_2 \in G$，由定理 1.2.15 计算可知，$[g_1^{2^{e-1}}, g_2] = [g_1, g_2]^{2^{e-1}} = 1$. 但是 $[g_1^{2^{e-2}}, g_2] = [g_1, g_2]^{2^{e-2}} \neq 1$. 即得 G 的所有元的阶都大于等于 2^{e-1}. 若 G 的生成元的阶都是 2^e，显然结论成立. 若 G 中存在某一生成元的阶为 2^{e-1}，由 (5) 可知 $\Omega_{e-1}(G) = G$. 于是不妨设 $o(a) = o(b) = o(c) = 2^{e-1}$. 设 $M_1 = \langle a, b, \Phi(G) \rangle$，$M_2 = \langle ba, c, \Phi(G) \rangle$. 由引理 1.2.33 可知，$M_1$ 和 M_2 是 G 的极大子群. 由 $\exp(\Phi(G)) = 2^{e-1}$ 可得 $\Omega_{e-1}(\Phi(G)) = \Phi(G)$. 设 $H = \langle b, \Phi(G) \rangle$. 则 $\Omega_{e-1}(H) \geqslant \langle b, \Omega_{e-1}(\Phi(G)) \rangle = \langle b, \Phi(G) \rangle = H$. 又 $\Omega_{e-1}(H) \le H$，故 $\Omega_{e-1}(H) = H$. 因为 $M_1 = \langle a, H \rangle = \langle a, \Omega_{e-1}(H) \rangle \le \Omega_{e-1}(M_1)$，又显然 $\Omega_{e-1}(M_1) \le M_1$，故 $\Omega_{e-1}(M_1) = M_1$. 下证：$\Omega_{e-1}(M_2) < M_2$. 设 $g \in \Phi(G)$. 由定理 1.2.15 计算可知，

$$
\begin{aligned}
((ba)^i c^j g^k)^{2^{e-1}} &= ((ba)^i c^j)^{2^{e-1}} (g^k)^{2^{e-1}} [g^k, (ba)^i c^j]^{\binom{2^{e-1}}{2}} \\
&= ((ba)^i c^j)^{2^{e-1}} \\
&= (ba)^{2^{e-1} i} (c^j)^{2^{e-1}} [c^j, (ba)^i]^{\binom{2^{e-1}}{2}} \\
&= b^{2^{e-1} i} a^{2^{e-1} i} [a, b]^{\binom{2^{e-1}}{2} i} [c, ba]^{\binom{2^{e-1}}{2} ij} \\
&= x^{\binom{2^{e-1}}{2} i} (-y)^{\binom{2^{e-1}}{2} ij} z^{\binom{2^{e-1}}{2} ij},
\end{aligned}
$$

其中 $0 \le i < 2^e$，$0 \le j, k < 2^{e-1}$. 任取 $g_1, g_2 \in M_2$ 且 $o(g_1) = o(g_2) = 2^{e-1}$. 计算可得 $(g_1 g_2)^{2^{e-1}} = 1$. 于是 $\Omega_{e-1}(M_2) = \Omega_{\{e-1\}}(M_2) < M_2$. 即得 $M_1 \ncong M_2$. 这与 G 为 C_2I_{n-1} 群矛盾. 故当 $\exp(G') = 2^{e-1}$ 时，G 的生成元的阶均相等.

② 若 $c(G) = 2$ 且 $d(G) = 2$，则存在 a, b 满足 $G = \langle a, b \rangle$. 令 $[a, b] = x$. 设 $M_1 = \langle a, \Phi(G) \rangle$，$M_2 = \langle ba, \Phi(G) \rangle$. 由引理 1.2.33 可知，$M_1$ 和 M_2 是 G 的极大子群. 与 ① 相同的做法可得 $\Omega_{e-1}(M_1) = M_1$，$\Omega_{e-1}(M_2) < M_2$. 即得 $M_1 \ncong M_2$. 这与 G 为 C_2I_{n-1} 群矛盾. 故当 $c(G) = 2$ 且 $d(G) = 2$ 时，G 的生成元的阶均相等.

③ 若 $c(G) = 3$，由定理 4.1.6(3) 可知 $d(G) = 2$. 由 (8) 可知，$\exp(G') < \exp(G)$. 即得 $\exp(G') \le 2^{e-1}$.

当 $\exp(G') \le 2^{e-2}$ 时，由 (7) 可知 $\Omega_{e-1}(G) \le \Phi(G)$. 即得 G 的生成元的阶均相等.

当 $\exp(G') = 2^{e-1}$ 时，假设 G 的生成元的阶不相等，由 (5) 可知 $\Omega_{e-1}(G) = G$. 此时存在 a, b 满足 $G = \langle a, b \rangle$ 且 $o(a) < 2^e$，$o(b) < 2^e$. 由定理 1.2.15 计算可知，

$$
(a^i b^j)^{2^{e-1}} = a^{2^{e-1} i} [a^i, b^{-j}]^{\binom{2^{e-1}}{2}} [a^i, b^{-j}, a^i]^{\binom{2^{e-1}}{3}} [a^i, b^{-j}, b^{-j}]^{\binom{2^{e-1}}{3}} a^{2^{e-1} i} = [a^i, b^{-j}]^{2^{e-2}} \neq 1,
$$

其中 $2 \nmid ij$. 故 $o(a^i b^j) = 2^e$. 令 $M_1 = \langle ab, \Phi(G) \rangle$，$M_2 = \langle b, \Phi(G) \rangle$. 由引理 1.2.33 可知，

M_1 和 M_2 是 G 的极大子群. 与 ① 相同的做法可得 $\Omega_{e-1}(M_1) = M_1, \Omega_{e-1}(M_2) < M_2$. 即得 $M_1 \ncong M_2$. 这与 G 为 $\mathrm{C_2I}_{n-1}$ 群矛盾.

(13) 因为 $c(G) = 2 < p$, 由定理 1.2.29 可知 G 正则. 再由(9)可知, $o(a_i) = p^e$, 其中 $i = 1, 2, \cdots, m$. 设 $M = \langle a_j \rangle$. 若 $\langle a_i \rangle \cap M \neq 1$, 则存在 $a_i^{p^k} \in \mho_{\{k\}}(M)$, $1 \leq k < e$. 因为 G 正则, 由定理1.2.31可知 $\mho_k(M) = \mho_{\{k\}}(M)$. 于是存在 $m^{p^k} \in \mho_k(M)$ 使得 $a_i^{p^k} = m^{p^k}$. 若能证明 $o(a_i m^{-1}) < p^s$, 这与 $o(a_i m^{-1}) = p^s$ 矛盾, 则结论得证.

因为 G 正则, 由文 [69, 习题 5.4.8] 可知 G 是 $p^k - \Phi$ 正则的. 于是存在整数 $n \equiv 1 \ (mod \ p)$ 使得 $(a_i m^{-n})^{p^k} = 1$. 令 $n = tp + 1$, 其中 $t \in Z$. 由定理 1.2.15计算可知,

$$(a_i m^{-(tp+1)})^{p^k} = a_i^{p^k} m^{-(tp+1)p^k} [m^{-(tp+1)}, a_i]^{\binom{p^k}{2}} = m^{-tp^{k+1}} [a_i, m]^{(tp+1)\binom{p^k}{2}} = 1.$$

即得 $m^{tp^{k+1}} = [a_i, m]^{(tp+1)\binom{p^k}{2}}$. 又 $o(m^{tp^{k+1}}) \leq p^{s-k-1}$, 故 $o([a_i, m]^{p^k}) \leq p^{s-k-1}$. 再由定理 1.2.15计算可知, $(a_i m^{-1})^{p^k} = [a_i, m]^{\binom{p^k}{2}}$. 于是 $o(a_i m^{-1}) \leq p^{s-1} < p^s$.

(14) 设 G 是亚循环群. 则 G 同构于定理1.3.4中的群. 由 $\mathrm{C_2I}_{n-1}$ 群定义可知 G 无循环极大子群.

若 $G = \langle a, b \mid a^{p^{r+s+u}} = 1, b^{p^{r+s+t}} = a^{p^{r+s}}, a^b = a^{1+p^r} \rangle$, 其中 r, s, t, u 都是非负整数, $u \leq r$, $p = 2$时$r \geq 2$, $p > 2$时$r \geq 1$. 由(12)可知$o(a) = o(b) = p^{r+s+u}$. 因此$t = 0$且$o(ba^{-1}) = p^{r+s}$. 由ba^{-1}是生成元可知$u = 0$. 若$s = 1$, 则G存在极大子群交换. 因而G不是$\mathrm{C_2I}_{n-1}$ 群. 因此$s \geqslant 2$. 取两个G的极大子群$M_1 = \langle a^p, b \rangle$, $M_2 = \langle a, b^p \rangle$. 计算可得$M_1' = M_2' = \langle a^{p^{r+1}} \rangle$. 因此$M_1/M_1'$与$M_2/M_2'$的方次数不同. 因而$G$不是$\mathrm{C_2I}_{n-1}$ 群.

若 $G = \langle a, b \mid a^{2^{r+s+v+t'+u}} = 1, b^{2^{r+s+t}} = a^{2^{r+s+v+t'}}, a^b = a^{-1+2^{r+v}} \rangle$, 其中$r, s, v, t, t', u$都是非负整数, $r \geqslant 2$, $t' \leqslant r$, $u \leqslant 1$, $tt' = sv = tv = 0$, $t' \geqslant r - 1$时$u = 0$. 由(2)可知$c(G) \leqslant 3$. 若$c(G) = 2$, 则$r+s+v+t'+u = 2$. 由(12)可知$o(a) = o(b) = p^{r+s+v+t'+u}$. 因此$t = v + t'$. 此时$G = \langle a, b \mid a^4 = 1, b^4 = 1, a^b = a^{-1} \rangle$. 则$G$有交换极大子群. 因而$G$不是$\mathrm{C_2I}_{n-1}$ 群. 若$c(G) = 3$, 则$r+s+v+t'+u = 3$. 由(12)可知$o(a) = o(b) = p^{r+s+v+t'+u}$. 因此$t = v + t'$. 分$r = 2$和$r = 3$两种情况. 无论哪种情况, 取两个$G$的极大子群$M_1 = \langle a^2, b \rangle$, $M_2 = \langle a, b^2 \rangle$. 则$M_1/M_1'$与$M_2/M_2'$的方次数不同. 因而$G$不是$\mathrm{C_2I}_{n-1}$ 群. □

§5.2 2 元生成且幂零类大于 2 的 $\mathrm{C_2I}_{n-1}$ 群的分类

若 G 是幂零类大于 2 的 $\mathrm{C_2I}_{n-1}$ 群, 则由定理 5.1.1(1)可知, G 是内类 2 群. 由定理4.1.1得$d(G) \leqslant 3$. 本节给出$d(G) = 2$且幂零类大于 2 的 $\mathrm{C_2I}_{n-1}$ 群的分类. 由定理 5.1.1 (12)可知, G 的生成元的阶均相等. 注意到$d(G) = 2$的内类 2 群在第四章中已经给出了分类, 因此只需在$d(G) = 2$的内类 2 群中找出生成元的阶均相等的群, 然后再检验这些群是否为 $\mathrm{C_2I}_{n-1}$ 群即可. 我们分 $p > 3$, $p = 3$ 和 $p = 2$ 三种情形讨论, 分别是下文的定理5.2.1, 定理5.2.2, 定理5.2.3.

定理 5.2.1 设 G 是幂零类大于 2 的有限 p 群, $p > 3$. 则 G 为 C_2I_{n-1} 群当且仅当 G 为下列互不同构的群之一:

I. $G_3 \cong C_p$

(1) $G = \langle a, b \mid a^{p^n} = b^{p^n} = x^p = 1, c^{p^{n-1}} = x, [a,b] = c, [c,a] = x, [c,b] = 1 \rangle$, 其中 $p > 3$, $n \geq 2$.

II. $G_3 \cong C_p \times C_p$

(2) $G = \langle a, b \mid a^{p^n} = b^{p^n} = 1, c^{p^r} = x^p = y^p = 1, [a,b] = c, [c,a] = x, [c,b] = y \rangle$. 其中 $n \geq r \geq 1$.

(3) $G = \langle a, b \mid a^{p^2} = b^{p^2} = 1, c^p = x^p = y^p = 1, b^p = x^{j_3}, [a,b] = c, [c,a] = x, [c,b] = y \rangle$, 其中 $p > 3$, $j_3 = 1$ 或 λ (λ 为模 p 平方非剩余).

(4) $G = \langle a, b \mid a^{p^n} = x, b^{p^n} = y, c^{p^r} = x^p = y^p = 1, [a,b] = c, [c,a] = x, [c,b] = y \rangle$. 其中 $n \geq r \geq 1$.

(5) $G = \langle a, b \mid a^{p^{n+1}} = b^{p^{n+1}} = c^p = x^p = y^p = 1, a^{p^n} = x, b^{p^n} = y, [a,b] = c, [c,a] = y^{-1}, [c,b] = xy^{\nu_3} \rangle$, 其中 $p \geq 5$, $0 \leq \nu_3 \leq p-1/2$ 且 $\nu_3 \not\equiv i + i^{-1}$ $(mod\ p)$, $i = 1, 2, \cdots, p-1$, $n \geq 1$.

(6) $G = \langle a, b \mid a^{p^{n+1}} = b^{p^{n+1}} = c^p = x^p = y^p = 1, a^{p^n} = x, b^{p^n} = y, [a,b] = c, [c,a] = y^{-1}, [c,b] = x^\lambda y^{\nu_3} \rangle$, 其中 $p \geq 5$, $n \geq 1$, $0 \leq \nu_3 \leq p-1/2$ 且 $\nu_3 \not\equiv i + \lambda i^{-1}\ (mod\ p)$, λ 为一个固定的模 p 平方非剩余, $i = 1, 2, \cdots, p-1$.

证明 $\Longrightarrow$: 由定理 5.1.1(14)可知, G 是非亚循环群. 由定理 5.1.1(1)可知, G 是内类 2 群. 因此 G 是定理4.2.2或定理4.2.3中的群. 显然 G 正则. 由定理 5.1.1(9)可知, G 的生成元的阶相等. 我们分两种情形讨论:

情形 1. G 为定理4.2.2中的群.

由定理4.2.2后的注记可知, $\Phi(G) = \langle a^p, b^p, c, x \rangle$. 在下面的讨论过程中, 若没有特殊说明, 总让 $M_1 = \langle a, b^p, c, x \rangle$, $M_2 = \langle a^p, b, c, x \rangle$. 由定理 1.2.33 易知, M_1 和 M_2 是 G 的极大子群.

若 G 为群 (A1), 计算可得 $M_1' = \langle c^p, x \rangle$, $M_2' = \langle c^p \rangle$. 由此可得 $M_1 \not\cong M_2$. 因而 G 不是 C_2I_{n-1} 群.

若 G 为群 (A2), 此时 G 的生成元的阶不相等. 因此 G 不是 C_2I_{n-1} 群.

若 G 为群 (A3), 若 $1 \leq r < n-1$, 计算可得

$$Z(M_1) = \langle a^{p^r}, b^{p^{r+1}}, c^p \rangle \cong C_{p^{n-r}} \times C_{p^{n-r-1}} \times C_{p^r},$$

$$Z(M_2) = \langle a^{p^{r+1}}, b^{p^r}, c \rangle \cong C_{p^{n-r}} \times C_{p^{n-r-1}} \times C_{p^{r+1}}.$$

于是 $M_1 \not\cong M_2$. 若 $r = n-1$, 得到了定理中的群 (1).

若 G 为群 (A4), 此时 G 的生成元的阶不相等. G 不是 C_2I_{n-1} 群.

若 G 为群 (A5) $-$ (A6), 计算可得 $M_1' = \langle c^p, x \rangle$, $M_2' = \langle c^p \rangle$. 于是 $M_1 \not\cong M_2$. 因而 G 不是 C_2I_{n-1} 群.

若 G 为群 (A7), 若 $n = r+1$, 计算可得 $Z(M_1) = \langle a^{p^r}, c \rangle$, $Z(M_2) = \langle a^{p^{r+1}}, b^{p^r}, c^p \rangle$. 因为 $d(Z(M_1)) \neq d(Z(M_2))$, 故 $M_1 \not\cong M_2$. 若 $n > r + 1$, 计算可得 $Z(M_1) = \langle a^{p^r}, b^{p^{r+1}}, c \rangle$, $Z(M_2) = \langle a^{p^{r+1}}, b^{p^r}, c^p \rangle$ 且 $|Z(M_1)| = p^{2n-r+1}$, $|Z(M_2)| = p^{2n-r}$. 于是 $M_1 \not\cong M_2$. 总之 G 不是 C_2I_{n-1} 群.

若 G 为群 (A8), 计算可得 $Z(M_1) = \langle a^{p^{r+1}}, b^{p^r}, c \rangle$, $Z(M_2) = \langle a^{p^r}, b^{p^{r+1}}, c^p \rangle$ 且 $|Z(M_1)| = p^{2n-r+2}$, $|Z(M_2)| = p^{2n-r+1}$. 于是 $M_1 \not\cong M_2$. 因而 G 不是 C_2I_{n-1} 群.

若 G 为群 (A9) – (A12), 此时 G 的生成元的阶不相等. G 不是 C_2I_{n-1} 群.

若 G 为群 (B1) – (B4), 计算可得 $M_1' = \langle c^p, x \rangle$, $M_2' = \langle c^p \rangle$. 于是 $M_1 \not\cong M_2$. 因而 G 不是 C_2I_{n-1} 群. ·

若 G 为 (B5), 计算得

$$Z(M_1) = \langle a^{p^{n+r-t}}, b^{p^{n+r+1-t}}, c^p \rangle, \ Z(M_2) = \langle a^{p^{n+r+1-t}}, b^{p^{n+r-t}}, c \rangle.$$

则 $|Z(M_1)| = p^{2t-r}$, $|Z(M_2)| = p^{2t-r+1}$. 于是 $M_1 \not\cong M_2$. 因而 G 不是 C_2I_{n-1} 群.

若 G 为群 (B6), 计算可得

$$Z(M_1) = \langle a^{p^{n+r+1-t}}, b^{p^{n+r-t}}, c \rangle, \ Z(M_2) = \langle a^{p^{n+r-t}}, b^{p^{n+r+1-t}}, c^p \rangle.$$

则 $|Z(M_1)| = p^{2t-r+1}$, $|Z(M_2)| = p^{2t-r}$. 于是 $M_1 \not\cong M_2$. 因而 G 不是 C_2I_{n-1} 群.

若 G 为群 (B7) – (B11),(C1) – (C6), 则 G 的生成元的阶不相等. G 不是 C_2I_{n-1} 群.

若 G 为群 (C7), 计算可得 $M_1' = \langle c^p, x \rangle$, $M_2' = \langle c^p \rangle$. 于是 $M_1 \not\cong M_2$. 因而 G 不是 C_2I_{n-1} 群.

若 G 为群 (C8), 若 $u_2 = 0$, 计算可得 $M_1' = \langle c^p \rangle$, $M_2' = \langle c^p, x \rangle$. 于是 $M_1 \not\cong M_2$. 若 $1 \leqslant u_2 \leqslant p-1$ 且 $s < n$, 计算可得

$$M_1/M_1' = \langle \overline{a} \rangle \times \langle \overline{b}^p \rangle \times \langle \overline{c} \rangle \cong C_{p^s} \times C_{p^{n-1}} \times C_p,$$

$$M_2/M_2' = \langle \overline{a}^p \rangle \times \langle \overline{b} \rangle \times \langle \overline{c} \rangle \cong C_{p^{s-1}} \times C_{p^n} \times C_p.$$

于是 $\exp(M_1/M_1') = p^{n-1}$, $\exp(M_2/M_2') = p^n$. 因此可得 $M_1 \not\cong M_2$. 若 $1 \leqslant u_2 \leqslant p-1$ 且 $s = n$, 设

$$K_1 = \langle a^p, b, c, x \rangle, \ K_2 = \langle a^p, ba^{(p-1)u_2^{-1}}, c, x \rangle.$$

由引理 1.2.33 易知, K_1 和 K_2 是 G 的极大子群. 计算可得 $K_1' = \langle c^p, x \rangle$, $K_2' = \langle c^p \rangle$. 于是 $K_1 \not\cong K_2$. 总之, G 不是 C_2I_{n-1} 群.

若 G 为群 (C9),(C10), 显然 $o(a) = o(b)$. 故 $m = n + 1$. 又因为 $s + n < m + t$, $s > t$, 故 $t + 1 > s > t$. 显然不存在这样的正整数 s. 于是 G 不是 C_2I_{n-1} 群.

若 G 为群 (C11) – (C13),(D1) – (D4), 此时 G 的生成元的阶不相等. G 不是 C_2I_{n-1} 群.

若 G 为群 (D5),(D6), 与群 (C9),(C10) 的论证相同可证, 都不是 C_2I_{n-1} 群.

若 G 为群 (D7), (D8), 此时 G 的生成元的阶不相等. G 不是 C_2I_{n-1} 群.

情形 2. G 为定理4.2.3中的群.

由定理4.2.3后的注记可知, $\Phi(G) = \langle a^p, b^p, c, x, y \rangle$. 在下面的讨论过程中, 若没有特殊说明, 均令 $M_1 = \langle a, b^p, c, x, y \rangle$, $M_2 = \langle a^p, b, c, x, y \rangle$, $M_3 = \langle a^p, ba, c, x, y \rangle$. 显然都是极大子群.

若 G 为群 (A1), 则得到了定理中的群 (2).

若 G 为群 (A2), 计算可得 $M_1' = \langle c^p, x \rangle$, $M_2' = \langle c^p \rangle$. 于是 $M_1 \not\cong M_2$. 因而 G 不是 C_2I_{n-1} 群.

若 G 为群 (A3), 此时 G 的生成元的阶不相等. G 不是 C_2I_{n-1} 群.

若 G 为群 (A4), 计算可得 $\exp(M_1/M_1') = p^{n+1}$, $\exp(M_2/M_2') = p^n$. 于是 $M_1 \not\cong M_2$. 因而 G 不是 C_2I_{n-1} 群.

若 G 为(A5), 计算可得 $M_1' = \langle c^p, x \rangle$, $M_2' = \langle c^p \rangle$. 于是 $M_1 \not\cong M_2$. 因而 G 不是 C_2I_{n-1} 群.

若 G 为群 (A6), 计算可得, $M_1' = \langle c^p \rangle$, $M_2' = \langle c^p, y \rangle$. 于是 $M_1 \not\cong M_2$. 因而 G 不是 C_2I_{n-1} 群.

若 G 为群 (A7), 此时 G 的生成元的阶不相等. G 不是 C_2I_{n-1} 群.

若 G 为群 (A8), 若 $n > 1$, 计算可得 $M_1/M_1' = \langle \overline{a} \rangle \times \langle \overline{b^p} \rangle \times \langle \overline{c} \rangle \times \langle \overline{y} \rangle$, $M_2/M_2' = \langle \overline{a^p} \rangle \times \langle \overline{b} \rangle \times \langle \overline{c} \rangle$. 于是 $M_1 \not\cong M_2$. 因而 G 不是 C_2I_{n-1} 群. 若 $n = 1$, 则得到了定理中的群 (3).

若 G 为群 (A9), 计算可得 $M_1' = \langle c^p \rangle$, $M_2' = \langle c^p, y \rangle$. 于是 $M_1 \not\cong M_2$. 因而 G 不是 C_2I_{n-1} 群.

若 G 为群 (A10), 计算可得 $\exp(M_1/M_1') = p^{n+1}$, $\exp(M_2/M_2') = p^n$. 于是 $M_1 \not\cong M_2$. 因而 G 不是 C_2I_{n-1} 群.

若 G 为群 (A11) – (A22), 此时 G 的生成元的阶不相等. G 不是 C_2I_{n-1} 群.

若 G 为群 (A23) – (A26), 计算可得 $M_1' = \langle c^p, x \rangle$, $M_2' = \langle c^p \rangle$. 于是 $M_1 \not\cong M_2$. 因而 G 不是 C_2I_{n-1} 群.

若 G 为群 (A27), 则得到了定理中的群 (4).

若 G 为群 (A28), 若 $n = r$, 计算可得 $\exp(M_1/M_1') = p^{n+1}$, $\exp(M_2/M_2') = p^n$. 于是 $M_1 \not\cong M_2$. 因而 G 不是 C_2I_{n-1} 群. 若 $n > r > 1$, 计算可得 $\exp(M_1/M_1') = p^{n+1}$, $\exp(M_3/M_3') = p^n$. 于是 $M_1 \not\cong M_3$. 因而 G 不是 C_2I_{n-1} 群. 若 $n > r = 1$, 则得到了定理中的群 (5).

若 G 为群 (A29), 若 $n = r$, 计算可得 $\exp(M_1/M_1') = p^{n+1}$, $\exp(M_2/M_2') = p^n$. 于是 $M_1 \not\cong M_2$. 因而 G 不是 C_2I_{n-1} 群. 若 $n > r > 1$, 计算可得 $\exp(M_1/M_1') = p^{n+1}$, $\exp(M_3/M_3') = p^n$. 于是 $M_1 \not\cong M_3$. 因而 G 不是 C_2I_{n-1} 群. 若 $n > r = 1$, 则得到了定理中的群 (6).

若 G 为群 (A30), 计算可得 $\exp(M_1/M_1') = p^{n+1}$, $\exp(M_3/M_3') = p^n$. 于是 $M_1 \not\cong M_3$. 因而 G 不是 C_2I_{n-1} 群.

若 G 为群 (B1), (B2), 计算可得 $\exp(M_1/M_1') = p^n$, $\exp(M_2/M_2') = p^{n-1}$. 于是 $M_1 \ncong M_2$. 因而 G 不是 C_2I_{n-1} 群.

若 G 为群 (B3), 计算可得 $M_1/M_1' \cong C_{p^n} \times C_{p^{t-1}} \times C_p \times C_p$, $M_2/M_2' \cong C_{p^{n-1}} \times C_{p^{t+1}} \times C_p$. 于是 $M_1 \ncong M_2$. 因而 G 不是 C_2I_{n-1} 群.

若 G 为群 (B4), (B6), 计算可得 $M_1' = \langle c^p, x \rangle$, $M_2' = \langle c^p \rangle$. 于是 $M_1 \ncong M_2$. 因而 G 不是 C_2I_{n-1} 群.

若 G 为群 (B5), (B7), 计算可得 $\exp(M_1/M_1') = p^{n+1}$, $\exp(M_2/M_2') = p^n$. 于是 $M_1 \ncong M_2$. 因而 G 不是 C_2I_{n-1} 群.

若 G 为群 (B8) – (B16), 此时 G 的生成元的阶不相等. G 不是 C_2I_{n-1} 群.

若 G 为群 (B17), 计算可得 $M_1' = \langle c^p \rangle$, $M_2' = \langle c^p, y \rangle$. 于是 $M_1 \ncong M_2$. 因而 G 不是 C_2I_{n-1} 群.

若 G 为群 (B18), 计算可得 $\exp(M_1/M_1') = p^n$, $\exp(M_2/M_2') = p^{n-1}$. 于是 $M_1 \ncong M_2$. 因而 G 不是 C_2I_{n-1} 群.

若 G 为群 (B19) – (B22), 此时 G 的生成元的阶不相等. G 不是 C_2I_{n-1} 群.

若 G 为群 (B23), (B24), 计算可得 $M_1' = \langle c^p, x \rangle$, $M_2' = \langle c^p \rangle$. 于是 $M_1 \ncong M_2$. 因而 G 不是 C_2I_{n-1} 群.

若 G 为群 (C1) – (C4), 此时 G 的生成元的阶不相等. G 不是 C_2I_{n-1} 群.

若 G 为群 (C5), 若 $s = n$, 计算可得 $\exp(M_2/M_2') = p^n$, $\exp(M_3/M_3') = p^{n+1}$. 于是 $M_2 \ncong M_3$. 若 $s < n$, 计算可得 $\exp(M_1/M_1') = p^{n-1}$, $\exp(M_2/M_2') = p^n$. 于是 $M_1 \ncong M_2$. 总之, G 不是 C_2I_{n-1} 群.

若 G 为群 (C6) 且是 C_2I_{n-1} 群, 显然 $o(a) = o(b)$. 故 $m = n+1$. 又因为 $m > s > n$, 故 $n+1 > s > n$. 显然不存在这样的正整数 s. 于是群 (C6) 不是 C_2I_{n-1} 群.

若 G 为群 (C7), 若 $s = n$, 计算可得

$$Z(M_1/\mho_n(M_1)) \cong C_{p^{n-r}}^2 \times C_{p^r}, \quad Z(M_2/\mho_n(M_2)) \cong C_{p^{n-r}}^2 \times C_{p^{r+1}}.$$

于是 $M_1 \ncong M_2$. 若 $s < n$, 计算可得 $\exp(M_1/M_1') = p^n$, $\exp(M_3/M_3') = p^{n+1}$. 于是 $M_1 \ncong M_3$. 总之, G 不是 C_2I_{n-1} 群.

若 G 为群 (C8), 计算可得 $\exp(M_1/M_1') = \max\{p^{n-1}, p^s\} < p^{n+1}$, $\exp(M_2/M_2') = p^{n+1}$. 于是 $M_1 \ncong M_2$. 因而 G 不是 C_2I_{n-1} 群.

若 G 为 (C9), 若 $s < n$, 计算可得 $\exp(M_1/M_1') = \max\{p^{n-1}, p^{s+1}\} < p^{n+1}$, $\exp(M_2/M_2') = p^{n+1}$. 于是 $M_1 \ncong M_2$. 若 $s = n$, 计算可得 $\exp(M_2/M_2') = p^{n+1}$, $\exp(M_3/M_3') = p^n$. 于是 $M_2 \ncong M_3$. 总之, G 不是 C_2I_{n-1} 群.

若 G 为群 (C10), 计算可得 $\exp(M_1/M_1') = p^n$, $\exp(M_2/M_2') = p^{n+1}$. 于是 $M_1 \ncong M_2$. 因而 G 不是 C_2I_{n-1} 群.

若 G 为群 (C11), 若 $s < n$, 计算可得 $\exp(M_2/M_2') = p^{n+1}$, $\exp(M_3/M_3') = p^n$. 于是 $M_2 \ncong M_3$. 若 $s = n = r+1$, 计算可得 $\exp(M_1/M_1') = p^{n+1}$, $\exp(M_3/M_3') = p^n$. 于

是 $M_1 \ncong M_3$. 若 $s = n > r+1$, 计算可得

$$Z(M_2/\mho_n(M_2)) \cong C_{p^{n-r}}^2 \times C_{p^r},$$

$$Z(M_3/\mho_n(M_3)) \cong C_{p^{n-r}}^2 \times C_{p^{r+1}}.$$

于是 $M_2 \ncong M_3$. 总之, G 不是 C_2I_{n-1} 群.

若 G 为群 (C12),(C13),与群 (C6) 的论证相同可证, 群不是 C_2I_{n-1} 群.

若 G 为群 (C14) – (C23), (D1) – (D3),(D8) – (D13), 此时 G 的生成元的阶不相等. G 不是 C_2I_{n-1} 群.

若 G 为群 (D4) – (D7), 与群 (C6) 的论证相同可证, 群都不是 C_2I_{n-1} 群. 显然我们得到的群都是互不同构的.

$\Longleftarrow$: 显然定理中的群都是幂零类大于2的群. 下文仅验证它们是 C_2I_{n-1} 群.

设 G 是定理中的群 (1). 设

$$K_1 = \langle a, b^p, c\rangle, \ K_{2i} = \langle a^p, ba^i, c\rangle, \ 0 \le i \le p-1.$$

由定理 1.2.33 易知, K_1 和 K_{2i} 是 G 的全部极大子群. 在 K_1 中令 $a_1 = a$, $b_1 = b^p$, $c_1 = c$. 在 K_{2i} 中令 $a_{2i} = a^p$, $b_{2i} = ba^i$, $c_{2i} = c$. 设 σ 是 K_1 到 K_{2i} 的一个映射, 满足

$$a_1^\sigma = b_{2i}, \ b_1^\sigma = a_{2i}, \ c_1^\sigma = c_{2i}^{-1}.$$

易证 σ 是 K_1 到 K_{2i} 的同构映射. 从而 G 是 MI 群. 从而易知 G 是 C_2I_{n-1} 群.

设 G 是定理中的群 (2). 设 $M_1 = \langle a, b^p, c, x, y\rangle$, $M_{2i} = \langle a^p, ba^i, c, x, y\rangle$, $0 \le i \le p-1$. 由定理 1.2.33 易知, M_1, M_{2i} 是 G 的全部极大子群. 在 M_1 中令

$$a_1 = a, \ b_1 = b^p, \ c_1 = c, \ x_1 = x, \ y_1 = y.$$

在 M_{2i} 中令

$$a_{2i} = a^p, \ b_{2i} = ba^i, \ c_{2i} = c, \ x_{2i} = x, \ y_{2i} = y.$$

设 σ 是 M_1 到 M_{2i} 的一个映射, 满足

$$a_1^\sigma = b_{2i}, \ b_1^\sigma = a_{2i}, \ c_1^\sigma = c_{2i}^{-1}, \ x_1^\sigma = (x_{2i}^i y_{2i})^{-1}, \ y_1^\sigma = x_{2i}.$$

易证 σ 是 M_1 到 M_{2i} 的同构映射. 也即 G 的极大子群均同构. 从而易知 G 是 C_2I_{n-1} 群.

设 G 为定理中的群 (3). 设 $M_1 = \langle a, b^p, c, x, y\rangle$, $M_2 = \langle a^p, b, c, x, y\rangle$, $M_{3\mu} = \langle ba^\mu, \Phi(G)\rangle$, $1 \le \mu \le p-1$. 由定理 1.2.33 易知, $M_1, M_2, M_{3\mu}$ 是 G 的全部极大子群. 在 M_1 中令

$$a_1 = a, \ b_1 = b^p, \ c_1 = c, \ y_1 = y.$$

在 M_2 中令

$$a_2 = a^p, \ b_2 = b, \ c_2 = c, \ x_2 = x.$$

在 $M_{3\mu}$ 中令

$$a_{3\mu} = a^p, \ b_{3\mu} = ba^\mu, \ c_{3\mu} = c, \ x_{3\mu} = x.$$

设 σ 是 M_1 到 M_2 的一个映射, 满足

$$a_1^\sigma = b_2, \ b_1^\sigma = x_2^{j_3}, \ c_1^\sigma = c_2, \ y_1^\sigma = a_2.$$

易证 σ 是 M_1 到 M_2 的同构映射. 设 φ 是 M_1 到 $M_{3\mu}$ 的一个映射, 满足

$$a_1^\varphi = b_{3\mu}, \ b_1^\varphi = b_{3\mu}^{\mu p} a_{3\mu}, \ c_1^\varphi = c_{3\mu}, \ y_1^\varphi = x_{3\mu}.$$

易证 φ 是 M_1 到 $M_{3\mu}$ 的同构映射, 即得 G 的极大子群均同构. 从而易知 G 是 C_2I_{n-1} 群.

设 G 为定理中的群 (4). 设 $M_1 = \langle a, b^p, c, x, y \rangle$, $M_{2i} = \langle a^p, ba^i, c, x, y \rangle$, $0 \le i \le p-1$. 由引理 1.2.33 易知, M_1, M_{2i} 是 G 的全部极大子群. 在 M_1 中令

$$a_1 = a, \ b_1 = b^p, \ c_1 = c, \ x_1 = x, \ y_1 = y.$$

在 M_{2i} 中令

$$a_{2i} = a^p, \ b_{2i} = ba^i, \ c_{2i} = c, \ x_{2i} = x, \ y_{2i} = y.$$

设 σ 是 M_1 到 M_{2i} 的一个映射, 满足

$$a_1^\sigma = b_{2i}, \ b_1^\sigma = a_{2i}, \ c_1^\sigma = c_{2i}^{-1}, \ x_1^\sigma = (x_{2i}^i y_{2i})^{-1}, \ y_1^\sigma = x_{2i}.$$

易证 σ 是 M_1 到 M_{2i} 的同构映射, 即得 G 的极大子群均同构. 从而易知 G 是 C_2I_{n-1} 群.

设 G 为定理中的群 (5), (6). 类似验证即可, 过程省略. $\quad\square$

定理 5.2.2 设 G 是幂零类大于 2 的有限 3 群且 $d(G) = 2$. 则 G 为 C_2I_{n-1} 群当且仅当 G 为下列互不同构的群之一:

(7) $G = \langle a, b \mid a^{3^n} = x, b^{3^n} = y, c^3 = x^3 = y^3 = 1, [a,b] = c, [c,a] = y^{-1}, [c,b] = x \rangle$, 其中 $n \ge 1$.

(8) $G = \langle a, b \mid a^3 = x, b^3 = y, c^3 = x^3 = y^3 = 1, [a,b] = c, [c,a] = y^{-1}, [c,b] = x^{-1} \rangle$.

(9) $G = \langle a, b \mid a^{3^n} = x, b^{3^n} = y, c^3 = x^3 = y^3 = 1, [a,b] = c, [c,a] = y^{-1}, [c,b] = x^2 y \rangle$, 其中 $n \ge 2$.

(10) 定理 5.2.1中的群 (1-4)对应的 $p = 3$ 的情形且定理 5.2.1中的群 (2),(4) 满足 $n \ge 2$.

证明 $\Longrightarrow$: 由定理 5.1.1(14)可知, G是非亚循环群. 由定理 5.1.1(1)可知, G 是内类 2 群. 因此G是定理4.4.2, 定理4.4.4, 定理4.4.3或定理4.4.5中的群. 由定理 5.1.1(12)可知, G 的生成元的阶相等. 我们分三种情形讨论:

情形 1. G 为定理4.4.2 中的群.

若G是群(I),(II),(III), 则G 的生成元的阶不相等. 矛盾. 若G是群(IV), 则令 $M_1 = \langle ba^2, a^3, c \rangle$, $M_2 = \langle a, b^3, c \rangle$. 由定理 1.2.33 易知, M_1 和 M_2 是 G 的极大子群. 计算可得 $\exp(M_1) = 3, \exp(M_2) = 9$. 于是 $M_1 \not\cong M_2$. 因而 G 不是 C_2I_{n-1} 群.

情形 2. G 为定理4.4.3 中的群.

通过检验易知, 定理 5.2.1 的情形 1 的论证对 $p = 3$ 也成立. 我们得到定理 5.2.1 中的群 (1). 此为本定理中的群 (10)中的一种.

情形 3. G 为定理4.4.4 中的群或定理4.4.5 中的群.

由注4.4.4和注4.4.5知, 它们都同构于定理4.2.3中的群令$p = 3$的情况. 通过检验易知, 定理 5.2.1 的情形 2 中的$n \geq 2$的群 (A1) , 群 (A2) − (A26), $n \geq 2$的群 (A27), 以及所有的 (B),(C) 和 (D) 型群的论证对 $p = 3$ 也成立. 我们得到定理 5.2.1 中的$n \geq 2$的群 (2), 群(3), $n \geq 2$的群 (4). 此为本定理中的群 (10).

设G是定理4.2.3中的群令$p = 3$的群. 计算可得 $\Phi(G) = \langle \mho_1(G), G' \rangle = \langle a^3, b^3, c, x, y \rangle$. 在下面的讨论中, 若不特殊说明, 均令 $M_1 = \langle a, b^3, c, x, y \rangle$, $M_{2i} = \langle a^3, ba^i, c, x, y \rangle$, $i = 0, 1, 2$. 由定理 1.2.33 易知, M_1 和 M_{2i} 是 G 的全部极大子群. 当 $i = 0, 1, 2$ 时, M_{2i} 分别为

$$M_2 = \langle a^3, b, c, x, y \rangle, \quad M_3 = \langle a^3, ba, c, x, y \rangle, \quad M_4 = \langle a^3, ba^2, c, x, y \rangle.$$

设G 为定理4.2.3中 (A1)$(p = 3)$. 若 $n = r = 1$, 计算可得 $\exp(M_1) = 3$, $\exp(M_3) = 9$. 于是 $M_1 \not\cong M_3$. 因而 G 不是 C_2I_{n-1} 群.

设G 为定理4.2.3中 (A28)$(p = 3)$. 若 $\nu_3 = 0, n \geq 1, r = 1$, 我们得到本定理中的群 (7). 若 $\nu_3 = 0, n \geq r \geq 2$, 计算可得 $\exp(M_1/M_1') = 3^n$, $\exp(M_3/M_3') = 3^{n+1}$. 于是 $M_1 \not\cong M_3$. 因而 G 不是 C_2I_{n-1} 群. 若 $\nu_3 = 1, n \geq r \geq 1$, 计算可得 $\exp(M_1/M_1') = 3^n$, $\exp(M_2/M_2') = 3^{n+1}$. 于是 $M_1 \not\cong M_2$. 因而 G 不是 C_2I_{n-1} 群.

设G 为定理4.2.3中 (A29)$(p = 3)$. 若 $\nu_3 = 0, n \geq 2$, 计算可得 $\exp(M_1/M_1') = 3^{n+1}$, $\exp(M_3/M_3') = 3^n$. 于是 $M_1 \not\cong M_3$. 因而 G 不是 C_2I_{n-1} 群. 若 $\nu_3 = 1, n \geq r > 1$, 计算可得 $\exp(M_2/M_2') = 3^{n+1}$, $\exp(M_3/M_3') = 3^n$. 于是 $M_2 \not\cong M_3$. 因而 G 不是 C_2I_{n-1} 群. 若 $\nu_3 = 1, n = r = 1$, 计算可得 $\exp(M_1) = 9$, $\exp(M_3) = 3$. 于是 $M_1 \not\cong M_3$. 因而 G 不是 C_2I_{n-1} 群. 若 $\nu_3 = 0, n = 1$, 我们得到定理中的群 (8). 若 $\nu_3 = 1, n \geq 2, r = 1$, 我们得到定理中的群 (9).

设G 为定理4.2.3中 (A30)$(p = 3)$. 若 $n \geq 2$, 计算可得 $\exp(M_1/M_1') = 3^{n+1}$, $\exp(M_3/M_3') = 3^n$. 于是 $M_1 \not\cong M_3$. 因而 G 不是 C_2I_{n-1} 群. 若 $n = r = 1$, 此时 G 同构于群 (A29)$(\nu_3 = 0, \mathrm{n} = 1)$. 则我们得到定理中的群 (8). 显然我们得到的群都是互不同构的.

$\Longleftarrow$: 显然定理中的群都是幂零类大于2的3群. 下文仅验证它们是C_2I_{n-1} 群. 与定理 5.2.1的证明一样可得(10)中的群都是C_2I_{n-1} 群.

对于定理中的群(7),(8),(9), 计算可得 $\Phi(G) = \langle \mho_1(G), G' \rangle = \langle a^3, b^3, c, x, y \rangle$. 在下

面的讨论过程中, 若没有特殊说明, 均令 $M_1 = \langle a, b^3, c, x, y \rangle$, $M_{2i} = \langle a^3, ba^i, c, x, y \rangle$, $i = 0, 1, 2$. 由定理 1.2.33 易知, M_1 和 M_{2i} 是 G 的全部极大子群. 当 $i = 0, 1, 2$ 时, M_{2i} 分别为

$$M_2 = \langle a^3, b, c, x, y \rangle, \quad M_3 = \langle a^3, ba, c, x, y \rangle, \quad M_4 = \langle a^3, ba^2, c, x, y \rangle.$$

为方便, 在 M_1 中令

$$a_1 = a, \ b_1 = b^3, \ c_1 = c, \ x_1 = x, \ y_1 = y.$$

在 M_2 中令

$$a_2 = a^3, \ b_2 = b, \ c_2 = c, \ x_2 = x, \ y_2 = y.$$

在 M_3 中令

$$a_3 = a^3, \ b_3 = ba, \ c_3 = c, \ x_3 = x, \ y_3 = y.$$

在 M_4 中令

$$a_4 = a^3, \ b_4 = ba^2, \ c_4 = c, \ x_4 = x, \ y_4 = y.$$

设 G 为定理中的群 (7). 若 $\nu_3 = 0, n \geq 2, r = 1$, 设 σ_1 是 M_1 到 M_2 的一个映射, 满足

$$a_1^{\sigma_1} = a_2^2 b_2 c_2^2 x_2, \ b_1^{\sigma_1} = a_2^2, \ c_1^{\sigma_1} = c_2 x_2, \ x_1^{\sigma_1} = y_2, \ y_1^{\sigma_1} = x_2^2.$$

易证 σ_1 是 M_1 到 M_2 的同构映射. 设 σ_2 是 M_1 到 M_3 的一个映射, 满足

$$a_1^{\sigma_2} = b_3^2 b_3 c_3 x_3^2, \ b_1^{\sigma_2} = a_3^2 b_3^6, \ c_1^{\sigma_2} = c_3^2 x_3, \ x_1^{\sigma_2} = x_3 y_3, \ y_1^{\sigma_2} = x_3 y_3^2.$$

易证 σ_2 是 M_1 到 M_3 的同构映射. 设 σ_3 是 M_1 到 M_4 的一个映射, 满足

$$a_1^{\sigma_3} = a_4 b_4^2 c_4 x_4, \ b_1^{\sigma_3} = a_4^2 b_4^3 y_4^2 y_4, \ c_1^{\sigma_3} = c_4 x_4^2 y_4, \ x_1^{\sigma_3} = x_4^2 y_4^2, \ y_1^{\sigma_3} = y_4.$$

易证 σ_3 是 M_1 到 M_4 的同构映射. 得 G 的极大子群均同构. 故 G 是 $C_2 I_{n-1}$ 群. 若 $\nu_3 = 0, n = r = 1$, 类似计算可得 G 的所有极大子群均同构于 $M = \langle a, b \mid a^9 = b^3 = x^3 = 1, [a, b] = x \rangle$. 故 G 是 $C_2 I_{n-1}$ 群.

设 G 为定理中的群 (8). 设 $K_1 = \langle a, c \rangle$, $K_{2i} = \langle ba^i, c \rangle$, $i = 0, 1, 2$. 设 σ 是 K_1 到 K_{2i} 的一个映射, 满足 $a^\sigma = ba^i$, $c^\sigma = c$. 易证 σ 是 K_1 到 K_{2i} 的同构映射. 也即 G 的极大子群均同构. 故 G 是 $C_2 I_{n-1}$ 群.

设 G 为定理中的群 (9). 设 σ_1 是 M_1 到 M_2 的一个映射, 满足

$$a_1^{\sigma_1} = b_2^2 c_2^2 x_2, \ b_1^{\sigma_1} = a_2^2 b_2^3 x_2 y_2, \ c_1^{\sigma_1} = c_2 x_2 y_2, \ x_1^{\sigma_1} = y_2^2, \ y_1^{\sigma_1} = x_2^2 y_2.$$

易证 σ_1 是 M_1 到 M_2 的同构映射. 设 σ_2 是 M_1 到 M_3 的一个映射, 满足

$$a_1^{\sigma_2} = b_3^2 b_3^4 c_3 x_3^2, \ b_1^{\sigma_2} = a_3^3, \ c_1^{\sigma_2} = c_3^2 x_3, \ x_1^{\sigma_2} = x_3 y_3, \ y_1^{\sigma_2} = x_3^2.$$

易证 σ_2 是 M_1 到 M_3 的同构映射. 设 σ_3 是 M_1 到 M_4 的一个映射, 满足

$$a_1^{\sigma_3} = a_4 b_4^2 c_4^2, \ b_1^{\sigma_3} = a_4^2 b_4^3 y_4, \ c_1^{\sigma_3} = c_4^2 x_4, \ x_1^{\sigma_3} = x_4 y_4^2, \ y_1^{\sigma_3} = x_4 y_4.$$

易证 σ_3 是 M_1 到 M_4 的同构映射. 也即 G 的极大子群均同构. 故 G 是 C_2I_{n-1} 群.
$\square$

定理 5.2.3 设 G 是幂零类大于 2 的有限 2 群. 则 G 为 C_2I_{n-1} 群当且仅当 G 为下列群之一:

(11) $G = \langle a, b \mid a^4 = b^4 = c^2 = x^2 = 1, [a, b] = c, [c, a] = x, [c, b] = 1 \rangle$.

(12) $G = \langle a, b \mid a^{2^n} = b^{2^n} = 1, c^{2^r} = x^2 = y^2 = 1, [a, b] = c, [c, a] = x, [c, b] = y \rangle$,
其中 $n > r \geq 1$.

(13) $G = \langle a, b \mid a^{2^n} = xy, b^{2^n} = x, c^{2^r} = x^2 = y^2 = 1, [a, b] = c, [c, a] = x, [c, b] = y \rangle$,
其中 $n > r \geq 1$.

(14) $G = \langle a, b \mid a^{2^n} = x, b^{2^n} = y, c^{2^r} = x^2 = y^2 = 1, [a, b] = c, [c, a] = x, [c, b] = y \rangle$,
其中 $n > r \geq 1$.

(15) $G = \langle a, b \mid a^{2^n} = y, b^{2^n} = xy, c^{2^r} = x^2 = y^2 = 1, [a, b] = c, [c, a] = x, [c, b] = y \rangle$,
其中 $n > r \geq 1$.

(16) $G = \langle a, b \mid a^{2^n} = b^{2^n} = c^{2^2} = x^2 = y^2 = 1, c^2 = a^{2^{n-1}}, [a, b] = c, [c, a] = x, [c, b] = y \rangle$, 其中 $n \geq 3$.

(17) $G = \langle a, b \mid a^{2^{n+1}} = b^{2^{n+1}} = c^{2^n} = x^2 = y^2 = 1, c^{2^{n-1}} = a^{2^n}, a^{2^n} = b^{2^n}, [a, b] = c, [c, a] = x, [c, b] = y \rangle$, 其中 $n \geq 2$.

(18) $G = \langle a, b \mid a^{2^{n+1}} = b^{2^{n+1}} = c^{2^n} = x^2 = y^2 = 1, c^{2^{n-1}} = a^{2^n} y, a^{2^n} = b^{2^n} x, [a, b] = c, [c, a] = x, [c, b] = y \rangle$, 其中 $n \geq 2$.

证明 $\Longrightarrow$: 由定理 5.1.1(14) 可知, G 是非亚循环群. 由定理 5.1.1(1) 可知, G 是内类 2 群. 因此 G 是定理 4.3.2 或定理 4.3.3 中的群. 显然 G 正则. 由定理 5.1.1(9) 可知, G 的生成元的阶相等. 我们分两种情形讨论:

情形 1. G 为定理 4.3.2 中的群.

计算可得 $\Phi(G) = \langle \mho_1(G), G' \rangle = \langle a^2, b^2, c, x \rangle$. 在以下讨论过程中, 若没有特殊说明, 均令 $M_1 = \langle a, b^2, c, x \rangle$, $M_2 = \langle a^2, b, c, x \rangle$, $M_3 = \langle a^2, ba, c, x \rangle$. 由定理 1.2.33 易知, M_1, M_2 和 M_3 是 G 的全部极大子群.

设 G 为群 (A1). 若 $r > 1$, 计算可得 $M_1' = \langle c^2, x \rangle$, $M_2' = \langle c^2 x \rangle$. 于是 $M_1 \not\cong M_2$. 因而 G 不是 C_2I_{n-1} 群. 若 $r = 1, m = n > 2$, 计算可得 $Z(M_1) = \langle a^2, b^2, x \rangle$, $Z(M_2) = \langle a^4, b^2, c, x \rangle$. 因为 $d(Z(M_1)) = 3$, $d(Z(M_2)) = 4$, 故 $M_1 \not\cong M_2$. 因此可得 G 不是 C_2I_{n-1} 群. 若 $r = 1, m = n = 2$, 我们得到定理中的群 (11).

设 G 为群 (A2). 此时 G 的生成元的阶不相等. 则 G 不是 C_2I_{n-1} 群.

设 G 为群 (A3). 计算可得 $M_2' = \langle c^2, x \rangle$, $M_3' = \langle c^2 x \rangle$. 于是 $M_2 \not\cong M_3$. 因而 G 不是 C_2I_{n-1} 群.

设 G 为群 (A4). 若 $r = 1$, 计算可得 $c(M_2) = 1$. 这与 $c(M) = 2$ 矛盾. 若 $r > 1$, 计算可得

$$Z(M_1) = \langle a^{2^r} \rangle \times \langle b^{2^{r+1}} \rangle \times \langle c^2 \rangle \cong C_{2^{n-r}} \times C_{2^{n-r-1}} \times C_{2^r},$$

$$Z(M_2) = \langle a^{2^{r+1}} \rangle \times \langle b^{2^r} \rangle \times \langle c \rangle \cong C_{2^{n-r-1}} \times C_{2^{n-r}} \times C_{2^{r+1}}.$$

于是 $M_1 \not\cong M_2$. 因而 G 不是 C_2I_{n-1} 群.

设 G 为群 (A5). 此时 G 的生成元的阶不相等. 则 G 不是 C_2I_{n-1} 群.

设 G 为群 (A6). 若 $m = n+1$, 此时 G 的生成元的阶不相等. 则 G 不是 C_2I_{n-1} 群. 若 $m = n = r = 1$, 计算可得 $c(M_3) = 1$. 这与 $c(M) = 2$ 矛盾.

设 G 为群 (A7). 若 $r > 1$, 计算可得 $M_1' = \langle c^2, x \rangle$, $M_2' = \langle c^2 x \rangle$. 于是 $M_1 \not\cong M_2$. 若 $r > 1$, 计算可得 $\exp(M_1/M_1') = 2^{n+1}$, $\exp(M_2/M_2') = 2^n$. 于是 $M_1 \not\cong M_2$. 总之, G 不是 C_2I_{n-1} 群.

设 G 为群 (A8). 若 $r = 1$, 计算可得 $\exp(M_1/M_1') = 2^{n+1}$, $\exp(M_2/M_2') = 2^n$. 于是 $M_1 \not\cong M_2$. 若 $r > 1$, 计算可得 $M_1' = \langle c^2 x \rangle$, $M_2' = \langle c^2, x \rangle$. 于是 $M_1 \not\cong M_2$. 总之, G 不是 C_2I_{n-1} 群.

设 G 为群 (A9), (A10). 计算可得 $\exp(M_1/M_1') = 2^{n+1}$, $\exp(M_2/M_2') = 2^n$. 于是 $M_1 \not\cong M_2$.

设 G 为群 (A11) – (A16). 此时 G 的生成元的阶不相等. 则 G 不是 C_2I_{n-1} 群.

设 G 为群 (A17). 若 $m = 2, n = r = 1$, 此时 G 的生成元的阶不相等. 则 G 不是 C_2I_{n-1} 群. 若 $m = n \geq 2, r > 1$, 计算可得 $M_1' = \langle c^2, x \rangle$, $M_2' = \langle c^2 x \rangle$. 于是 $M_1 \not\cong M_2$. 若 $m = n \geq 2, r = 1$, 计算可得 $Z(M_1) = \langle a^2, b^2 \rangle$, $Z(M_2) = \langle a^4, b^2, c \rangle$. 因为 $d(Z(M_1)) = 2$, $d(Z(M_2)) = 3$, 故 $M_1 \not\cong M_2$. 总之, G 不是 C_2I_{n-1} 群.

设 G 为群 (A18). 若 $m = n \geq 2, r = 1$, 计算可得 $Z(M_1) = \langle a^2, b^2 \rangle$, $Z(M_2) = \langle a^4, b^2, c \rangle$. 因为 $d(Z(M_1)) = 2$, $d(Z(M_2)) = 3$, 故 $M_1 \not\cong M_2$. 若 $r > 1$, 计算可得 $M_1' = \langle c^2, x \rangle$, $M_2' = \langle c^2 x \rangle$. 于是 $M_1 \not\cong M_2$. 总之, G 不是 C_2I_{n-1} 群.

设 G 为群 (A19). 计算可得 $Z(M_1) = \langle c^2 \rangle$, $Z(M_2) = \langle c \rangle$. 于是 $M_1 \not\cong M_2$. 因而 G 不是 C_2I_{n-1} 群.

设 G 为群 (A20). 计算可得 $Z(M_1) = \langle c \rangle$, $Z(M_2) = \langle c^2 \rangle$. 于是 $M_1 \not\cong M_2$. 因而 G 不是 C_2I_{n-1} 群.

设 G 为群 (B1). 计算可得 $M_1' = \langle c^2, x \rangle$, $M_2' = \langle c^2 x \rangle$. 于是 $M_1 \not\cong M_2$. 因而 G 不是 C_2I_{n-1} 群.

设 G 为群 (B2). 计算可得 $M_1' = \langle c^2 x \rangle$, $M_2' = \langle c^2, x \rangle$. 于是 $M_1 \not\cong M_2$. 因而 G 不是 C_2I_{n-1} 群.

设 G 为群 (B3). 此时 G 的生成元的阶不相等. 则 G 不是 C_2I_{n-1} 群.

设 G 为群 (B4), (B7). 计算可得 $M_1' = \langle c^2, x \rangle$, $M_2' = \langle c^2 x \rangle$. 于是 $M_1 \not\cong M_2$. 因而 G 不是 C_2I_{n-1} 群.

设 G 为群 (B5), (B8). 计算可得 $M_1' = \langle c^2 x \rangle$, $M_2' = \langle c^2, x \rangle$. 于是 $M_1 \not\cong M_2$. 因而 G 不是 C_2I_{n-1} 群.

设 G 为群 (B6),(B9). 计算可得 $M_2' = \langle c^2, x \rangle$, $M_3' = \langle c^2x \rangle$. 于是 $M_2 \not\cong M_3$. 因而 G 不是 C_2I_{n-1} 群.

设 G 为群 (B10),(B11). 显然 $o(a) = o(b)$. 故 $m = n+1$. 因为 $m-r+q > r$, $n > r$, 故 $r+1 \le q < r$. 显然不存在这样的正整数 s. 矛盾.

设 G 为群 (B12). 此时 G 的生成元的阶不相等. 则 G 不是 C_2I_{n-1} 群.

设 G 为群 (B13) $-$ (B15). 计算可得 $\exp(M_1/M_1') = 2^{n-1}$, $\exp(M_2/M_2') = 2^n$. 于是 $M_1 \not\cong M_2$. 因而 G 不是 C_2I_{n-1} 群.

设 G 为群 (C1),(C2). 计算可得 $M_1' = \langle c^2, x \rangle$, $M_2' = \langle c^2x \rangle$. 于是 $M_1 \not\cong M_2$. 因而 G 不是 C_2I_{n-1} 群.

设 G 为群 (C3),(C4). 计算可得 $M_1' = \langle c^2x \rangle$, $M_2' = \langle c^2, x \rangle$. 于是 $M_1 \not\cong M_2$. 因而 G 不是 C_2I_{n-1} 群.

设 G 为群 (C5). 计算可得 $M_2' = \langle c^2, x \rangle$, $M_3' = \langle c^2x \rangle$. 于是 $M_2 \not\cong M_3$. 因而 G 不是 C_2I_{n-1} 群.

设 G 为群 (C6). 计算可得

$$Z(M_1) = \langle a^{2^{n-1}} \rangle \times \langle b^{2^n} \rangle \times \langle c^2 \rangle \cong C_{2^2} \times C_2 \times C_{2^{n-1}},$$

$$Z(M_2) = \langle a^{2^n} \rangle \times \langle b^{2^{n-1}} \rangle \times \langle c \rangle \cong C_2 \times C_{2^2} \times C_{2^n}.$$

于是 $M_1 \not\cong M_2$. 因而 G 不是 C_2I_{n-1} 群.

设 G 为群 (C7). 计算可得 $M_1' = \langle c^2, x \rangle$, $M_2' = \langle c^2x \rangle$. 于是 $M_1 \not\cong M_2$. 因而 G 不是 C_2I_{n-1} 群.

情形 2. G 为定理4.3.3 中的群

计算可得 $\Phi(G) = \langle \mho_1(G), G' \rangle = \langle a^2, b^2, c, x, y \rangle$. 在以下讨论过程中, 若没有特殊说明, 设

$$M_1 = \langle a, b^2, c, x, y \rangle, \quad M_2 = \langle a^2, b, c, x, y \rangle, \quad M_3 = \langle a^2, ba, c, x, y \rangle.$$

由定理 1.2.33 易知, M_1, M_2 和 M_3 是 G 的所有极大子群. 为方便, 有时将 M_2 和 M_3 合并为 $M_{2i} = \langle a^2, ba^i, c, x, y \rangle$, 其中 $i = 0, 1$. 情形2的以下证明中总是在 M_1 中令

$$a_1 = a, \quad b_1 = b^2, \quad c_1 = c, \quad x_1 = x, \quad y_1 = y.$$

在 M_2 中令

$$a_2 = a^2, \quad b_2 = b, \quad c_2 = c, \quad x_2 = x, \quad y_2 = y.$$

在 M_3 中令

$$a_3 = a^2, \quad b_3 = ba, \quad c_3 = c, \quad x_3 = x, \quad y_3 = y.$$

在 M_{2i} 中令

$$a_{2i} = a^2, \quad b_{2i} = ba^i, \quad c_{2i} = c, \quad x_{2i} = x, \quad y_{2i} = y.$$

设 G 为群 (A1). 若 $n = r$, 则 $\exp(G') = \exp(G)$. 由定理 5.1.1(8) 可知, G 不是 C_2I_{n-1} 群. 若 $n > r$, 我们得到定理中的群 (12).

设 G 为群 (A2). 若 $r > 1$, 计算可得 $M_1' = \langle c^2 y \rangle$, $M_2' = \langle c^2, y \rangle$. 于是 $M_1 \not\cong M_2$. 若 $r = 1$, 计算可得 $M_1' = \langle x, y \rangle$, $M_2' = \langle y \rangle$. 于是 $M_1 \not\cong M_2$. 总之, G 不是 C_2I_{n-1} 群.

设 G 为群 (A3). 此时 G 的生成元的阶不相等. 则 G 不是 C_2I_{n-1} 群.

设 G 为群 (A4). 若 $n > 1$, 计算可得 $M_2' = \langle c^2, x \rangle$, $M_3' = \langle c^2 x \rangle$. 于是 $M_2 \not\cong M_3$. 若 $n = 1$, 计算可得 $M_2' = \langle c^2 x \rangle$, $M_3' = \langle c^2, x \rangle$. 于是 $M_2 \not\cong M_3$. 总之, G 不是 C_2I_{n-1} 群.

设 G 为群 (A5). 若 $r > 1$, 计算可得

$$M_1/M_1' = \langle \overline{a} \rangle \times \langle \overline{b^2} \rangle \times \langle \overline{c} \rangle \cong C_{2^{n+1}} \times C_{2^{n-1}} \times C_{2^2},$$

$$M_2/M_2' = \langle \overline{a^2} \rangle \times \langle \overline{b} \rangle \times \langle \overline{cb^{-2^{n-1}}} \rangle \cong C_{2^n} \times C_{2^{n+1}} \times C_2.$$

于是 $M_1 \not\cong M_2$. 因而 G 不是 C_2I_{n-1} 群.

设 G 为群 (A6)或群 (A5)中 r 满足 $r = 1$. 计算可得 $\exp(M_1/M_1') = 2^{n+1}$, $\exp(M_2/M_2') = 2^n$. 于是 $M_1 \not\cong M_2$. 因而 G 不是 C_2I_{n-1} 群.

设 G 为群 (A7). 此时 G 的生成元的阶不相等. 则 G 不是 C_2I_{n-1} 群.

设 G 为群 (A8), (A9). 若 $r > 1$, 计算可得 $M_1' = \langle c^2 y \rangle$, $M_2' = \langle c^2, y \rangle$. 于是 $M_1 \not\cong M_2$. 若 $r = 1$, 计算可得 $M_1' = \langle c^2, y \rangle$, $M_2' = \langle y \rangle$. 于是 $M_1 \not\cong M_2$. 总之, G 不是 C_2I_{n-1} 群.

设 G 为群 (A10). 若 $m = n = r+1$, 此时 G 的生成元的阶不相等. 则 G 不是 C_2I_{n-1} 群. 若 $m = n+1$, 计算可得 $M_1' = \langle c^2 y \rangle$, $M_2' = \langle c^2, y \rangle$. 于是 $M_1 \not\cong M_2$. 因而 G 不是 C_2I_{n-1} 群.

设 G 为群 (A11), (A12). 若 $r > 1$, 计算可得 $M_1' = \langle c^2, x \rangle$, $M_2' = \langle c^2 x \rangle$. 于是 $M_1 \not\cong M_2$. 因而 G 不是 C_2I_{n-1} 群. 若 $r = 1$, 计算可得 $M_1' = \langle x \rangle$, $M_2' = \langle c^2, x \rangle$. 于是 $M_1 \not\cong M_2$. 因而 G 不是 C_2I_{n-1} 群.

设 G 为群 (A13). 若 $m = n$, 此时 G 的生成元的阶不相等. 则 G 不是 C_2I_{n-1} 群. 若 $m = 2, n = r = 1$, 计算可得 $M_1' = \langle x \rangle$, $M_2' = \langle c^2, x \rangle$. 于是 $M_1 \not\cong M_2$. 因而 G 不是 C_2I_{n-1} 群.

设 G 为群 (A14) – (A16). 计算可得 $\exp(M_1/M_1') = 2^{n+1}$, $\exp(M_2/M_2') = 2^n$. 于是 $M_1 \not\cong M_2$. 因而 G 不是 C_2I_{n-1} 群.

设 G 为群 (A17) – (A28). 此时 G 的生成元的阶不相等. 则 G 不是 C_2I_{n-1} 群.

设 G 为群 (A29). 计算可得 $\exp(M_2) = 2^{n+1}$, $\exp(M_3) = 2^n$. 于是 $M_2 \not\cong M_3$. 因而 G 不是 C_2I_{n-1} 群.

设 G 为群 (A30). 若 $n \geq 3$, 计算可得 $\exp(M_1/M_1') = 2^{n+1}$, $\exp(M_3/M_3') = 2^n$. 于是 $M_1 \not\cong M_3$. 若 $n = 2, r = 1$, 计算可得 $|M_1/\mho_2(M_1)| = 32$, $|M_3/\mho_2(M_3)| = 64$. 于是 $M_1 \not\cong M_3$. 若 $n = r = 2$, 计算可得 $M_1/\mho_2(M_1)$ 的极大子群中有 4 个二元生成的, 3

个三元生成的. 群 $M_3/\mho_2(M_3)$ 的 7 个极大子群均三元生成. 于是 $M_1 \ncong M_3$. 总之 G 不是 C_2I_{n-1} 群.

设 G 为群 (A31). 若 $n = r > 1$, 计算可得 $\exp(M_1/M_1') = 2^{n+1}$, $\exp(M_3/M_3') = 2^n$. 于是 $M_1 \ncong M_3$. 因而 G 不是 C_2I_{n-1} 群. 若 $n > r$, 我们得到定理中的群 (13).

设 G 为群 (A32). 若 $n = r > 1$, 计算可得 $\exp(M_1/M_1') = 2^n$, $\exp(M_3/M_3') = 2^{n+1}$. 于是 $M_1 \ncong M_3$. 因而 G 不是 C_2I_{n-1} 群. 若 $n > r$, 我们得到定理中的群 (14).

设 G 为群 (A33). 计算可得 $\exp(M_2) = 2^{n+1}$, $\exp(M_3) = 2^n$. 于是 $M_2 \ncong M_3$. 因而 G 不是 C_2I_{n-1} 群.

设 G 为群 (A34). 计算可得 $\exp(M_2/M_2') = 2^n$, $\exp(M_3/M_3') = 2^{n+1}$. 于是 $M_2 \ncong M_3$. 因而 G 不是 C_2I_{n-1} 群.

设 G 为群 (A35). 计算可得 $\exp(M_1/M_1') = 2^n$, $\exp(M_2/M_2') = 2^{n+1}$. 于是 $M_1 \ncong M_2$. 因而 G 不是 C_2I_{n-1} 群.

设 G 为群 (A36). 设 φ 为 M_1 到 M_{2i} 的一个映射, 并设

$$
\varphi : \begin{cases}
a_1 \longrightarrow a_{2i}^{i_1} b_{2i}^{j_1} c_{2i}^{k_1}; \\
b_1 \longrightarrow a_{2i}^{i_2} b_{2i}^{j_2} c_{2i}^{k_2}; \\
c_1 \longrightarrow a_{2i}^{i_3} b_{2i}^{j_3} c_{2i}^{k_3}.
\end{cases}
$$

由 $o(a_1) = 2^{n+1}$ 可知 $2 \nmid j_1$. 由 $o(b_1) = 2^n$ 可知 $2 \mid j_2$. 由 $[a_1, b_1]^\varphi = [a_1^\varphi, b_1^\varphi]$, $[c_1, a_1]^\varphi = [c_1^\varphi, a_1^\varphi]$, $[c_1, b_1]^\varphi = [c_1^\varphi, b_1^\varphi]$, $(a^{2^n})^\varphi = (a^\varphi)^{2^n}$, $(b^{2^n})^\varphi = (b^\varphi)^{2^n}$ 计算可得同余方程组:

$$
\begin{cases}
2(i_3 - i_1 j_3) \equiv 2^{n-1} k_2 \pmod{2^n}; \\
-2^n i_2 \equiv 2j_3 + 2^n \pmod{2^{n+1}}; \\
-2^{n-1}(i_2 + k_2) \equiv 2i_3 \pmod{2^n}; \\
1 + i_3 \equiv j_2' \pmod{2}; \\
i_2 + j_2' \equiv 1 + k_3 \pmod{2}; \\
i_3 - i_1 j_3 \equiv 0 \pmod{2^{r-1}}, n > r; \\
2(i_3 - i_1 j_3) \equiv 2^{n-1} k_2 \pmod{2^n}, n = r.
\end{cases}
$$

若 $n = r > 1$, 则整理可得同余方程组:

$$
\begin{cases}
2^{n-1} i_2 \equiv 2 i_1 j_3 \pmod{2^n}; \\
i_2 \equiv 0 \pmod 2; \\
k_3 \equiv i_3 \pmod 2.
\end{cases}
$$

解同余方程组可得:

$$
i_2 = 0, \ k_3 = i_3 = 0 \ \text{或者} \ i_2 = 0, \ k_3 = i_3 = 1.
$$

① 当 $k_3 = i_3 = 0$ 时, 计算可得 $j_3 \equiv 2^{n-1} \pmod{2^n}$. 此时, $c_1^\varphi = b_2^{j_3} = b_2^{2^{n-1}}$, $o(c_1) = 2^n$, $o(b_2^{2^{n-1}}) = 2^2$.

当 $n > 2$ 时, 由 $o(c_1)$ 可知, 产生矛盾.

当 $n = 2$ 时, 解上述同余方程组可得:

$$j_3 = 2, \ i_1 = 0, \ k_2 = 0.$$

此时, $a_1^\varphi = b_{2i}c_{2i}$, $b_1^\varphi = b_{2i}^2$, $c_1^\varphi = b_{2i}^2$. 此时可得 $c(G) = 1$. 与 $c(G) = 2$ 矛盾. 因而 G 不是 C_2I_{n-1} 群.

② 当 $k_3 = i_3 = 1$ 时, 计算可得同余方程组:

$$\begin{cases} i_1 j_2 \equiv 1 - j_3 \ (mod \ 2^{n-1}); \\ 2^{n-2} k_2 \equiv -1 \ (mod \ 2^{n-1}). \end{cases}$$

解同余方程组可得, $j_2 = 0$, k_2 无解. 于是 φ 不是 M_1 到 M_{2i} 的同构映射. 因而 G 不是 C_2I_{n-1} 群. 若 $n > r \geq 1$, 我们得到定理中的群 (15).

设 G 为群 (A37). 计算可得 $\exp(M_2) = 2^{n+1}$, $\exp(M_3) = 2^n$. 于是 $M_2 \not\cong M_3$. 因而 G 不是 C_2I_{n-1} 群.

设 G 为群 (A38) – (A46). 计算可得 $M_1' = \langle c^2 y \rangle$, $M_2' = \langle c^2, y \rangle$. 于是 $M_1 \not\cong M_2$. 因而 G 不是 C_2I_{n-1} 群.

设 G 为群 (A47) – (A51). 计算可得 $M_1' = \langle c^2, x \rangle$, $M_2' = \langle c^2 x \rangle$. 于是 $M_1 \not\cong M_2$. 因而 G 不是 C_2I_{n-1} 群.

设 G 为群 (A52). 若 $m = n$, 计算可得 $M_1' = \langle c^2, x \rangle$, $M_2' = \langle c^2 x \rangle$. 于是 $M_1 \not\cong M_2$. 因而 G 不是 C_2I_{n-1} 群. 若 $m = 2, n = r = 1$, 此时 G 的生成元的阶不相等. 则 G 不是 C_2I_{n-1} 群.

设 G 为群 (A53) – (A55). 计算可得 $M_1' = \langle c^2, x \rangle$, $M_2' = \langle c^2 x \rangle$. 于是 $M_1 \not\cong M_2$. 因而 G 不是 C_2I_{n-1} 群.

设 G 为群 (A56) – (A64). 计算可得, $M_1' = \langle c^2 y, x \rangle$, $M_3' = \langle c^2 x \rangle$. 于是 $M_1 \not\cong M_3$. 因而 G 不是 C_2I_{n-1} 群.

设 G 为群 (B1). 若 $q \geq 2$ 或者 $q = 1, r > 2$, 计算可得 $\exp(M_1/M_1') = 2^{n-1}$, $\exp(M_2/M_2') = 2^n$. 于是 $M_1 \not\cong M_2$. 因而 G 不是 C_2I_{n-1} 群. 若 $q = 1, r = 2$, 则我们得到定理中的群 (16).

设 G 为群 (B2). 若 $q = 1, r = 2$, 计算可得 $M_1/M_1' \cong C_{2^n} \times C_{2^{n-1}} \times C_2$, $M_2/M_2' \cong C_{2^{n-2}} \times C_{2^n} \times C_{2^2}$. 于是 $M_1 \not\cong M_2$. 若 $q = 1, r > 2$ 或者 $q \geq 2$, 计算可得 $\exp(M_1/M_1') = 2^{n-1}$, $\exp(M_2/M_2') = 2^n$. 于是 $M_1 \not\cong M_2$. 总之 G 不是 C_2I_{n-1} 群.

设 G 为群 (B3). 若 $q = 2, n = 3$, 计算可得 $\exp(M_2/M_2') = 8$, $\exp(M_3/M_3') = 4$. 于是 $M_2 \not\cong M_3$. 若 $q = 2, n > 3$, 计算可得 $M_1/M_1' \cong C_{2^{n-1}}^2 \times C_2$, $M_2/M_2' \cong C_{2^{n-2}} \times C_{2^{n-1}} \times C_{2^2}$. 于是 $M_1 \not\cong M_2$. 若 $q > 2$, 计算可得 $\exp(M_1/M_1') = 2^{n-1}$, $\exp(M_2/M_2') = 2^n$. 于是 $M_1 \not\cong M_2$. 总之 G 不是 C_2I_{n-1} 群.

设 G 为群 (B4). 此时 G 的生成元的阶不相等. 则 G 不是 C_2I_{n-1} 群.

设 G 为群 (B5). 若 $q = 1, r = 2$, 计算可得 $\exp(M_2/M_2') = 2^{n+1}$, $\exp(M_3/M_3') = 2^n$. 于是 $M_2 \not\cong M_3$. 若 $q = 1, r = 3$ 或者 $q \geq 2, r = q + 1$, 计算可得 $\exp(M_1/M_1') =$

2^n, $\exp(M_2/M_2') = 2^{n+1}$. 于是 $M_1 \ncong M_2$. 若 $q = 1, r > 3$ 或者 $q \geq 2, r > q + 1$, 计算可得 $\exp(M_1/M_1') = 2^{n-1}$, $\exp(M_2/M_2') = 2^{n+1}$. 于是 $M_1 \ncong M_2$. 总之 G 不是 C_2I_{n-1} 群.

设 G 为群 (B6). 若 $q = 1, r = 2$, 计算可得 $\exp(M_1/M_1') = 2^{n+1}$, $\exp(M_2/M_2') = 2^n$. 于是 $M_1 \ncong M_2$. 若 $q = 1, r > 2$, 计算可得 $\exp(M_2/M_2') = 2^n$, $\exp(M_3/M_3') = 2^{n+1}$. 于是 $M_2 \ncong M_3$. 若 $q \geq 2$, 计算可得 $M_1/M_1' \cong C_{2^{n-r+q+1}} \times C_{2^n} \times C_2$, $M_2/M_2' \cong C_{2^{n-r+q}} \times C_{2^n} \times C_{2^2}$. 于是 $M_1 \ncong M_2$. 总之, G 不是 C_2I_{n-1} 群.

设 G 为群 (B7). 若 $q \geq 2$ 或者 $q = 1, r > 2$, 计算可得 $\exp(M_2/M_2') = 2^{n+1}$, $\exp(M_3/M_3') = 2^n$. 于是 $M_2 \ncong M_3$. 若 $q = 1, r = 2$, 计算可得 $Z(M_2/\mho_{n-1}(M_2)) \cong C_{2^{n-2}}^2 \times C_2$, $Z(M_3/\mho_{n-1}(M_3)) \cong C_{2^{n-2}}^2 \times C_{2^2}$. 于是 $M_2 \ncong M_3$. 总之, G 不是 C_2I_{n-1} 群.

设 G 为群 (B8). 若 $q \geq 2$, 计算可得 $\exp(M_1/M_1') \leq 2^n$, $\exp(M_2/M_2') = 2^{n+1}$. 于是 $M_1 \ncong M_2$. 若 $q = 1, r \geq 3$, 计算可得 $\exp(M_1/M_1') = 2^{n-1}$, $\exp(M_2/M_2') = 2^{n+1}$. 于是 $M_1 \ncong M_2$. 若 $q = 1, r = 2$, 设 φ 是 M_1 到 M_2 的一个映射, 并设

$$\varphi : \begin{cases} a_1 \longrightarrow a_2^{i_1} b_2^{j_1} c_2^{k_1}; \\ b_1 \longrightarrow a_2^{i_2} b_2^{j_2} c_2^{k_2}; \\ c_1 \longrightarrow a_2^{i_3} b_2^{j_3} c_2^{k_3}. \end{cases}$$

由 $o(a_1) = 2^{n+1}$ 可知 $2 \nmid j_1$. 由 $o(b_1) = 2^n$ 可知 $2 \mid j_2$. 计算可得,

(1) $x_1^\varphi = [c_1, a_1]^\varphi = c_2^{2(i_3 j_1 - i_1 j_3)} y_2^{k_3 j_1 - j_3 k_1} x_2^{i_3 j_1 - i_1 j_3}$.

(2) $x_1^\varphi = (b_1^\varphi)^{2^{n-1}} = (c_2^2 x_2)^{i_1} b_2^{j_2 2^{n-1}} = c_2^{2 i_2} x_2^{i_2} b_2^{j_2 2^{n-1}}$.

二式联立可得同余方程组:

$$\begin{cases} j_2 \equiv 4 \ (mod \ 2^{n+1}); \\ k_3 j_1 - k_1 j_3 \equiv 0 \ (mod \ 2); \\ i_3 j_1 - i_1 j_3 \equiv i_2 \ (mod \ 2). \end{cases}$$

解同余方程组可得:

$$2 \nmid i_2, \ 2 \mid k_3, \ 2 \nmid i_2.$$

此时, $o(c_1^\varphi) = 2^n > 2^2$, 产生矛盾. 故 φ 不是 M_1 到 M_2 的同构映射. 于是 $M_1 \ncong M_2$. 总之, G 不是 C_2I_{n-1} 群.

设 G 为群 (B9). 若 $q = 1, r = 2$, 计算可得 $\exp(M_1/M_1') = 2^{n+1}$, $\exp(M_2/M_2') = 2^n$. 于是 $M_1 \ncong M_2$. 若 $q = 1, r > 2$, 计算可得 $M_2/M_2' \cong C_{2^{n-r+1}} \times C_{2^n} \times C_{2^2}$, $M_3/M_3' \cong C_{2^n} \times C_{2^{n-r+2}} \times C_2$. 于是 $M_2 \ncong M_3$. 若 $q \geq 2$, 计算可得 $\exp(M_2/M_2') = 2^n$, $\exp(M_3/M_3') = 2^{n+1}$. 于是 $M_2 \ncong M_3$. 总之, G 不是 C_2I_{n-1} 群.

设 G 为群 (B10). 若 $q = 1, r = 2$, 计算可得 $\exp(M_2/M_2') = 2^{n+1}$, $\exp(M_3/M_3') = 2^n$. 于是 $M_2 \ncong M_3$. 若 $q = 1, r > 2$ 或者 $q \geq 2$, 计算可得 $\exp(M_1/M_1') = 2^n$, $\exp(M_2/M_2') = 2^{n+1}$. 于是 $M_1 \ncong M_2$. 总之, G 不是 C_2I_{n-1} 群.

设 G 为群 (B11). 若 $q = 1$, 计算可得 $\exp(M_1/M_1') \leq 2^n$, $\exp(M_2/M_2') = 2^{n+1}$. 于是 $M_1 \not\cong M_2$. 若 $q \geq 2$, $r = q+1$, 计算可得 $\exp(M_2/M_2') \leq 2^{n+1}$, $\exp(M_3/M_3') = 2^n$. 于是 $M_2 \not\cong M_3$. 若 $q \geq 2$, $r > q+1$, 计算可得 $\exp(M_1/M_1') = 2^{n-1}$, $\exp(M_2/M_2') = 2^{n+1}$. 于是 $M_1 \not\cong M_2$. 总之, G 不是 C_2I_{n-1} 群.

设 G 为群 (B12). 若 $q = 1$, 计算可得 $\exp(M_1/M_1') = 2^n$, $\exp(M_3/M_3') = 2^{n+1}$. 于是 $M_1 \not\cong M_3$. 若 $q \geq 2$, $r = q+1$, 计算可得 $M_2/M_2' \cong C_{2^{n-1}} \times C_{2^n} \times C_{2^2}$, $M_3/M_3' \cong C_{2^n}^2 \times C_2$. 于是 $M_2 \not\cong M_3$. 若 $q \geq 2$, $r > q+1$, 计算可得 $\exp(M_2/M_2') = 2^n$, $\exp(M_3/M_3') = 2^{n+1}$. 于是 $M_2 \not\cong M_3$. 总之, G 不是 C_2I_{n-1} 群.

设 G 为群 (B13). 若 $q = 1$, 或者 $q \geq 2$ 且 $r \geq q+2$, 或者 $q \geq 2$, $r = q+1$ 且 $n = r$, 计算可得 $\exp(M_1/M_1') = 2^n$, $\exp(M_2/M_2') = 2^{n+1}$. 于是 $M_1 \not\cong M_2$. 若 $q \geq 2$, $r = q+1$, $n > r$, 计算可得

$$Z(M_2/\mho_{n-1}(M_2)) \cong C_{2^{n-r}}^2 \times C_{2^{r-1}},$$

$$Z(M_3/\mho_{n-1}(M_3)) \cong C_{2^{n-r}}^2 \times C_{2^r}.$$

于是 $M_2 \not\cong M_3$. 总之, G 不是 C_2I_{n-1} 群.

设 G 为群 (B14). 若 $q = 1$ 或者 $q \geq 2$ 且 $r \geq q+2$, 计算可得 $\exp(M_1/M_1') \leq 2^n$, $\exp(M_2/M_2') = 2^{n+1}$. 于是 $M_1 \not\cong M_2$. 若 $q > 2$, $r = q+1$, 计算可得 $\exp(M_1/M_1') = 2^n$, $\exp(M_2/M_2') = 2^{n+1}$. 于是 $M_1 \not\cong M_2$. 若 $q = 2$, $r = q+1$, 设 φ 是 M_1 到 M_2 的一个映射, 并设

$$\varphi : \begin{cases} a_1 \longrightarrow a_2^{i_1} b_2^{j_1} c_2^{k_1}; \\ b_1 \longrightarrow a_2^{i_2} b_2^{j_2} c_2^{k_2}; \\ c_1 \longrightarrow a_2^{i_3} b_2^{j_3} c_2^{k_3}. \end{cases}$$

由 $o(a_1) = 2^{n+1}$ 可知 $2 \nmid j_1$. 由 $o(b_1) = 2^n$ 可知 $2 \mid j_2$. 计算可得,

(1) $x_1^\varphi = [c_1, a_1]^\varphi = c_2^{2(i_3 j_1 - i_1 j_3)} y_2^{k_3 j_1 - j_3 k_1} x_2^{i_3 j_1 - i_1 j_3}$.

(2) $x_1^\varphi = (b_1^{2^{n-1}})^\varphi = c_2^{4 i_2} x_2^{i_2} y_2^{i_2} b_2^{j_2 2^{n-1}}$.

二式联立可得同余方程组:

$$\begin{cases} j_2 \equiv 4 \pmod{2^{n+1}}; \\ 2(i_3 j_1 - i_1 j_3) \equiv 4 i_2 \pmod 2; \\ i_3 j_1 - i_1 j_3 \equiv i_2 \pmod 2. \end{cases}$$

解同余方程组可得, $2 \nmid i_2$ 且 $2 \mid i_2$. 矛盾. 故 φ 不是 M_1 到 M_2 的同构映射. 于是 $M_1 \not\cong M_2$. 总之, G 不是 C_2I_{n-1} 群.

设 G 为群 (B15). 若 $q = 1$, 计算可得 $M_1/M_1' \cong C_{2^{n-r+2}} \times C_{2^n} \times C_2$, $M_2/M_2' \cong C_{2^{n-r+1}} \times C_{2^n} \times C_{2^2}$. 于是 $M_1 \not\cong M_2$. 若 $q \geq 2$, 计算可得 $\exp(M_2/M_2') = 2^n$, $\exp(M_3/M_3') = 2^{n+1}$. 于是 $M_2 \not\cong M_3$. 总之, G 不是 C_2I_{n-1} 群.

设 G 为群 (B16). 若 $q = 1$, 计算可得 $\exp(M_1/M_1') = 2^n$, $\exp(M_2/M_2') = 2^{n+1}$. 于是 $M_1 \not\cong M_2$. 若 $q \geq 2$, 计算可得 $\exp(M_2/M_2') = 2^{n+1}$, $\exp(M_3/M_3') = 2^n$. 于是 $M_2 \not\cong M_3$. 总之, G 不是 C_2I_{n-1} 群.

设 G 为群 (B17). 计算可得 $M_1' = \langle c^2 y \rangle$, $M_2' = \langle c^2, y \rangle$. 于是 $M_1 \not\cong M_2$. 因而 G 不是 C_2I_{n-1} 群.

设 G 为群 (B18). 计算可得 $M_1' = \langle c^2, x \rangle$, $M_2' = \langle c^2 x \rangle$. 于是 $M_1 \not\cong M_2$. 因而 G 不是 C_2I_{n-1} 群.

设 G 为群 (B19). 此时 G 的生成元的阶不相等. 则 G 不是 C_2I_{n-1} 群.

设 G 为群 (B20). 计算可得 $M_1' = \langle c^2 y \rangle$, $M_2' = \langle c^2, y \rangle$. 于是 $M_1 \not\cong M_2$. 因而 G 不是 C_2I_{n-1} 群.

设 G 为群 (B21). 计算可得 $M_1' = \langle c^2, x \rangle$, $M_2' = \langle c^2 x \rangle$. 于是 $M_1 \not\cong M_2$. 因而 G 不是 C_2I_{n-1} 群.

设 G 为群 (B22). 此时 G 的生成元的阶不相等. 则 G 不是 C_2I_{n-1} 群.

设 G 为群 (B23), (B26), (B29), (B32), (B35), (B38), (B41), (B44), (B47), (B50), (B53), (B56), (B59). 计算得 $M_1' = \langle c^2 y \rangle$, $M_2' = \langle c^2, y \rangle$. 于是 $M_1 \not\cong M_2$. 则 G 不是 C_2I_{n-1} 群.

设 G 为群 (B24), (B27), (B30), (B33), (B36), (B39), (B42), (B45), (B48), (B51), (B54), (B57), (B60). 计算得 $M_1' = \langle c^2, x \rangle$, $M_2' = \langle c^2 x \rangle$. 于是 $M_1 \not\cong M_2$. 则 G 不是 C_2I_{n-1} 群.

设 G 为群 (B25), (B28), (B31), (B34), (B37), (B40), (B43), (B46), (B49), (B52), (B55), (B58), (B61). 计算得 $M_1' = \langle c^2 y, x \rangle$, $M_3' = \langle c^2 y \rangle$. 则 $M_1 \not\cong M_3$. 则 G 不是 C_2I_{n-1} 群.

设 G 为群 (C1). 我们得到定理中的群 (17).

设 G 为群 (C2). 若 $n = 2$, 计算可得 $\exp(M_1/M_1') = 8$, $\exp(M_2/M_2') = 4$. 于是 $M_1 \not\cong M_2$. 若 $n > 2$, 计算可得 $\exp(M_1/M_1') = 2^n$, $\exp(M_2/M_2') = 2^{n+1}$. 于是 $M_1 \not\cong M_2$. 总之, G 不是 C_2I_{n-1} 群.

设 G 为群 (C3). 若 $n = 2$, 计算可得 $Z(M_2/\mho_1(M_2)) = \langle \overline{c} \rangle \times \langle \overline{x} \rangle \cong C_2^2$, $Z(M_3/\mho_1(M_3)) = \langle \overline{x} \rangle \cong C_2$. 于是 $M_2 \not\cong M_3$. 若 $n > 2$, 计算可得 $M_1/M_1' \cong C_{2^n}^2 \times C_2$, $M_2/M_2' \cong C_{2^{n-1}} \times C_{2^n} \times C_{2^2}$. 于是 $M_1 \not\cong M_2$. 总之, G 不是 C_2I_{n-1} 群.

设 G 为群 (C4). 若 $n = 2$, 计算可得 $\exp(M_1/M_1') = 8$, $\exp(M_2/M_2') = 4$. 显然, $M_1 \not\cong M_2$. 若 $n > 2$, 计算可得 $\exp(M_1/M_1') = 2^n$, $\exp(M_2/M_2') = 2^{n+1}$. 于是 $M_1 \not\cong M_2$. 总之, G 不是 C_2I_{n-1} 群.

设 G 为群 (C5). 若 $n = 2$, 计算可得 $\exp(M_1/M_1') = 8$, $\exp(M_3/M_3') = 4$. 于是 $M_1 \not\cong M_3$. 若 $n > 2$, 计算可得

$$Z(M_1/\mho_n(M_1)) \cong C_2^2 \times C_{2^{n-1}},$$

$$Z(M_3/\mho_n(M_3)) \cong C_2^2 \times C_{2^n}.$$

于是 $M_1 \not\cong M_3$. 总之, G 不是 C_2I_{n-1} 群.

设 G 为群 (C6). 我们得到定理中的群 (18).

$\Longleftarrow$: 显然定理中的群都是幂零类大于 2 的 2 群. 下文仅验证它们是 C_2I_{n-1} 群.

设 G 是定理中的群 (11). 令 $M_1 = \langle a, b^2, c, x \rangle$, $M_2 = \langle a^2, b, c, x \rangle$, $M_3 = \langle a^2, ba, c, x \rangle$. 由定理 1.2.33 易知, M_1, M_2 和 M_3 是 G 的全部极大子群. 在 M_1 中令 $a_1 = a$, $b_1 = b^2$, $c_1 = c$, $x_1 = x$. 在 M_2 中令 $a_2 = a^2$, $b_2 = b$, $c_2 = c$, $x_2 = x$. 在 M_3 中令 $a_3 = a^2$, $b_3 = ba$, $c_3 = ca^2$, $x_3 = x$. 设 σ 是 M_1 到 M_2 的一个映射, 满足

$$a_1^\sigma = b_2,\ b_1^\sigma = c_2,\ c_1^\sigma = a_2,\ x_1^\sigma = x_2.$$

易证 σ 是 M_1 到 M_2 的同构映射. 设 φ 是 M_2 到 M_3 的一个映射, 满足

$$a_2^\varphi = a_3,\ b_2^\varphi = b_3,\ c_2^\varphi = c_3,\ x_2^\varphi = x_3.$$

易证 φ 是 M_2 到 M_3 的同构映射. 也即 G 的极大子群均同构. 易得 G 是 $C_2 I_{n-1}$ 群.
　　对于定理中的其他群, 设

$$M_1 = \langle a, b^2, c, x, y \rangle,\ M_2 = \langle a^2, b, c, x, y \rangle,\ M_3 = \langle a^2, ba, c, x, y \rangle.$$

由定理 1.2.33 易知, M_1, M_2 和 M_3 是 G 的所有极大子群. 为方便, 有时将 M_2 和 M_3 合并为 $M_{2i} = \langle a^2, ba^i, c, x, y \rangle$, 其中 $i = 0, 1$. 以下证明中若不特殊说明总是在 M_1 中令

$$a_1 = a,\ b_1 = b^2,\ c_1 = c,\ x_1 = x,\ y_1 = y.$$

在 M_2 中令

$$a_2 = a^2,\ b_2 = b,\ c_2 = c,\ x_2 = x,\ y_2 = y.$$

在 M_3 中令

$$a_3 = a^2,\ b_3 = ba,\ c_3 = c,\ x_3 = x,\ y_3 = y.$$

在 M_{2i} 中令

$$a_{2i} = a^2,\ b_{2i} = ba^i,\ c_{2i} = c,\ x_{2i} = x,\ y_{2i} = y.$$

　　设 G 是定理中的群 (12). 设 σ 是 M_1 到 M_{2i} 的一个映射, 满足

$$a_1^\sigma = b_{2i},\ b_1^\sigma = a_{2i},\ c_1^\sigma = c_{2i}^{-1},\ x_1^\sigma = (x_{2i}^i y_{2i})^{-1},\ y_1^\sigma = x_{2i},\ i = 0, 1.$$

易证 σ 是 M_1 到 M_{2i} 的同构映射. 则 G 的极大子群均同构. 易得 G 是 $C_2 I_{n-1}$ 群.
　　设 G 是定理中的群 (13). 设 σ 是 M_1 到 M_2 的一个映射, 满足

$$a_1^\sigma = b_2 a_2,\ b_1^\sigma = a_2,\ c_1^\sigma = c_2^{-1},\ x_1^\sigma = x_2 y_2,\ y_1^\sigma = y_2.$$

易证 σ 是 M_1 到 M_2 的同构映射. 设 φ 是 M_1 到 M_3 的一个映射, 满足

$$a_1^\varphi = b_3,\ b_1^\varphi = a_3,\ c_1^\varphi = c_3^{-1},\ x_1^\varphi = x_3 y_3,\ y_1^\varphi = y_3.$$

易证 φ 是 M_1 到 M_3 的同构映射. 则 G 的极大子群均同构. 易得 G 是 $C_2 I_{n-1}$ 群.

设 G 是定理中的群 (14). 设 σ 是 M_2 到 M_1 的一个映射, 满足

$$a_2^\sigma = b_1,\ b_2^\sigma = a_1,\ c_2^\sigma = c_1^{-1},\ x_2^\sigma = y_1,\ y_2^\sigma = x_1.$$

易证 σ 是 M_2 到 M_1 的同构映射. 设 φ 是 M_2 到 M_3 的一个映射, 满足

$$a_2^\varphi = a_3,\ b_2^\varphi = b_3,\ c_2^\varphi = c_3,\ x_2^\varphi = x_3,\ y_2^\varphi = x_3 y_3.$$

易证 φ 是 M_2 到 M_3 的同构映射. 则 G 的极大子群均同构. 易得 G 是 C_2I_{n-1} 群.

设 G 是定理中的群 (15). 设 φ 为 M_1 到 M_{2i} 的一个映射, 并设

$$\varphi : \begin{cases} a_1 \longrightarrow a_{2i}^{i_1} b_{2i}^{j_1} c_{2i}^{k_1}; \\ b_1 \longrightarrow a_{2i}^{i_2} b_{2i}^{j_2} c_{2i}^{k_2}; \\ c_1 \longrightarrow a_{2i}^{i_3} b_{2i}^{j_3} c_{2i}^{k_3}. \end{cases}$$

由 $o(a_1) = 2^{n+1}$ 可知 $2 \nmid j_1$. 由 $o(b_1) = 2^n$ 可知 $2 \mid j_2$. 由 $[a_1, b_1]^\varphi = [a_1^\varphi, b_1^\varphi]$, $[c_1, a_1]^\varphi = [c_1^\varphi, a_1^\varphi]$, $[c_1, b_1]^\varphi = [c_1^\varphi, b_1^\varphi]$, $(a^{2^n})^\varphi = (a^\varphi)^{2^n}$, $(b^{2^n})^\varphi = (b^\varphi)^{2^n}$ 计算可得同余方程组:

$$\begin{cases} 2(i_3 - i_1 j_3) \equiv 2^{n-1} k_2 \pmod{2^n}; \\ -2^n i_2 \equiv 2 j_3 + 2^n \pmod{2^{n+1}}; \\ -2^{n-1}(i_2 + k_2) \equiv 2 i_3 \pmod{2^n}; \\ 1 + i_3 \equiv j_2' \pmod 2; \\ i_2 + j_2' \equiv 1 + k_3 \pmod 2; \\ i_3 - i_1 j_3 \equiv 0 \pmod{2^{r-1}}, n > r; \\ 2(i_3 - i_1 j_3) \equiv 2^{n-1} k_2 \pmod{2^n}, n = r. \end{cases}$$

注意到 $n > r \geq 1$, 解同余方程组可得一组解为:

$$i_1 = j_1 = k_1 = i_2 = k_2 = k_3 = 1,\ j_2 = 2,$$

其余参数的值都是 0. 此时可得

$$a_1^\varphi = a_{2i} b_{2i} c_{2i},\ b_1^\varphi = a_{2i} b_{2i}^2 c_{2i},\ c_1^\varphi = c_{2i}.$$

易证 φ 为 M_1 到 M_{2i} 的同构映射. 则 G 的极大子群均同构. 易得 G 是 C_2I_{n-1} 群.

设 G 是定理中的群 (16).

① 当 $n \geq 4$ 时, 设 σ 是 M_2 到 M_1 的一个映射, 满足

$$a_2^\sigma = a_1^2 b_1,\ b_2^\sigma = a_1,\ c_2^\sigma = c_1 b_1^{2^{n-3}},\ x_2^\sigma = b_1^{2^{n-2}} y_1,\ y_2^\sigma = x_1.$$

易证 σ 是 M_2 到 M_1 的同构映射. 设 φ 是 M_3 到 M_2 的一个映射, 满足

$$a_3^\varphi = a_2^2 b_2,\ b_3^\varphi = a_2,\ c_3^\varphi = c_2 b_2^{2^{n-3}},\ x_3^\varphi = b_2^{2^{n-2}} y_2,\ y_3^\varphi = b_2^{2^{n-2}} x_2 y_2.$$

易证 φ 是 M_3 到 M_2 的同构映射. 则 G 的极大子群均同构. 易得 G 是 C_2I_{n-1} 群.

② 当 $n = 3$ 时, 设 σ 是 M_2 到 M_1 的一个映射, 满足

$$a_2^\sigma = a_1^2 b_1, \ b_2^\sigma = a_1, \ c_2^\sigma = c_1 b_1, \ x_2^\sigma = b_1^2 y_1, \ y_2^\sigma = c_1^2 x_1 y_1.$$

易证 σ 是 M_2 到 M_1 的同构映射. 设 φ 是 M_3 到 M_1 的一个映射, 满足

$$a_3^\varphi = a_2^2 b_2, \ b_3^\varphi = a_2, \ c_3^\varphi = c_2 b_2, \ x_3^\varphi = b_2^2 y_2, \ y_3^\varphi = b_2^2 c_2^2 x_2.$$

易证 φ 是 M_3 到 M_1 的同构映射. 则 G 的极大子群均同构. 易得 G 是 C_2I_{n-1} 群.

设 G 是定理中的群 (17). 设 σ 是 M_1 到 M_2 的一个映射, 满足

$$a_1^\sigma = b_2^{-1}, \ b_1^\sigma = a_2, \ c_1^\sigma = c_2, \ x_1^\sigma = y_2, \ y_1^\sigma = x_2.$$

易证 σ 是 M_1 到 M_2 的同构映射. 设 φ 是 M_1 到 M_3 的一个映射, 满足

$$a_1^\varphi = b_3^{-1}, \ b_1^\varphi = a_3, \ c_1^\varphi = c_3, \ x_1^\varphi = x_3 y_3, \ y_1^\varphi = x_3.$$

易证 φ 是 M_1 到 M_3 的同构映射. 则 G 的极大子群均同构. 易得 G 是 C_2I_{n-1} 群.

设 G 是定理中的群 (18). 设

$$K_1 = \langle a^2, b, c, x, y \rangle, \ K_2 = \langle a, b^2, c, x, y \rangle.$$

由定理 1.2.33 易知, K_1 和 K_2 是 G 的极大子群. 设 φ 是 K_1 到 K_2 的一个映射, 并设

$$\varphi : \begin{cases} a_1 \longrightarrow a_2^{i_1} b_2^{j_1} c_2^{k_1}; \\ b_1 \longrightarrow a_2^{i_2} b_2^{j_2} c_2^{k_2}; \\ c_1 \longrightarrow a_2^{i_3} b_2^{j_3} c_2^{k_3}. \end{cases}$$

由 $o(a_1) = 2^{n+1}$ 可知, $2 \mid i_1$. 由 $o(b_1) = 2^n$ 可知, $2 \nmid i_2$. 由 $(c_1^\varphi)^{2^{n-1}} = (c_1^{2^{n-1}})^\varphi = (a_1^{2^{n-1}} y_1)^\varphi = (a_1^\varphi)^{2^{n-1}} y_1^\varphi$, $(a_1^\varphi)^{2^{n-1}} = (a_1^{2^{n-1}})^\varphi = (b_1^{2^n} x_1)^\varphi = (b_1^\varphi)^{2^n} x_1^\varphi$, $[a_1, b_1]^\varphi = [a_1^\varphi, b_1^\varphi]$, $[c_1, a_1]^\varphi = [c_1^\varphi, a_1^\varphi]$, $[c_1, b_1]^\varphi = [c_1^\varphi, b_1^\varphi]$ 计算可得同余方程组:

$$\begin{cases} j_3 - j_1 \equiv k_3 \ (mod \ 2); \\ k_3 - k_1 \equiv -j_3 \ (mod \ 2); \\ i_3 j_2 - j_3 \equiv 2^{n-1} \ (mod \ 2^n); \\ 2^{n-1}(i_3 - i_1) + 2^n(j_3 - j_1 + k_3 - k_1) \equiv 0 \ (mod \ 2^{n+1}); \\ i_3 - i_1 + 2(j_3 - j_1 + k_3 - k_1) \equiv 0 \ (mod \ 2^2); \\ 2^{n-1}(i_2 + 2i_1 - k_1 + j_1) \equiv -i_3 \ (mod \ 2^n); \\ 2^{n-2}(j_2 - k_1) \equiv -j_3 \ (mod \ 2^{n-1}); \\ 2^{n-2}(k_1 + j_1) \equiv i_1 j_2 - j_1 - i_3 j_3 - k_3 \ (mod \ 2^{n-1}). \end{cases}$$

解同余方程组可得一组解为:

$$j_1 = k_1 = i_2 = j_2 = k_3 = 1, \ i_1 = 2,$$

其余参数的值都是 0. 此时可得,

$$a_1^\varphi = a_2^2 b_2 c_2, \ b_1^\varphi = a_2 b_2, \ c_1^\varphi = c_2.$$

易证 φ 是 K_1 到 K_2 的同构映射. 令 σ 是 M_3 到 K_2 的一个映射, 满足

$$a_3^\sigma = a_2^2 b_2 c_2, \ b_3^\sigma = a_2 b_2, \ c_3^\sigma = c_2.$$

易证 σ 是 M_3 到 K_2 的同构映射. 则 G 的极大子群均同构. 易得 G 是 C_2I_{n-1} 群. □

综合定理 5.2.1, 5.2.2 和 5.2.3 的结果, 我们有下列结论.

定理 5.2.4 设 G 是幂零类大于 2 的有限 p 群且 $d(G) = 2$. 则 G 为 C_2I_{n-1} 群当且仅当 G 为定理 5.2.1, 5.2.2, 5.2.3 中的群之一.

§5.3 2 元生成且幂零类为 2 的 C_2I_{n-1} 群的分类

定理 5.1.1(10) 已经证明了: 若 G 是幂零类为 2 的有限 p 群且 $d(G) = n$, 则 $d(G') \leq \frac{n(n-1)}{2}$. 特别地, 当 $d(G) = 2$ 时, $d(G') = 1$. 当 $d(G) = 3$ 时, $d(G') \leq 3$. 显然, 随着 G 的生成元个数的增大, G' 的生成元个数增大的更快. 如果不对 G 的生成元个数加以限制, 则 G 的极大子群个数将很多, 解决起来越困难. 本节定理 5.3.1 给出 2 元生成且幂零类为 2 的 C_2I_{n-1} 群的分类. 和上一节中的定理 5.2.4 一起, 就给出了 2 元生成的 C_2I_{n-1} 群的分类.

定理 5.3.1 设 G 是幂零类为 2 的有限 p 群. 则 G 为 $d(G) = 2$ 的 C_2I_{n-1} 群当且仅当 G 为下列互不同构的群之一:

(1) $G = \langle a, b \mid a^{p^n} = b^{p^n} = c^{p^r} = 1, [a,b] = c, [c,a] = 1, [c,b] = 1 \rangle$. 当 $p = 2$ 时, $n > r > 1$; 当 $p > 2$ 时, $n \geq r > 1$.

(2) $G = \langle a, b \mid a^{2^{n+1}} = b^{2^{n+1}} = c^{2^{n-1}} = 1, a^{2^n} = b^{2^n}, [a,b] = a^2 c, [c,a] = 1, [c,b] = a^{-4}c^{-2} \rangle$, 其中 $n \geq 2$.

证明 $\Longrightarrow$: 由定理 5.1.1(14) 可知, G 非亚循环. 因此 G 是定理 1.3.14 或定理 1.3.13 中的群. 由定理 5.1.1(12) 可知, G 的生成元的阶均相等. 分两种情况讨论:

情形 1. G 为定理 1.3.14 中的群.

设 G 为群 (A1). 若 $n > r = 1$, 计算可得 M_1 交换. 因而 G 不是 C_2I_{n-1} 群. 若 $n > r > 1$, 则 G 是定理中的群 (1).

若 G 为群 (A2), 计算可得 $Z(M_1) \cong C_{2^{n-r+1}} \times C_{2^{n-r}}$, $Z(M_2) \cong C_{2^{n-r}}^2$. 于是 $M_1 \ncong M_2$. 因而 G 不是 C_2I_{n-1} 群.

若 G 为群 (A3), 若 $m = 1$, 计算可得 M_1 交换. 因而 G 不是 C_2I_{n-1} 群. 若 $m \geq 2$, 则 G 是定理中的群 (2).

若 G 为群 (A4), G 亚循环, 因而 G 不是 C_2I_{n-1} 群.

情形2. G 为定理1.3.13中的群.

设 $M_1 = \langle a, b^p, c \rangle$, $M_2 = \langle a^p, b, c \rangle$, $M_3 = \langle a^p, ba, c \rangle$. 由引理 1.2.33 易知, M_1, M_2 和 M_3 是 G 的极大子群.

设 G 为群 (A1). 若 $n > r = 1$, 计算可得 M_1 交换. 因而 G 不是 C_2I_{n-1} 群. 若 $n > r > 1$, 则G是定理中的群 (I-1).

若 G 为群 (A2), 计算可得 $\exp(M_1/M_1') = p^{n-1}$, $\exp(M_2/M_2') = p^n$. 于是 $M_1 \not\cong M_2$. 因而 G 不是 C_2I_{n-1} 群.

若 G 为群 (A3), (A4), 此时 G 的生成元的阶不相等. G 不是 C_2I_{n-1} 群.

显然定理中的两个群互不同构.

$\Longleftarrow$: 若G是定理中的群 (1). 显然$d(G) = 2$且$c(G) = 2$. 设 $M_1 = \langle a, b^p, c \rangle$, $M_{2i} = \langle a^p, ba^i, c \rangle$. 由引理 1.2.33 易知, M_1 和 M_{2i} 是 G 的全部极大子群. 在 M_1 中令 $a_1 = a$, $b_1 = b^p$, $c_1 = c$. 在 M_{2i} 中令 $a_{2i} = a^p, b_{2i} = ba^i, c_{2i} = c$. 设 σ 是 M_1 到 M_{2i} 的一个映射, 满足 $a_1^\sigma = b_{2i}, b_1^\sigma = a_{2i}, c_1^\sigma = c_{2i}^{-1}$. 易证 σ 是 M_1 到 M_{2i} 的同构映射. 因此G 的极大子群均同构. 显然M_1非交换, 因此 G 是 C_2I_{n-1} 群. 若G是定理中的群 (2), 则类似验证即可, 过程省略. $\quad\square$

§5.4　可以继续研究的题目

本节给出两个可以继续研究的题目, 给有兴趣的读者, 使他们能够快速的进入C_2I_{n-1} 群的研究.

题目1 给出3元生成的 C_2I_{n-1} 群的分类.

本章已知了2元生成的 C_2I_{n-1} 群的分类. 继续研究3元生成的 C_2I_{n-1} 群的分类是一个自然的问题. 另外, 张勤海在文献 [82]中研究了 p^k 阶子群都同构且内交换的 p 群(称之为 NSI_k 群)并给出了其分类. 有趣的是, NSI_k 群只能是 MI 群. 因此NSI_k 群都是生成元的个数不超过 3 的 C_2I_{n-1} 群. 这也促使我们应该研究3元生成的 C_2I_{n-1} 群. 本节的定理5.1.1中对这类群已经得到一些性质, 这些性质对分类问题的解决会有帮助.

题目2 研究正则的 C_2I_{n-1} 群.

本节的定理5.1.1中已经得到一些C_2I_{n-1} 群的性质. 容易看出, 正则的 C_2I_{n-1} 群的结构比较简单. 可以继续深入研究正则的 C_2I_{n-1} 群, 给出一些特殊情况下的分类, 最终给出正则的 C_2I_{n-1} 群的结构刻画.

参考文献

[1] An L J. Finite *p*-groups whose nonnormal subgroups have few orders. Front Math China, 2018,13(4): 763–777.

[2] An L J, Hu R F, Zhang Q H. Finite *p*-groups with a minimal nonabelian subgroup of index *p* (IV). J. Algebra Appl., 2015,14(2): 1550020 (54pages).

[3] An L J, Li L L, Qu H P, Zhang Q H. Finite *p*-groups with a minimal nonabelian subgroup of index *p* (II). Sci China Math, 2014,57: 737–753.

[4] Bacon M R, Kappe L C. The nonabelian tensor square of a 2-generator *p*-group of Class 2. Arch. Math.(Basel), 1993, 61(6): 508–516.

[5] Berkovich Y. Finite *p*-groups with few minimal nonabelian subgroups. J. Algebra, 2006, 297(1): 263–270.

[6] Berkovich Y. Groups of Prime Power Order Volume 1. Walter de Gruyter, Berlin· New York, 2008.

[7] Berkovich Y, Janko Z. Groups of Prime Power Order Volume 4. Walter de Gruyter, Berlin· Boston, 2016.

[8] Berkovich Y, Janko Z. Groups of Prime Power Order Volume 5. Walter de Gruyter, Berlin· Boston, 2016.

[9] Berkovich Y, Janko Z. Structure of finite *p*-groups with given subgroups. Contemp. Math, 2006, 402: 13–93.

[10] Berkovich Y, Zhang Q H. On $\mathcal{A}_1$- and $\mathcal{A}_2$- subgroups of finite *p*-groups. J. Algebra Appl., 2014,13(2): 1350095 (26pages).

[11] Blackburn N. Generalizations of certain elementary theorems on *p*-groups. Proc. London Math. Soc., 1961, 11(3): 1–22.

[12] Božikov Z, Janko Z. Finite 2-groups *G* with exactly one maximal subgroup which is neither abelian nor minimal nonabelian. Glas. Mat. Ser. III, 2010, 45(1): 63–83.

[13] 成小院. 交换子群阶较小的有限*p*群. 山西师范大学硕士学位论文, 2010.

[14] 豆艾, 李璞金. 极大子群都同构且类二的有限群. 山西师范大学学报(自然科学版), 2019, 33(02): 6–9.

[15] 冯耳月. 内 $\mathcal{P}_2$ 的 3 群的分类. 山西师范大学硕士学位论文, 2018.

[16] Hermann P. MI-groups Acting Uniserially on a Normal Subgroups. London Math. Soc. Lecture Note Ser., 1995, 211: 264–268.

[17] Hermann P. On a Class of Finite Groups Having Isomorphic Maximal Subgroups. Ann. Univ. Sci. Budapest Eötvös Sect. Math., 1981, 24: 87–92.

[18] Hermann P. On Finite p-groups with Isomorphic Maximal Subgroups. J. Austral Math. Soc, Ser. A, 1990, 48: 199–213.

[19] Huppert B. Endliche Gruppen I. Springer-Verlag, Berlin, New York, 1967.

[20] 胡瑞芳. 含有两个内交换极大子群且无交换极大子群的有限 p 群. 山西师范大学硕士学位论文, 2009.

[21] Janko Z. A classification of finite 2-groups with exactly three involutions. J. Algebra, 2005, 291: 505–533.

[22] Janko Z. Finite 2-groups with no normal elementary abelian subgroups of order 8. J. Algebra, 2001, 246: 951–961.

[23] Janko Z. Finite 2-groups with $|\Omega_2(G)| = 16$. Glas.Mat., 2005, 40: 71–86.

[24] Janko Z. Finite 2-groups with small centralizer of an involution. J. Algebra, 2001,241:818–826.

[25] Janko Z. Finite 2-groups with small centralizer of an involution, 2. J. Algebra, 2001, 245: 413–429.

[26] Janko Z. Finite nonabelian 2-groups all of whose minimal nonabelian subgroups are metacyclic and have exponent 4. J. Algebra, 2009, 321(10): 2890–2897.

[27] Janko Z. Finite nonabelian 2-groups all of whose minimal nonabelian subgroups are isomorphic to $M_{2^{n+1}}$. Ischia Group Theory 2010, 2011, 170–174.

[28] Janko Z. Finite non-abelian 2-groups such that any two distinct minimal nonabelian subgroups have cyclic intersection. J. Group Theory, 2010, 13(4): 549–554.

[29] Janko Z. Finite p-groups with many minimal nonabelian subgroups. J. Algebra, 2012, 357: 263–270.

[30] Janko Z. Finite p-groups G with $p > 2$ and $d(G) > 2$ having exactly one maximal subgroup which is neither abelian nor minimal nonabelian. Glas. Mat. Ser. III, 2011, 46: 103–120.

[31] Janko Z. Finite p-groups G with $p > 2$ and $d(G) = 2$ having exactly one maximal subgroup which is neither abelian nor minimal nonabelian. Glas. Mat. Ser. III, 2010, 45: 441–452.

[32] Janko Z. On finite nonabelian 2-groups all of whose minimal nonabelian subgroups are of exponent 4. J. Algebra, 2007, 315(2): 801–808.

[33] Kappe L C, Visscher M P. Two-generator tow-groups of class tow and their nonabelian tensor squares. Glasgow Math. J., 1999, 41(3): 417–430.

[34] King B W. Presentations of metacyclic groups. Bull. Austral. Math. Soc., 1973, 8: 103–131.

[35] Laffey T J. The minimum number of generators of a finite p-group. Bull. London Math. Soc., 1973, 5: 288–290.

[36] 李立莉, 曲海鹏, 陈贵云. 内交换p-群的中心扩张(I). 数学学报, 2010, 53(4)：53–62.

[37] Li P J. A classification of finite p-groups whose proper subgroups are of class $\leqslant 2$ (I). J. Algebra Appl., 2013, 12: 1250170(22 papes).

[38] Li P J. A classification of finite p-groups whose proper subgroups are of class $\leqslant 2$ (II). J. Algebra Appl., 2013, 12: 1250171(29 papes).

[39] Li P J, Liu R. Finite p-groups all of whose proer subgroups of class 2 are metacyclic. Comm. Algebra, 2021, 49(4): 1667–1675.

[40] Li P J, Qu H P, Zeng J W. Finite p-groups whose proper subgroups are of class $\leqslant$ n. J. Algebra Appl., 2017, 16: 1750014(8 papes).

[41] Li P J, Zhang Q H. Finite p-groups all of whose subgroups of class 2 are generated by two elements. J. Korean Math. Soc., 2019, 56: 739–750.

[42] 李璞金. 内类n群. 厦门大学博士学位论文, 2013.

[43] 刘鹏飞. 内类 2 的 2 群的分类. 山西师范大学硕士学位论文, 2016.

[44] 刘蓉. 幂零类为2的真子群均二元生成的有限p群. 山西师范大学硕士学位论文, 2018.

[45] Macdonald I D. Generalizations of a classical theorem on nilpotent groups. Illinois J. Math., 1964,8: 556–570.

[46] Mann A. On p-groups Whose Maximal Subgroups Are Isomorphic. J. Austral Math. Soc. Series A, 1995, 59: 143–147.

[47] Mann A. Some questions about p-groups. J. Austral. Math. Soc., 1999, 67(3): 356–379.

[48] Newman M F, Xu M Y. Metacyclic groups of prime-power order(Research announcement). Adv. Math.(China), 1988, 17: 106–107.

[49] Passman D S. Nonnormal subgroups of p-groups. J Algebra, 1970, 15: 352–370.

[50] 乔宏. 类2子群除了一个以外都同阶的有限p群. 山西师范大学硕士学位论文, 2020.

[51] 曲海鹏, 胡瑞芳. 内交换p-群的中心扩张(III). 数学学报, 2010, 53(6)：1051–1064.

[52] Qu H P, Xu M Y, An L J. Finite p-groups with a minimal nonabelian subgroup of index p (III). Sci. China Math, 2015,58: 763–780.

[53] Qu H P, Yang S S, Xu M Y, An L J. Finite p-groups with a minimal non-abelian subgroup of index p (I). J. Algebra, 2012, 358: 178–188.

[54] 曲海鹏, 张巧红. 极小非3交换3群的分类. 数学进展, 2010, 5: 599–607.

[55] 曲海鹏, 张小红. 内交换p-群的中心扩张(II). 数学学报, 2010, 53(5)：933–944.

[56] Qu H P, Zhao L P, Gao J, An L J. Finite p-groups with a minimal non-abelian subgroup of index p (V). J. Algebra Appl., 2014, 13(7): 1450032(35 pages).

[57] 曲海鹏, 郑丽峰. 内交换p-群的中心扩张(IV). 数学学报, 2011, 53(5)：739–752.

[58] Rédei L. Das Schiefe Product in der Gruppentheorie mit Anwendung auf die Endlichen Nichtkommutativen Gruppen mit Lauter kommutativen echten Untergruppen und die Ordnungszahlen, zu Denen nur Kommutative Gruppen Gehoren. Comment. Math. Helvet, 1947, 20: 225–264.

[59] 任小娟. C_2I_{n-1}群的分类. 山西师范大学硕士学位论文, 2018.

[60] 桑小燕. A_3群的非交换子群的个数. 山西师范大学硕士学位论文, 2014.

[61] 宋蔷薇, 崔双双. 某些MI群. 数学研究, 2011, 44: 387–392, 417.

[62] Song Q W, Qu H P. Finite p-groups whose nonnormal subgroups are metacyclic. Sci.China Math., to appear. https://doi.org/10.1007/s11425-018-9479-1.

[63] Song Q W, Qu H P, Guo X Y. Finite p-groups of class 3 all of whose proper sections have class at most 2. Algebra Colloquium, 2010, 17(2): 191–201.

[64] Tuan H F. A Theorem about p-groups with Abelian Subgroup of Index p. Acad. Sinica Science Record, 1950, 3: 17–23.

[65] 王丹霞. A_3群的A_2子群. 山西师范大学硕士学位论文, 2016.

[66] W. Burnside. Theory of Groups of Finite Order. Cambridge University Press, 1897.

[67] 徐明曜. 有限群导引(上册), 第二版. 北京: 科学出版社, 1999.

[68] Xu M Y, An L J, Zhang Q H. Finite p-groups all of whose non-abelian proper subgroups are generated by two elements. J. Algebra, 2008, 319: 3603–3620.

[69] 徐明曜, 曲海鹏. 有限 p 群. 北京: 北京大学出版社, 2010.

[70] Xu M Y, Zhang Q H. A classification of metacyclic 2-groups. Algebra Colloq., 2006, 13: 25–34.

[71] Y. Berkovich. A Generalization of Theorems of Ph. Hall and Blackburn and an Application to Non-regular p-groups. Math. USSR(Izv.), 1971, 5: 815–844.

[72] 叶磊. 阶为偶素数幂的 $\mathcal{P}$ 群. 山西师范大学硕士学位论文, 2015.

[73] Zhang L H, Zhang J Q. Finite p-groups all of whose A_2-subgroups are generated by two elements. J. Group Theory, 2021, 24: 177–193.

[74] 张勤海, 安立坚. 有限p群构造(上册). 北京: 科学出版社, 2017.

[75] 张勤海, 安立坚. 有限p群构造(下册). 北京: 科学出版社, 2017.

[76] Zhang Q H, An L J, Xu M Y. Finite p-groups all of whose non-abelian proper subgroups are metacyclic. Arch. der Math., 2006, 87: 1–5.

[77] Zhang Q H, Guo X Q, Qu H P, Xu M Y. Finite Group which have many normal subgroups. J. Korean Math. Soc., 2009,46(6): 1165–1178.

[78] Zhang Q H, Li X X, Su M J. Finite p-groups whose nonnormal subgroups have orders at most p^3. Front Math China, 2014,9(5): 1169–1194.

[79] Zhang Q H, Sun X J, An L J, Xu M Y. Finite p-groups all of whose subgroups of index p^2 are abelian. Algebra Colloq., 2008, 15(1): 167–180.

[80] Zhang Q H, Su M J. Finite 2-groups whose nonnormal subgroups have orders at most 2^3. Front Math China, 2012,7(5): 971–1003.

[81] Zhang Q H, Zhao L B, Li M M, Shen Y Q. Finite p-groups all of whose subgroups of index p^3 are abelian. Commun. Math. Stat., 2015, 3: 69–162.

[82] Zhang Q H. Finite p-groups Whose Subgroups of Given Order Are Isomorphic and Minimal Nonabelian. Algebra Colloquium, 2019, 26(1): 1–8.

[83] Zhang Q H. Intersection of maximal subgroups which are not minimal nonabelian of finite p-groups. Comm. Algebra, 2017, 45(8): 3221–3230.

[84] 赵立博, 郭秀云. 特定阶的子群都同构且交换的有限 p 群. 应用数学与计算数学学报, 2013, 27(4): 518–521.